視覺設計大師的

數據溝通

聖經

在數位敘事世代，展現如實不偏的洞見

Truthful Art,
The : Data, Charts, and Maps
for Communication

感謝您購買旗標書,
記得到旗標網站
www.flag.com.tw
更多的加值內容等著您⋯

<請下載 QR Code App 來掃描>

● FB 官方粉絲專頁:旗標知識講堂

● 旗標「線上購買」專區:您不用出門就可選購旗標書!

● 如您對本書內容有不明瞭或建議改進之處,請連上
旗標網站,點選首頁的 聯絡我們 專區。

若需線上即時詢問問題,可點選旗標官方粉絲專頁
留言詢問,小編客服隨時待命,盡速回覆。

若是寄信聯絡旗標客服 email,我們收到您的訊息
後,將由專業客服人員為您解答。

我們所提供的售後服務範圍僅限於書籍本身或內
容表達不清楚的地方,至於軟硬體的問題,請直接
連絡廠商。

學生團體　　訂購專線:(02)2396-3257 轉 362
　　　　　　傳真專線:(02)2321-2545

經銷商　　　服務專線:(02)2396-3257 轉 331
　　　　　　將派專人拜訪
　　　　　　傳真專線:(02)2321-2545

國家圖書館出版品預行編目資料

視覺設計大師的數據溝通聖經
在數位敘事世代,展現如實不偏的洞見
Alberto Cairo 著/涂瑋瑛、李偉誠 譯 --
臺北市:旗標,2022.06　面;公分

ISBN 978-986-312-706-2　(平裝)

1. CST: 圖標　2. CST: 視覺設計

494.6　　　　　　　　　　　　　111000808

作　　者/Alberto Cairo 著/涂瑋瑛、李偉誠 譯

發 行 所/旗標科技股份有限公司
　　　　　　台北市杭州南路一段15-1號19樓

電　　話/(02)2396-3257(代表號)

傳　　真/(02)2321-2545

劃撥帳號/1332727-9

帳　　戶/旗標科技股份有限公司

監　　督/陳彥發

執行企劃/李嘉豪

執行編輯/李嘉豪

美術編輯/蔡錦欣

封面設計/古杰

校　　對/陳彥發、李嘉豪

新台幣售價:680 元

西元 2022 年 6 月初版

行政院新聞局核准登記-局版台業字第 4512 號

ISBN　978-986-312-706-2

版權所有・翻印必究

對《視覺設計大師的數據溝通聖經》的推薦

「Alberto Cairo 被公認為新聞界傑出的視覺化高手。他也是新聞界優秀的資料學者。隨著新聞編輯部急著把資料新聞學當作一種新工具和新玩具來使用，Cairo 設立了我們應該如何理解、分析、呈現資料的標準。《視覺設計大師的數據溝通聖經》既是一份宣言，也是一份使用手冊，書中說明如何利用資料，以準確、清晰、引人入勝、運用想像力、美妙又可靠的方式向公眾傳遞資訊。」— 傑夫・賈維斯 (Jeff Jarvis)，紐約市立大學新聞學院教授與《媒體失效的年代》(Geeks Bearing Gifts: Imagining New Futures for News) 的作者

「Alberto Cairo 的《視覺設計大師的數據溝通聖經》是一場眼睛與心靈的饗宴，巧妙地探索了資料視覺化的科學與藝術。對於科學家、教育工作者、記者以及任何想知道如何在資訊時代有效溝通的人而言，本書是絕不容錯過的必讀好書。」— 麥可・曼恩 (Michael E. Mann)，賓州州立大學特聘教授與《曲棍球棒與氣候戰爭》(The Hockey Stick and the Climate Wars) 的作者

「Alberto Cairo 是偉大的教育家，也是引人入勝的說故事高手。在《視覺設計大師的數據溝通聖經》中，他帶領我們踏上一趟豐富、飽含見識又充分視覺化的旅程，描繪出我們仔細審查資料及展現資訊的過程。本書彙整許多知識，並詳細說明如何以統計學原則為重心，創造出有效的視覺化圖表。《視覺設計大師的數據溝通聖經》會是一本對於從業人員和學生非常有用的書，在藝術與人文學科領域特別有用，比如涉及資料新聞學與資訊設計的領域。」— 伊莎貝爾・梅瑞爾斯 (Isabel Meirelles)，安大略藝術設計大學教授與《資訊設計》(Design for Information) 的作者

「我一沉浸在《視覺設計大師的數據溝通聖經》裡，就驚駭地（還有點羞恥地）發覺，我對於資料視覺化的理解有多麼貧乏。在我的職業生涯中，我大部分時間都在追求一種說明作用更好的資料呈現方式，但 Alberto Cairo 條理分明的散文清楚解釋了資料視覺化的幽微之處。因為 Alberto 警告我們，『（資料）總是充滿雜訊、不乾淨又不確定』，所以這一行的所有人最好都要讀他的書，瞭解如何正確建構視覺化圖表，這樣的視覺化圖表不僅能呈現事實，也能讓我們與圖表進行有意義的互動。」—— 奈傑爾・霍姆斯（Nigel Holmes），Explanation Graphics 創辦人

「為了清晰呈現資料，你必須清晰思考資料。《視覺設計大師的數據溝通聖經》不僅深入探索，也以開明的態度介紹資料專家的『強大工具』：科學、統計學與視覺化。」—— 費爾南達・維加斯（Fernanda Viégas）與馬丁・華騰伯格（Martin Wattenberg），Google 研究員

「對於我在視覺傳達學院的學生，以及任何關注以視覺方式說故事的人（不論背景是什麼）來說，《視覺設計大師的數據溝通聖經》都是必不可少的讀物。請取得這本書、閱讀它，然後採取行動。如果你正在尋求幫助，好讓自己的資料視覺化步入正軌，那麼這本書就是你的不二選擇。」—— 約翰・格里姆瓦德（John Grimwade），俄亥俄大學視覺傳達學院

「如果我能更聰明、對學術有更多耐心，而且更專注的話，我或許會變得更像 Alberto，更接近他應用在資訊架構的本質上的才華。這本書的書名傳達了很多訊息：如實（Truthful）代表著態度的一種基本原則，不論是在我們問的問題、給的答案或選的旅程中都是如此。如果你想對這方面有更詳盡的理解，絕對要收藏這本書。」—— 理查・伍爾曼（Richard Saul Wurman），TED 會議創辦人

致謝

每當有人稱呼我是一名視覺化或資訊圖表的「專家」時，我都會暗自發笑。身為記者，我從事了一種註定是業餘（愛好）者的職業，「業餘者」一詞在這裡有兩層意思：對任何事都沒有深刻理解的人，以及因為敢於表達對這門技藝的熱愛才投身進來的人。

本書是對第二種業餘者的致敬。如今的社會正淹沒在造假新聞與錯誤資訊的海嘯中，這些人卻為全世界帶來良好的資料。他們知道，如果我們能足夠頻繁且足夠大聲地複述事實，就有可能讓世界變得更好。

首先我想感謝我在**邁阿密大學**（University of Miami）的同事**李奇．貝克曼**（Rich Beckman）。我可以毫不誇張地說，要是沒有他的幫助、建議及指導，我就不會成為如今的我。

賽斯．漢柏林（Seth Hamblin）是我在《華爾街日報》（The Wall Street Journal）的朋友，他在我寫這本書的時候過世了。賽斯熱愛資訊圖表與視覺化。我告訴他關於《視覺設計大師的數據溝通聖經》的消息時，他就像個孩子一樣興奮。他是個很美好的人，我們都會想念他的。

感謝邁阿密大學傳播學院院長**葛雷格．謝波德**（Greg Shepherd）；邁阿密大學計算機科學中心主任**尼克．齊諾雷馬斯**（Nick Tsinoremas）；同樣來自計算機科學中心的優秀同事與好朋友**索桑．胡里**（Sawsan Khuri）；我們的新聞學系主任**山姆．泰里利**（Sam Terilli）；以及領導我們的「互動媒體」（Interactive Media）計畫的**金姆．葛林菲德**（Kim Grinfeder）。我也想感謝我在邁阿密大學新聞學系與互動媒體的同事，以及在傳播、文化與改變中心的同事。

感謝**菲爾・梅耶**（Phil Meyer），他的著作《精確新聞》（Precision Journalism）在許多年前激勵了我。事實上，我寫《視覺設計大師的數據溝通聖經》的目標之一就是讓這本書成為新世紀的《精確新聞》。

感謝我過去在《加利西亞之聲》（La Voz de Galicia）、《日記 16》（Diario16）、**DPI 傳播公司**（DPI Comunicación）、《世界報》（El Mundo）、環球報社（Editora Globo）的同事。在他們之中，我要特別感謝《巴西時代週刊》（Época）雜誌的前編輯主任**赫利歐・古洛維茲**（Helio Gurovitz），他不僅對新聞工作有深刻的理解，也對如何使用數字和圖表有非凡的敏銳度。

另外也要感謝我在世界各地的客戶及合作夥伴，特別是**吉姆・弗里蘭德**（Jim Friedland），他在過去兩年給了我很大的支持。

我在寫這本書時，許多人都讀過它。我的編輯**妮基・麥可唐納**（Nikki McDonald）和審稿編輯**凱西・連恩**（Cathy Lane）一直密切關注我，盡全力讓我準時交稿（但她們失敗了）。

史蒂芬・費夫（Stephen Few）寄給我每一章的詳細註解。史蒂芬既是我的朋友，又可說是我最嚴厲的批評者。我已經盡我所能多多採納他的意見回饋，但並沒有納入他的全部意見。我知道史蒂芬還是會不贊同我的某些想法，但這些不同的意見可以成為我們享用好酒和乳酪時絕佳的思考主題。

艾瑞克・傑克布森（Erik Jacobsen）也提供了詳盡的意見回饋。他的註解非常寶貴。

迪耶戈・庫奧涅（Diego Kuonen）、**海瑟・克勞斯**（Heather Krause）與**耶齊・維佐雷克**（Jerzy Wieczorek）三位統計學家讀了最技術性的章節，並確保我沒有寫下任何特別愚蠢的東西。其他對本書做出評論的人包括：

安迪‧科特格里夫 (Andy Cotgreave)、肯尼斯‧菲爾德 (Kenneth Field)、傑夫‧賈維斯 (Jeff Jarvis)、史考特‧克萊恩 (Scott Klein)、麥可‧曼恩 (Michael E. Mann)、伊莎貝爾‧梅瑞爾斯 (Isabel Meirelles)、費爾南達‧維加斯 (Fernanda Viégas)、馬丁‧華騰伯格 (Martin Wattenberg) 及希希‧魏 (Sisi Wei)。謝謝你們。

我也要感謝願意讓我在《視覺設計大師的數據溝通聖經》裡展示作品的所有人與組織。因為數量太多,我無法在這裡一一提及,但你們會在後續章節見到自己的名字。

有些在推特上追蹤我的人自願進行最後一輪的校稿,他們是:莫希特‧喬瓦 (Mohit Chawla)、費爾南多‧庫奇蒂 (Fernando Cucchietti)、斯蒂金‧德布勞維爾 (Stijn Debrouwere)、亞歷克斯‧利亞 (Alex Lea)、尼爾‧理查斯 (Neil Richards)、弗雷德里克‧舒茲 (Frederic Schutz)、湯姆‧尚利 (Tom Shanley)。

我要特別感謝莫里茲‧史特凡納 (Moritz Stefaner) 允許我在本書封面使用他的一張美麗圖表。

感謝南希 (Nancy)。

最後也是最重要的,感謝我的家人。

作者簡介

艾爾伯托・凱洛（Alberto Cairo）是邁阿密大學傳播學院的視覺新聞學講座教授，負責資訊圖表與資料視覺化的專業課程。他也是邁阿密大學計算機科學中心的視覺化計畫主任，以及**環球電視網**（Univisión）的駐校視覺化革新推動者。

他另著有《資訊圖表 2.0：新聞界的資訊互動式視覺化》（Infografia 2.0: Visualizacion interactiva de informacion en prensa）（2008 年於西班牙出版，編註：無中文譯本），以及《不只是美：信息圖表設計原理與經典案例》（The Functional Art: An Introduction to Information Graphics and Visualization）（2012 年由 New Riders 出版，編註：目前只有簡體中文版）。

過去二十年來，凱洛一直在西班牙及巴西的新聞機構擔任資訊圖表與視覺化部門主管，並為超過 20 個國家的公司和教育機構提供諮詢服務。他也曾在 2005 年至 2009 年期間擔任北卡羅來納大學教堂山分校的教授。

凱洛的個人網路部落格是 www.thefunctionalart.com。他的官方網站是 www.albertocairo.com。

他的推特用戶名是 @albertocairo。

補充資料

我設計了很多你即將會在《視覺設計大師的數據溝通聖經》裡看到的圖表與地圖，但關於我創造圖表時所使用的軟體，我並沒有著墨太多。如果你有興趣學習有關工具的知識，請造訪我的網路部落格 www.thefunctionalart.com，然後到上方選單的教學課程與資源區。

你會在那裡看到有關 R、iNzight、Yeeron 等程式和語言的數篇文章及我錄製的影音課程。

目錄

前言　　一切都始於一絲火花 XI

第 1 篇　基石

第 1 章　當我們談論視覺化時我們在談論什麼 . . 1-3

　　　　瞭解更多 1-19

第 2 章　優秀視覺化的五大特質

　　　　曲棍球棒圖表（Hockey Stick Chart） 2-4

　　　　瞭解更多 2-32

第 2 篇　真實性

第 3 章　事實連續譜 3-3

　　　　可疑的模型 3-5

　　　　大腦，笨拙的模型設計師 3-11

　　　　事實既不是絕對的，也不是相對的 3-24

　　　　瞭解更多 3-37

第 4 章　關於臆測與不確定性 **4-1**

科學觀點 4-2

從好奇到臆測 4-4

瞭解更多 4-21

第 3 篇　功能性

第 5 章　視覺化的基本原則 **5-3**

資料的視覺性編碼 5-6

選擇圖表形式 5-8

安排圖表的呈現方式 5-21

瞭解更多 5-32

第 6 章　用簡單圖表探索資料 **6-1**

常態與例外 6-3

瞭解更多 6-18

第 7 章　分佈的視覺化 **7-1**

變異數(Variance)與
標準差(Standard Deviation) 7-5

百分位數(Percentiles)、
四分位數(Quartiles)與箱型圖(Box Plot) .. 7-29

瞭解更多 7-36

第 8 章　展示資料隨時間的變化 **8-1**

趨勢、季節性和雜訊 8-4

分解時間序列 8-4

從比率到對數 8-18

時間序列圖如何誤導我們 8-22

瞭解更多 8-37

第 9 章　看出關係 **9-1**

從關聯到相關 9-5

用於溝通的相關性 9-18

從相關到因果 9-31

瞭解更多 9-34

第 10 章　以地圖呈現資料 **10-1**

投影 10-3

地圖上的資料 10-8

面量圖 (Choropleth Map) 的基本介紹 10-20

瞭解更多 10-39

第 11 章　不確定性與顯著性 **11-1**

再談分佈 11-5

你會得到的最佳建議：問就對了 11-20

瞭解更多 11-32

第 4 篇 實務

第 12 章 創意與創新：各領域的視覺化可能性

普及功臣 12-10

新聞應用程式 12-16

那些迷人的歐洲人 12-35

使科學視覺化 12-40

文化資料 12-44

藝術邊界 12-47

後記　將來會發生什麼

後記　將來會發生什麼 A-1

知識島與未知海岸線

知識島與未知海岸線 B-1

從一張資訊圖表說起 B-3

知識島 (Island of Knowledge) B-7

坦誠溝通與策略溝通 B-15

美好的舊日時光…… B-20

你的內在懷疑論者，你的內在記者 B-24

瞭解更多 B-28

前言
一切都始於一絲火花

為何世事總如此？有人蓋了牆，別人
馬上就想知道牆的另一頭有什麼。

—— 提利昂・蘭尼斯特（Tyrion Lannister）——
出自喬治・馬汀（George R.R. Martin）的
《權力遊戲》
（A Game of Thrones）

關於大學教授，有件事或許是你不知道的：我們往往有古怪的嗜好。

2014 年 10 月，我花了一整個秋假來瞭解 R、ggplot2 跟 Tableau 的最新發展，R 是一種用於統計分析的程式語言，ggplot2 是一個能建立美觀圖表的 R 語言套件，而 Tableau 是一個資料視覺化程式[註1]。我們學習任何軟體工具時，不可能在沒有使用的情況下就學會，所以我需要一些資料來練習，而且我需要的不是任意資料，而是我會關注的資料。

我跟我的家人在幾個月前搬到了新家，所以我曾花了點時間造訪**邁阿密戴德郡公立學校**（Miami-Dade County Public Schools）網站（DadeSchools.net）來查看我們這個區域的小學、國中、高中的品質。每間學校都有一個評為 A 的分數。我當時覺得很放心，但也有點不安，因為我還沒有跟其他鄰近地區的學校做比較。或許我學習 R 和 Tableau 恰好就是做這件事的絕佳機會。

DadeSchools.net 有一個井然有序的資料區，所以我到那裡下載了一張列出該郡所有學校的績效分數試算表。你可以在**圖 P.1** 看到這張表的一小部分，整張試算表有 461 列。Reading2012 與 Reading2013 欄的數字是連續這兩年閱讀水準都令人滿意的學生百分比。Math2012 與 Math2013 對應的是以當時年齡而言具有良好計算能力的學生百分比。

我在學習如何用 R 語言寫出超級簡單的指令碼時，也建立了排名與長條圖來比較所有學校。我並沒有從這個活動得到任何驚人的發現，不過我確信我們家附近的那三間公立學校應該都很不錯。我的任務完成了，但我沒有止步於此。我多做了一些事。

註 1　我希望你不會因此佩服我，因為我絕對不是非常擅長使用這些工具的人。我設計這幾頁的所有圖表時，是靠著如何正確使用它們淺薄理解來完成的。如果你想知道更多資訊，請造訪 http://www.r-project.org/、https://ggplot2.tidyverse.org/ 和 http://www.tableau.com。

Region	SchoolName	Reading2012	Reading2013	ReadingDifference	Math2012	Math2013	MathDifference	SchoolGrade	BoardDistrict
5	0041 AIR BASE ELEMENTAR	82	80	-2	71	75	4	A	9
7	0070 CORAL REEF MONT AC	71	73	2	64	56	-8	A	9
4	0071 EUGENIA B THOMAS K	69	69	0	66	64	-2	A	5
7	0072 SUMMERVILLE ADVANT	57	50	-7	50	54	4	B	9
6	0073 MANDARIN LAKES K-8	34	32	-2	38	39	1	C	9
6	0081 LENORA BRAYNON SMI	28	29	1	26	47	21	F	2
1	0091 BOB GRAHAM EDUCATI	68	70	2	68	66	-2	A	4
1	0092 NORMAN S EDELCUP	73	72	-1	78	77	-1	A	3
7	0100 MATER ACADEMY	68	68	0	73	76	3	A	4
4	0101 ARCOLA LAKE ELEMEN	39	32	-7	41	39	-2	C	2
7	0102 MIAMI COMMUNITY CH	38	41	3	43	47	4	D	9
4	0111 MAYA ANGELOU ELEME	45	35	-10	59	50	-9	B	5
4	0121 AUBURNDALE ELEMENT	53	51	-2	56	55	-1	A	5
4	0122 DR ROLANDO ESPINOS	65	64	-1	66	63	-3	A	5
5	0125 NORMA BUTLER BOSSA	70	67	-3	74	70	-4	A	7
4	0161 AVOCADO ELEMENTARY	45	33	-12	45	45	0		9
4	0201 BANYAN ELEMENTARY	73	74	1	72	70	-2	A	
5	0211 DR MANUEL C BARREI	71	71	0	74	68	-6	A	7
1	0231 AVENTURA WATERWAYS	68	68	0	67	67	0	A	3
1	0241 R K BROAD/BAY HARB	76	75	-1	81	77	-4	A	3
5	0251 ETHEL KOGER BECKHA	85	80	-5	89	90	1	A	8
6	0261 BEL-AIRE ELEMENTAR	32	32	0	36	48	12	D	9
5	0271 BENT TREE ELEMENTA	70	61	-9	69	60	-9	A	8
5	0311 GOULDS ELEMENTARY	36	40	4	51	52	1	B	9
7	0312 MATER GARDENS ACAD	75	76	1	84	85	1	A	4
1	0321 BISCAYNE ELEMENTAR	45	42	-3	52	50	-2	B	3
7	0332 SOMERSET ACAD -SIL	62	66	4	54	64	10	A	9
7	0339 SOMERSET ACAD -SO	67	57	-10	60	54	-6	B	9
7	0341 ARCH CREEK ELEMENT	47	48	1	47	48	1	B	1
7	0342 PINECREST ACADEMY	72	75	3	78	76	-2	A	7
6	0361 BISCAYNE GARDENS E	37	35	-2	39	37	-2	D	1
7	0400 RENAISSANCE ELEM C	80	82	2	76	82	6	A	5

圖 P.1 這份試算表列出邁阿密戴德郡公立學校的資料，
此處顯示該表最上面的部分。

　　我讓 R 語言產生了一張散布圖（**圖 P.2**）。每個點代表一間學校。X 軸上的位置是 2013 年閱讀水準不錯的學生百分比，Y 軸則是精通數學的學生百分比。這兩個變數之間有清楚的關聯：一個變數變得愈大，另一個變數也往往會變得愈大 註2。這挺合理的。其中並沒有什麼令人驚訝的地方，只不過有一些離群值，而且某些學校居然沒有學生在閱讀及／或數學上被認為達到精通水準。當然，這有可能是資料集出錯的緣故。

　　後來我學會了如何寫出一段簡短的指令碼來設計好幾張散布圖，每張圖代表邁阿密戴德郡的九個學校教育委員會分區（學區）之一。到了這時，我才開始覺得有意思。請看**圖 P.3** 顯示的結果，這系列圖表有不少有趣的現象。舉例來說，第 3、7、8 區的大多數學校都不錯。另一方面，第 1 及 2 區的學生卻表現得很差。

註 2　在統計學中，我們可能會把這種關係稱為「強烈正相關」，好像一下講太深了，之後會再說明。

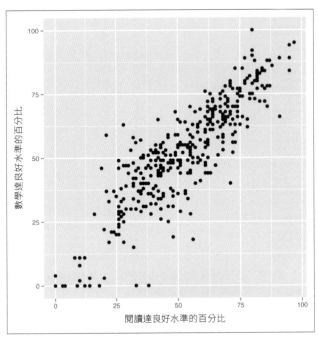

圖 P.2 圖表上的每個點代表一間學校。
閱讀與數學技能有強烈關聯。

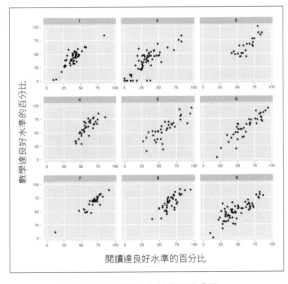

圖 P.3 相同資料，根據學區來分類。

當時我不太熟悉邁阿密戴德郡的學校體系地理分佈，所以我上網找了一張地圖來看。我也造訪**美國普查局**（U.S. Census Bureau）網站來取得一張收入資料的地圖。我重新設計這兩張地圖，把它們重疊在一起（**圖 P.4**。提醒：我沒有對這些地圖做任何調整，所以重疊得並不完美）。我得到了預期的結果：表現最差的第 1、2 區涵蓋了低收入區域，例如**自由城**（Liberty City）、**小海地**（Little Haiti）和**上城**（Overtown）。

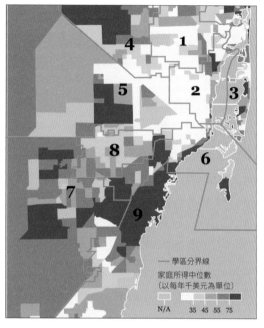

圖 P.4 邁阿密戴德郡九個學區的家庭所得中位數

問題馬上就開始在我的腦海中堆積起來。壞學校與低家庭所得之間有直接關係嗎？糟糕的教育是否導致低下的薪水？或者來自低收入家庭的孩子去上學時早就已經處於弱勢，而這又使他們就讀的學校得到更差的評分呢？我推測的因果關係是正確的嗎？有沒有其他可能會同時影響學校績效與收入的變數呢？

那些圖表中的離群值又是怎麼回事？比如第 1 區和第 7 區的某些學校為什麼會跟同區的學校差異這麼大？或者第 3 區的那所學校為什麼在數學的評分這麼高？還有第 6 區是怎麼回事？比起其他區域的學校，那塊區域的學校評分更加分散。這是否跟該學區東邊較富裕的地帶（**椰林**（Coconut Grove））與西邊較貧困的街區之間的明顯分歧有關呢？

還有其他問題：這些百分比與評分是否在過去幾年內都大幅改變了呢？若是如此，原因是什麼？是因為我們的公立教育品質存在實際差異嗎？或者是因為研究人員用來衡量成就的方法有所變化呢？問題實在太多了。

因此，這些問題種下了許多潛在故事的種子。我當時並不知道這些潛在故事會是什麼，也不知道這些故事是否值得述說。我只是有了一點感悟，獲得一條吸引人的線索。就跟我認識的大多數視覺化設計師和資料新聞工作者會告訴你的一樣，有時並不是你在尋求好想法時找到它們。相反地，好想法會在最出奇不意的情況下找到你。

好想法是稍縱即逝的，所以我在 Stickies 這個電腦軟體上狂熱地塗寫筆記，這是我給未來的自己留下的簡短訊息，是在喜悅時腦海中流動的思緒。我在筆記上補充：「找一些教育專家 [註3]，詢問他們。聯絡負責管理 dadeschools.net 的人。你可能會需要更多來自美國人口普查局網站的資料。」我寫下諸如此類的句子。

俗話說得好，每一個偉大的故事都始於一絲火花。然後有趣的事情就接踵而來了。

註3　**羅伯·萊克**（Robert B. Reich）並不是教育領域的專家，而是**比爾·柯林頓**（Bill Clinton）總統任職期間的勞工部長。在他的著作《拯救資本主義》（Saving Capitalism）（2015 年）所寫的：「支撐公立學校的資金有很大一部分來自當地的財產稅。聯邦政府只提供所有資金的 10% 左右，而州政府平均提供 45%。其餘部分來自當地稅收（……）低收入社區的不動產市場依然疲弱，所以當地稅收也不多。隨著我們按照收入劃分不同社區，低收入區域的學校獲得的資源也比從前更少。這種結果正在擴大每個學生的經費差距，這會直接對窮困的孩子造成不利影響」。這是另一個需要追蹤的可能線索。

基石

第 1 章
當我們談論視覺化時
我們在談論什麼

無論選擇資訊時有多麼聰明，編碼的技術有多精彩，只要解碼（解讀）失敗了，視覺化就失敗了。有些展示方法會促成高效率、準確的解碼，而其他方法則會導致低效率、不準確的解碼。只有透過視覺感知的科學研究，我們才能對展示方法做出明智判斷。

—— 威廉·克里夫蘭（William S. Cleveland）——
《資料圖像化要點》
（The Elements of Graphing Data）

在我的書櫃上，每一本關於視覺傳達的書都會使用「視覺化」、「資訊圖表」等這些術語，只是含義稍有不同。因此，為了一致性及避免混淆，請讓我確立一些定義。這只適用於本書，其他人也許有不同見解。

「視覺化」是我的統稱。**視覺化 (visualization) 是將資訊以任何類型的視覺方式表達，用以促進溝通、分析、發覺、探索等行為**。因此，我接下來展示的每張圖片幾乎都是一個視覺化的結果。在本書中，我不會涵蓋視覺化的所有主題，只會討論那些用於跟普羅大眾有效溝通的視覺化。舉例來說，我不太會提到專門為了藝術目的而創造的視覺化方法，這是屬於資料藝術的範疇。

圖表 (chart) 是一種展示形式，其中的資料會以具有不同形狀、顏色或比例的符號來編碼。這些符號通常習慣放在**笛卡耳座標系** (Cartesian coordinate system) 裡（編註：也就是常見兩個軸垂直交叉的直角座標系統）。在本書中，「圖示」(plot) 一詞是「圖表」的同義詞，因為它經常在專業文獻中用於指稱一些特殊圖表（**散布圖**的英文 scatter plot 聽起來比 scatter chart 更讓人熟悉）。

請看**圖 1.1** 上一些圖表的例子。是的，我知道這是**棒棒糖圖** (lollipop chart)，你也沒看錯。我認為這個名稱應該是 **Tableau** 的視覺化設計師兼資料分析師**安迪・科特格里夫** (Andy Cotgreave) 想出來的。誰說設計師和統計學家沒有幽默感呢？

在某些情況下，視覺化設計師喜歡「圖解」(diagram) 一詞甚於「圖表」。舉例來說，你之後會看到一張由**莫里茲・史特凡納** (Moritz Stefaner)

設計的**桑基圖**（Sankey diagram）[註1]，如果我需要保持百分百一致的話，我應該把那個例子的英文名稱叫做「Sankey chart」，但「Sankey diagram」這個名稱比較熱門。如果要叫它**流程圖**（flow chart），我也可以接受。

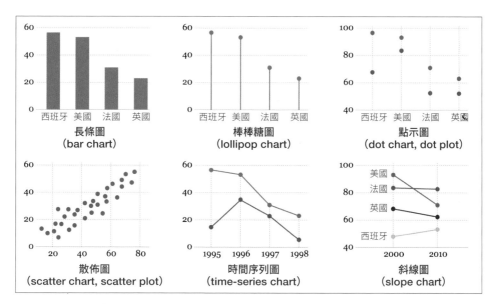

圖 1.1　圖表的例子。並不是所有圖表都有 X 軸和 Y 軸。舉例來說，**圓餅圖**（pie chart）就不是以笛卡耳座標系為基礎。

註 1　桑基圖是以**馬修・亨利・菲尼亞斯・里亞爾・桑基**（Matthew Henry Phineas Riall Sankey）來命名的，他是一名工程師，曾利用這種圖表形式來展示蒸汽機的效能。順帶一提，桑基並不是第一個使用桑基圖的人。法國製圖師**查爾斯・約瑟夫・米納德**（Charles Joseph Minard）在十九世紀中期名聲大振，這有一部分歸功於他設計的許多流程圖和地圖。請見**麥可・弗蘭德利**（Michael Friendly）的「查爾斯・約瑟夫・米納德的遠見與再審視再改良」（Visions and Re-Visions of Charles Joseph Minard），網址為 http://www.datavis.ca/papers/jebs.pdf。

編註　本書網址為原始來源，由於網路環境更迭，部分已經失聯，本書能重現圖表原始樣貌更顯珍貴。

我在這裡要給科學家和統計學家補充一點：我知道你們很多人在指稱建構在笛卡耳座標系上的圖表時，喜歡使用「圖」（graph）一詞，但有些數學家或許會主張，他們在連結以及網路方面已經用了這個詞，也就是數學的分支之一：「圖論」（graph theory）。關於這點我沒有定見，只是想說大家都是對的，就讓我們和平相處吧（雖然身為記者的我講起來沒甚麼說服力）註2。

　　地圖（map）則是某處地理區域的描繪或是該區域相關資料的表徵（圖1.2）。我偶爾會使用「資料地圖」（data map）一詞來指地圖。

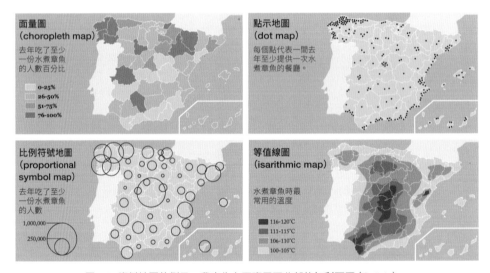

圖 1.2 資料地圖的例子。我出生在西班牙西北部的**加利西亞**（Galicia），
當地人民似乎非常喜歡吃水煮章魚（如果適當烹製的話，這道菜
很好吃）。當然，這裡的所有資料都是虛構。

註 2　如果你有朋友是科學家，請問問他們對記者的看法。你最好先準備好一把傘（或
　　　一面盾牌）。

小編整理

- **視覺化 (Visualization)**：將資訊以任何類型視覺方式表達，用來讓溝通、分析、發覺、探索等行為得以進行。

- **圖表 (Chart)**：一種展示形式，其中的資料會以具有不同形狀、顏色或比例的符號來編碼。

- **圖示 (Plot)**：等同於圖表。

- **圖解 (Diagram)**：視覺化設計師喜歡圖解一詞甚於圖表。

- **圖 (Graph)**：一些科學家和統計學家將建構在笛卡耳座標系上的圖表時稱為圖。

- **地圖 (Map)**：某處地理區域的描繪或是該區域相關資料的表徵。

資訊圖表 (infographic) 是具有多重部分的資訊視覺表徵，用於傳達一個以上的特定訊息。資訊圖表是由圖表、地圖、插圖以及提供說明和脈絡的文字（或聲音）混合而成，可能會是靜態呈現，也可能會是動態的。設計者並不會展現自己收集的所有資訊，只會展現跟他想強調的重點有關的部分，請看**圖 1.3**。

資訊圖表有時會以線性方式來組織，例如陳述及逐步式說明，但並非總是如此。它們可能富含細節，而且通常包含不引人注目的**繪圖**（drawings）、**符號**（icons）、**象形符號**（pictogram）來增加視覺吸引力。只要資訊圖表的設計者別忘記他們的基本目標是讓大眾更加瞭解資訊，那麼資訊圖表也可以是賞心悅目、色彩繽紛、趣味十足的（**圖 1.4**）。清晰度和深度在資訊圖表是最重要的，花俏的點綴則是次要、非強制的。

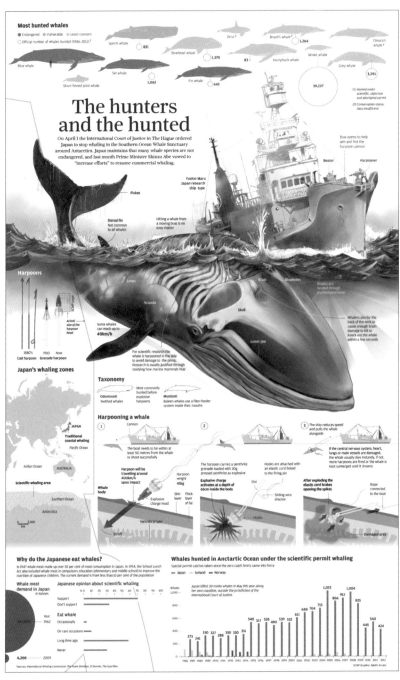

圖 1.3 **阿道夫・阿蘭茲**（Adolfo Arranz）為《南華早報》
（South China Morning Post）製作的資訊圖表。

資料視覺化（data visualization）是資料的展示，其設計的目的是讓分析、探索、發覺得以進行。資料視覺化主要不是用來傳達設計者預先定義的訊息，而是讓人們自行從資料得出結論的工具。

圖 1.5 是資料視覺化的一個例子。這是一張由 Periscopic 設計公司製作的互動式資料視覺化截圖，顯示自 1970 年開始的恐怖組織與恐怖攻擊。圖上的展示可以隨意重新排列：按照組織名稱、最多受害者、組織活動的發生時間等等。網路上的讀者也能把游標放在任何組織上，查看特定數據。以我個人而言，因為我出生在西班牙，所以我觀察這張資料視覺化的起點是**巴斯克祖國**（Basque）與**自由黨**（Euskadi Ta Askatasua, ETA），這是一個巴斯克恐怖組織，在 1968 年到 2010 年期間殺害了超過 800 人。如果你住在美國，你或許會先關注**塔利班**（Taliban）或**蓋達組織**（al-Qaeda）。一張良好的資料視覺化可能為每個人帶來不同見解。

最後，我會使用**新聞應用程式**（news application）一詞，這是我從非營利調查新聞組織 ProPublica 借來的。**新聞應用程式是一種特殊類型的視覺化，使人能夠把視覺化呈現的資料與自身生活聯繫在一起。**它的主要目標是根據每個人的需求進行客製化來發揮作用。

小編整理

- **資訊圖表（Infographic）：** 具有多重部分的資訊視覺表徵，用於傳達一個以上的特定訊息。

- **資料視覺化（Data Visualization）：** 資料的展示，其設計的目的是讓分析、探索、發覺得以進行。

- **新聞應用程式（News Application）：** 一種特殊類型的視覺化，使人能夠把視覺化呈現的資料與自身生活聯繫在一起。

圖 1.4　法蘭西斯科・法蘭奇（Francesco Franchi）與亞歷山德羅・吉貝爾提（Alessandro Giberti）製作的資訊圖表，達尼洛・阿古托利（Danilo Agutoli）負責插畫，刊登於《太陽 24 小時》(Il Sole 24 ORE)（義大利）。

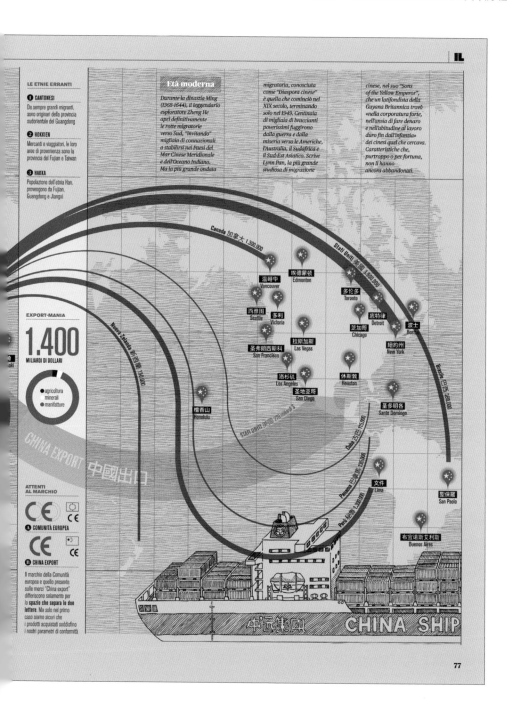

IL

LE ETNIE ERRANTI

❶ **CANTONESI**

Da sempre grandi migranti, sono originari della provincia sudorientale del Guangdong.

❷ **HOKKIEN**

Mercanti e viaggiatori, le loro aree di provenienza sono le province del Fujian e Taiwan

❸ **HAKKA**

Popolazione dell'etnia Han, provengono da Fujian, Guangdong e Jiangxi

Età moderna

Durante la dinastia Ming (1368-1644), il leggendario esploratore Zheng He aprì definitivamente le rotte migratorie verso Sud, "invitando" migliaia di connazionali a stabilirsi nei Paesi del Mar Cinese Meridionale e dell'Oceano Indiano. Ma la più grande ondata

migratoria, conosciuta come "Diaspora cinese" è quella che cominciò nel XIX secolo, terminando solo nel 1949. Centinaia di migliaia di braccianti poverissimi fuggirono dalla guerra e dalla miseria verso le Americhe, l'Australia, il Sudafrica e il Sud-Est Asiatico. Scrive Lynn Pan, la più grande studiosa di migrazione

cinese, nel suo "Sons of the Yellow Emperor", che un latifondista della Guyana Britannica trovò «nella corporatura forte, nell'ansia di fare denaro e nell'abitudine al lavoro duro fin dall'infanzia» dei cinesi quel che cercava. Caratteristiche che, purtroppo o per fortuna, non li hanno ancora abbandonati.

EXPORT-MANIA

1.400
MILIARDI DI DOLLARI

● agricoltura
● minerali
● manifatture

CHINA EXPORT 中國出口

ATTENTI AL MARCHIO

CE CE

ⒶCOMUNITÀ EUROPEA

CE CE

ⒷCHINA EXPORT

Il marchio della Comunità europea e quello presente sulle merci "China export" differiscono solamente per lo spazio che separa le due lettere. Ma solo nel primo caso siamo sicuri che i prodotti acquistati soddisfino i nostri parametri di conformità

Canada 加拿大 1.300.000

Stati Uniti 美國 3.800.000

温哥華
Vancouver

埃德蒙頓
Edmonton

多伦多
Toronto

西雅圖
Seattle

多利
Victoria

底特律
Detroit

波士頓
Boston

芝加哥
Chicago

圣弗朗西斯科
San Francisco

拉斯加斯
Las Vegas

紐約州
New York

洛杉矶
Los Angeles

休斯敦
Houston

圣地亚哥
San Diego

檀香山
Honolulu

圣多明各
Santo Domingo

Brasile 巴西 360.000

Nuova Zelanda 新西蘭 150.000

STATI UNITI 美國 270.000 del 4

Cuba 古巴 150.000

利馬
Lima

Panama 巴拿馬 135.000

文件
Lima

聖保羅
San Paolo

Perù 秘魯 130.000

布宜諾斯艾利斯
Buenos Aires

中远集团　**CHINA SHIP**

77

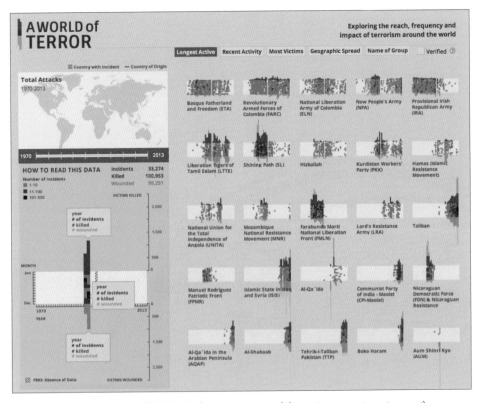

圖 1.5 Periscopic 的「恐怖世界」(A World of Terror) (http://terror.periscopic.com/)。

新聞應用程式可以是模擬器、試算工具,或是互動式視覺資料庫,比如**治療追蹤工具**(Treatment Tracker)(**圖 1.6**),這項計畫能讓你(即消費者)看到「支付給在醫療保險 B 計畫中,各個醫生和其他醫療專業人員的款項,來服務 4600 萬名長者與失能者」。你可以用這個應用程式找到和比較任何提供醫療服務的個人或團體。

新聞應用程式的另一個例子是《華爾街日報》(The Wall Street Journal)的**醫療保健探索工具**(Health Care Explorer)(**圖 1.7**)。這個應用程式是在**巴拉克・歐巴馬**(Barack Obama)總統的**平價醫療法案**(Affordable Care Act)生效之前啟動的,該法案的目標是幫助美國公民在無數種醫療選項中

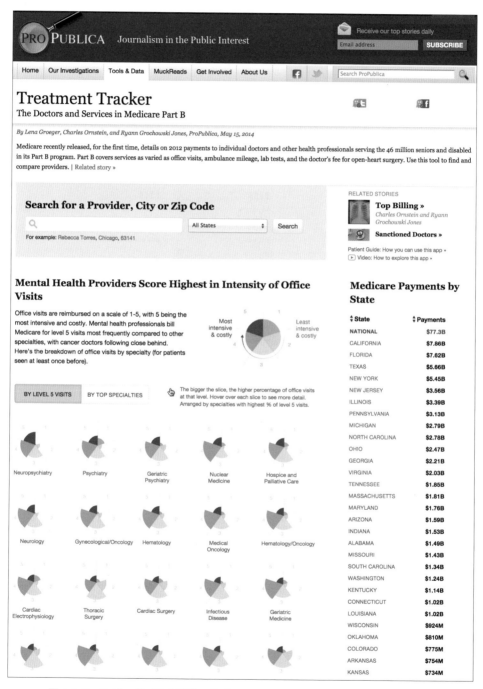

圖 1.6 ProPublica 的「治療追蹤工具」(http://projects.propublica.org/treatment/)。

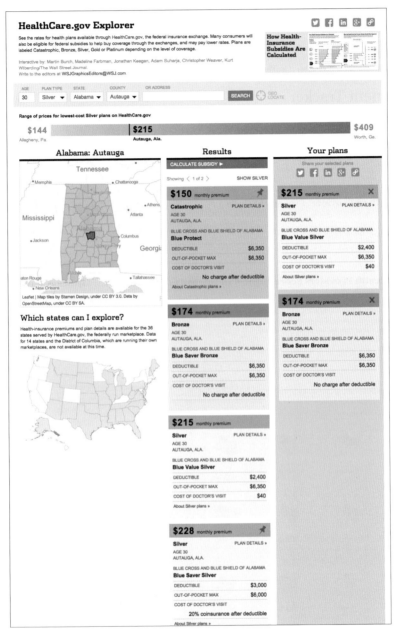

圖 1.7　《華爾街日報》／馬丁・伯奇（Martin Burch）、瑪德琳・法布曼（Madeline Farbman）、強納森・基根（Jonathan Keegan）、亞當・蘇哈賈（Adam Suharja）、克里斯多夫・威佛（Christopher Weaver）、寇特・威爾伯丁（Kurt Wilberding）製作的新聞應用程式（http://graphics.wsj.com/health-care-explorer）。

找到適當選擇。輸入你自己的年齡，選擇你所在的州和郡，然後選擇你更感興趣的計畫類型。點擊搜尋，你就能比較你所在區域的計畫了。接著，你可以標記看起來前景更好的計畫，自行從中做出選擇。

你可能已經發覺，區分各種視覺化圖表的界線其實很模糊。有些視覺化圖表的設計用意是傳遞訊息，或是根據設計者獲得的局部資訊來說故事。我們能使用「資訊圖表」一詞來指稱這些視覺化圖表。其他圖表的設計用意主要（但不完全）是讓探索得以進行，所以我們可能會想把它們稱為「資料視覺化」。

不過，像《衛報》(The Guardian) 製作的「超越國界」(Beyond the Border) 這樣的專案 (**圖 1.8**)，你會怎麼稱呼呢？這張圖來自於一個整合圖表資訊的多媒體套件之一，這個套件也可以展示照片、影片和大量文字。

這張刊登在《衛報》的圖表有一部分是資訊圖表，因為它是一份漸進式敘述，向你一一介紹非法移民在美國面臨的重大阻礙。不過，根據我自己的定義，這張圖表也是一份資料視覺化，因為其中的某些圖表和地圖能被任意探索。此外，這個混合型產物中的大部分畫面都顯示了資料來源的連結，這些來源包括：**美國邊境巡邏隊** (U.S. Border Patrol)、**美國緝毒局** (U.S. Drug Enforcement Administration)、**聯合國** (United Nations) 等等。

即使我們在討論靜態圖表的時候，界線也不是非常清晰。**圖 1.9** 與**圖 1.10** 是《南華早報》刊登的兩張視覺化圖表。它們是資訊圖表嗎？是的。但它們難道不也是資料視覺化嗎？你難道不會很想花點時間仔細研讀它們，挖掘有趣的事實和連結嗎？

我曾在之前的著作《The Functional Art》中解釋，「資訊圖表」和「資料視覺化」等專有名詞，或者「解釋」相對於「探索」、「呈現」相對於「分析」等對立名稱，都不是絕對的。

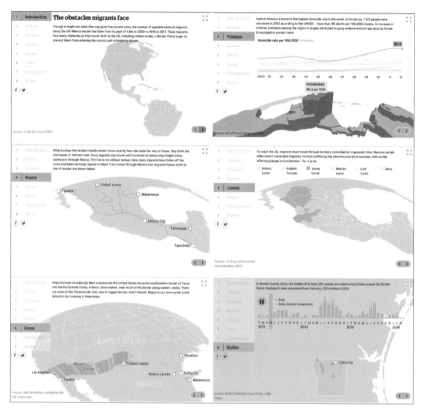

圖 1.8 **菲爾汀・凱吉**(Feilding Cage)為《衛報》製作的視覺化圖表(http://www.
theguardian.com/world/ng-interactive/2014/aug/06/-sp-texas-border-
deadliest-state-undocumented-migrants)。

任何視覺化圖表都會呈現資訊,也會容許至少一定程度的探索或甚至
客製化,所以我們可能很難確定一張圖像到底是資訊圖表、資料視覺化或
新聞應用程式。不過,根據設計者的主要意圖,你或許可以判斷一張圖比
較像是上述的哪一種。

老實說,我不太在乎嚴格的分類學。我真正在乎的是視覺化圖表是否
具有啟發性。為了達到這個目標,設計者必須牢記某些重要的特質與原
則。我們會在下一章討論它們。

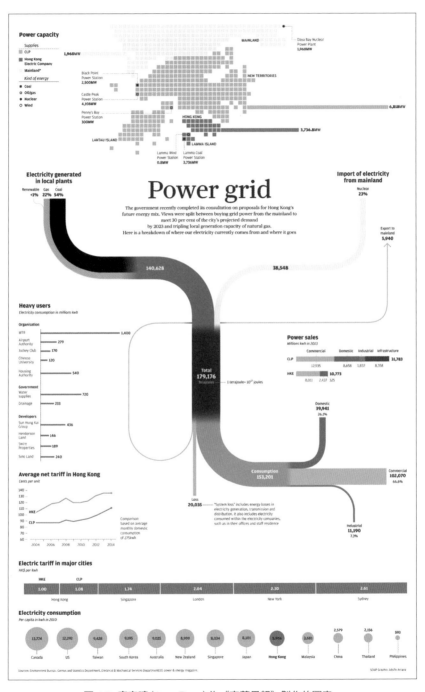

圖 1.9 龐宇晴 (Jane Pong) 為《南華早報》製作的圖表。

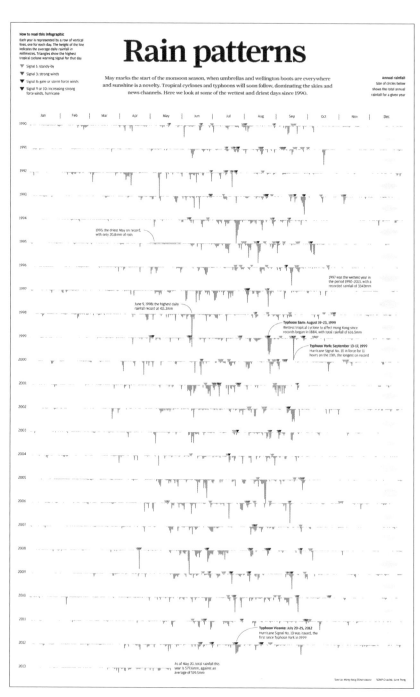

圖 1.10 龐宇晴為《南華早報》製作的圖表。

瞭解更多

- Harris, Robert L. Information Graphics: A Comprehensive Illustrated Reference. New York: Oxford UP, 1999. 如果你想學習大多數類型的圖表、地圖、圖解通常叫做什麼，就一定要讀這本書。

- Rendgen, Sandra (editor). Information Graphics. Köln: Taschen, 2012. 一本大部頭的書，它有八磅重！會令你大開眼界，你就會瞭解我所謂的「各式各樣的視覺化體驗」是什麼了。

MEMO

第 2 章
優秀視覺化的五大特質

一張圖片最大的價值就在於它會強迫我們注意
以前從未預期見到的事物。

── 約翰‧圖基（John W. Tukey）──
《探索式資料分析》
（Exploratory Data Analysis）

2013 年 4 月，**紐約大學理工學院**（NYU Polytechnic School of Engineering）的視覺化教授**恩里科・貝爾蒂尼**（Enrico Bertini）向他的社群發起一項挑戰。他在一則標題為「資料視覺化的成功故事在哪裡？」（Where are the data visualization success stories?）的部落格貼文中寫道：

> 如今我看到周遭有許多視覺化資訊，而我對此感到非常興奮。然而，我們有做出任何實質上的改變嗎？我指的是我們除了告訴人們美麗的故事之外，有對人們的生活造成任何實質影響嗎？是的，我知道，影響可以有無數種不同定義，影響也可能難以捕捉。但讓我舉個例子吧，為什麼我從未見到一篇文章或部落格貼文，一個視覺化圖表如何幫助了一群醫生做出某件傑出事蹟呢？只是因為這種題材沒有被報導嗎？還是有別的原因呢[1]？

我在推特上回答，每當一名統計學家、經濟學家、科學家—或甚至是任何公民，因為一張簡單的圖表或地圖而發現某件有用的事，這就是一次成功。不過，恩里科提出了一個很棒的觀點：我們這些以視覺化謀生的設計師、記者、程式設計師和電腦科學家，往往沒有充分思考自身領域中的成就。

數十年來，我們已經把某些備受珍視的觀念視為理所當然：視覺化是有效的；學習如何正確製作視覺化，能讓任何人更擅長交流關於世界的重要事實，也更擅長探索這些事實；而且視覺化這項工藝並不是以藝術傾向

註 1　http://fellinlovewithdata.com/reflections/visualization-success-stories。

為基礎，而是以接納某些從經驗和科學探索衍生而來的原則與啟發為基礎。我認為這些觀念都是對的，但它們絕非顯而易見的道理。

因此，我覺得我應該提出一些曾經改變大眾理解的圖表實例。這樣的實例不少，但在我能立刻想起的例子中，我最喜歡的是**曲棍球棒圖表**（hockey stick chart）（**圖 2.1**），這種圖表是由**麥可‧曼恩**（Michael E. Mann）、**雷蒙‧布拉德利**（Raymond S. Bradley）、**麥爾坎‧休斯**（Malcolm K. Hughes）幾位教授設計的。我會先解釋這種圖表是什麼，以及它是如何出現的，然後我會告訴你為什麼**它展現出本書的核心價值**。

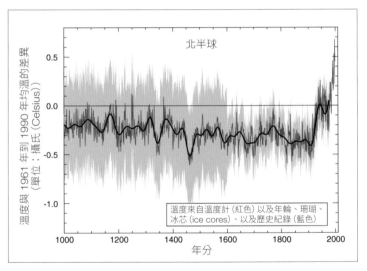

圖 2.1 曲棍球棒圖表。**聯合國跨政府氣候變遷專家小組**（Intergovernmental Panel on Climate Change, IPCC）2001 年第三次評估報告的決策者摘要。

曲棍球棒圖表 (Hockey Stick Chart)

　　在過去一百年地球發生暖化，並以令人驚慌的步調持續暖化，而且人類在這場暖化中扮演了關鍵角色。這些事實如今除了少數的黨羽巢穴（但非常有錢）之外都沒有任何爭議。我是在聯合國跨政府氣候變遷專家小組發布最新評估報告當天寫下這些文字，專家小組是自 1990 年來的第五次報告（註2、編註）。其結論是：

> 　　氣候變遷是「清晰明確」的事實。大家有異議的地方在於細節，這在科學界是很正常的事，而且許多研究依然有待進行，不過科學界的大多數人都同意，氣候變遷是令人擔憂的現實註3。

　　2001 年的情況則與如今不同。聯合國跨政府氣候變遷專家小組在那年發表了第三次報告。這份報告可說是該小組成立以來最具爭議性的報告，主要是因為它著重展示圖 2.1 這張轟動的圖表。這張圖表顯示了跟 1961 年至 1990 年平均氣溫比較的攝氏氣溫變化，零度線位於 Y 軸中央。

註 2　關於摘要，請閱讀 http://www.theguardian.com/environment/2013/sep/27/ipcc-climate-report-digested-read。

編註　IPPC 分別在1990、1995、2001、2007、2013 發布報告，而最新一次則是在2021發布第一工作組的報告，預計2022年會發布其他報告。

註 3　全世界有數千名科學家執行聯合國跨政府氣候變遷專家小組的報告，這些報告致力於準確反映出科學界中的共識與異議。如果你依然相信聯合國跨政府氣候變遷專家小組是激進科學家為了得到豐厚的政府資助而想出的陰謀，那或許是因為你從未接近過一名真正的科學家。最讓研究人員愉悅的事莫過於殘酷地揭穿同事的研究結果是錯誤的。

1998 年和 1999 年發表的科學論文中已經出現了後來稱為「曲棍球棒圖表」的圖表，只是形式稍有不同 註4。其中一張圖表解釋，1990 年代是史上最溫暖的十年，而且圖表納入的最新一年，1998 年，是有史以來最熱的一年。

因為人類到了十七世紀才開始有系統性的氣溫紀錄，所以研究人員必須檢視**古氣候**（paleoclimate）資料的多種來源，才能畫出過去一千年的氣溫變化。他們利用了**代理變數**（proxy variable）註5，例如樹木年輪生長速率，以及**紋狀沉積物**（varved sediments）、冰芯、珊瑚的變化。

沒有統計估測是完全準確的，所以作者很謹慎地在圖表中展示出不確定性：請注意線條周圍的灰色區域。科學家能夠很有信心地認為，每年的氣溫都位於由灰色條帶的最高點及最低點界定的範圍內。

灰色條帶愈接近現代就變得愈細。原因是這樣的：隨著測量工具和技術逐漸改善，可用於計算平均氣溫的資料也變得更加精密和可靠。因此，不確定性也變得較小。

這張圖表的訊息非常清楚：在二十世紀初年，氣溫驟然上升了。當時人類製造的溫室氣體排放迅速增加，例如燃燒石化燃料產生的二氧化碳。

註 4　Mann, Michael E., Bradley, Raymond S., and Hughes, Malcolm K. "Northern Hemisphere Temperatures During the Past Millennium: Inferences, Uncertainties, and Limitations." Geophysical Research Letters, Vol. 26, No. 6, pages 759-762, March 15, 1999.

註 5　代理變數是一種可測量的單位或實體，能用於研究某種難以直接觀察或根本無法直接觀察的事物。你可以把愛滋病毒（HIV），也就是造成人類後天免疫缺乏症候群的病毒作為類比。大多數檢測 HIV 是否存在於人體的測試都不是在尋找病毒本身，它們試圖尋找的是顯示病毒是否存在的其他線索，例如對抗感染的抗體。在這種情況下，「對抗 HIV 的抗體」實體就是「HIV 病毒」實體的代理。

除了科學界以外，沒有人注意到曲棍球棒圖表，直到聯合國跨政府氣候變遷專家小組在 2001 年報告中採用了這種圖表。在那之後，這種圖表就成為有史以來最著名、最有影響力也最充滿爭議的圖表。麥可·曼恩與他的同事，以及多年來參與聯合國跨政府氣候變遷專家小組報告的許多氣候科學家開始受到惡毒的攻擊，主要是人身攻擊，而攻擊來自個人、政治團體，以及從否認全球暖化事實中獲益的組織。不論全球暖化的證據有多麼確鑿，他們也依然故我[註6]。

正如曼恩在 2012 年寫的：

> 曲棍球棒最終引發的爭議與圖表描繪的溫度上升本身沒什麼關係。相反地，爭議的起因是這張簡單的圖表會為某些人帶來威脅，他們反對那些為了保護我們的環境及地球健康的長期前景，而出現的政府管制或其他社會限制[註7]。

註6　證據真的非常確鑿可信。以下是一些簡短的摘要，能引導你去閱讀其他材料：http://www.theatlantic.com/technology/archive/2013/05/the-hockey-stick-the-most-controversial-chart-in-science-explained/275753/ 與 http://www.scientificamerican.com/article/behind-the-hockey-stick/。另外請閱讀**娜歐蜜·歐蕾斯柯斯**（Naomi Oreskes）及**艾瑞克·康威**（Erik M. Conway）的書《販賣懷疑的人》（Merchants of Doubt）（2010 年）。兩位作者揭露，如今否認氣候變遷的人所使用的策略，就跟數十年前菸草產業為了讓人懷疑把抽菸和肺癌連結起來的證據而使用的策略一模一樣。

註7　Mann, Michael E. The Hockey Stick and the Climate Wars: Dispatches from the Front Lines (2012).

　　曲棍球棒圖表是最具代表性也最有說服力的視覺化之一。以恩里科‧貝爾蒂尼的話來說，這是個成功的故事，因為它具有某些特質：

1. **真實性**（truthful），因為它根據的是詳盡又誠實的研究。

2. **功能性**（functional），因為它準確地描繪資料，而且它的建構方式讓人能夠根據它（看到隨著時間的變化）進行有意義的操作。

3. **美觀性**（beautiful），以某種意義上而言，對於它的目標受眾（首先是科學家，但也包括普羅大眾）而言，它很有魅力、很吸引人，甚至賞心悅目。

4. **洞見性**（insightful），因為它揭露了我們原本難以看到的證據。

5. **啟發性**（enlightening），因為如果我們理解並接受它描繪的證據，它就會改善我們的觀念。

　　這五種特質構成了本書立基的架構。所有特質都具有多重意義，所以請讓我簡短說明一下。

★　真實性

　　如果你從附近的書店或圖書館隨意挑一本關於視覺化的書，我有預感你會很常在書中看到「清晰」這個詞 註8。我們設計師和記者一直都癡迷於簡潔、簡單、清晰且優雅地呈現事物。否則，人們會在閱讀我們的圖表時感到困惑又生氣。

註 8　既然現在有這麼多書都提供數位形式，我很想看到有人針對最常使用的詞彙進行分析。或許我的預感是完全錯誤的！

資訊設計師**理查・伍爾曼**（Richard Saul Wurman）自稱「資訊建築師」，而且他已經在好幾本書中解釋原因。例如，他令人愉快的寓言故事《33：理解變化與理解中的變化》(33: Understanding Change & the Change in Understanding)（下面的粗體是我加的）：

> 我指的建築師是創造系統性、結構性又有秩序的原則來讓某個事物發揮作用的人。建築師會深思熟慮地製作手工器物、提出想法或制定政策，這些產物都會**傳遞訊息，因為它們很清晰**註9。

不過，這些事物真的是因為清晰才能夠傳遞訊息嗎？或者清晰只是一種手段而已？清晰應該是視覺化設計的主要價值嗎？請先在心中保留這些問題一分鐘，同時看看**圖 2.2**。

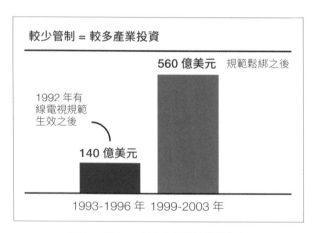

圖 2.2 請在 10 秒內告訴我這張圖表中
所有看起來很可疑的地方。

註 9 這則引文也出現在伍爾曼的經典著作《資訊建築師》(Information Architects)（1997 年）。

　　原始圖表跟圖 2.2 很類似，發表在**美國國家有線與電信協會**(National Cable & Telecommunications Association, NCTA) 的網站首頁。該協會是一個貿易組織，負責為美國有線電視公司進行非常有效的公關與遊說[註10]。

　　以下是這張圖表傳遞的訊息：由於美國政府在 1992 年發布管制，有線電視公司在基礎設施上投資的錢非常少。管制鬆綁之後，投資就大幅提高。沒錯吧。你可以在**推特**(Twitter) 上看到這張圖表，我就是這麼看到的。如果你沒有仔細檢查或是心不在焉，可能就會相信標題寫的：較少管制等於較多產業投資。

　　不過，讓我們稍微仔細檢視這張圖表吧。**你必須習慣不要只是看見或盯著視覺化圖表而已，而是要解讀它們**。行銷人員很瞭解，大多數人都不會用心注意自己看到的事物，而且圖表和資料地圖本身就很有說服力，因為它們看起來是如此科學[註11]。

　　第一，假設這些數字已經根據通貨膨脹調整過 (我沒有檢查)，請注意有些年份不見了。1996 年到 1999 年之間發生了什麼事？難道這些公司在這幾年完全沒有投資嗎？不太可能。

註 10　請造訪 https://www.ncta.com。

註 11　2014 年，**康乃爾大學**(Cornell University) 的兩位研究人員**艾諾・塔爾**(Aner Tal) 和**布萊恩・汪辛克**(Brian Wansink) 在《公眾理解科學》(Public Understanding of Science) 期刊發表了一篇研究，標題為「被科學蒙蔽：微不足道的圖表與公式增加廣告說服力與對產品效用的信念」(Blinded with science: Trivial graphs and formulas increase ad persuasiveness and belief in product efficacy)。他們的實驗結果發人深省：「光是把有關科學的元素跟關於藥物功效的聲明一起呈現就能增進說服力。人們如果看到圖表和公式以及關於藥物功效的聲明，就會對藥物的功效表現出較大的信任。」

第二，1993 年到 1996 年期間有四年（第一個長條），而 1999 年到 2003 年期間卻有五年。如果你想要把這些時間段的投資加總，至少應該確定它們涵蓋的年數相同。

以下是我給你的一些建議：每當有設計師、記者、公關人員、廣告人員或是隔壁的阿貓阿狗給你看一張視覺化圖表時，如果這張圖表上只有幾個數字，而且這些數字是對大量資料加總、四捨五入或取平均值的結果，請不要相信對方。這個世界充斥著缺乏細節的圖表，而騙子在其中橫行無忌。**如果有人向你隱瞞資料，那或許是因為他要隱瞞某件事。**

美國國家有線與電信協會在推特上推廣這張圖表並驕傲地宣布，這證明了政府管制是邪惡的。當時我的胡說八道警報就開始瘋狂尖叫 註12。我在推特上回覆，並仔細說明一些疑慮。經營該協會帳號的人回答，任何想要更仔細檢視這份資料的人，都可以透過他們的專頁找到一則模糊的部落格貼文，而這則貼文甚至不是從他們的索引頁連結過去的。

我找到的是一張像**圖 2.3** 的圖表。這張圖表述說的是一個完全不一樣的故事。《有線電視保護與競爭法案》(The Cable Television Protection and Competition Act) 是在 1992 年通過的，這就是圖 2.2 針對的邪惡管制。1992 到 1996 年間，在基礎設施上的投資並沒有在法案通過後驟降，而是開始健康成長。

1996 年鬆綁管制的《電信法》(Telecommunications Act) 生效之後，投資減少了，這或許是因為 1997–1998 年的金融危機導致的，然後投資才開始增加。這歸功於那個法案嗎？我不知道。可能是，也可能不是，因為那段時間的投資增加可以對應到網際網路存取的迅速擴張，以及 1997 年到 2000 年期間的**網際網路泡沫** (dot-com bubble)。在那幾年內，愈來愈多人對存取線上內容感興趣。因此，這張折線圖上的高峰可能只是對於高需求的一種反應而已。

註 12 我也稱之為「鬼扯警報」。

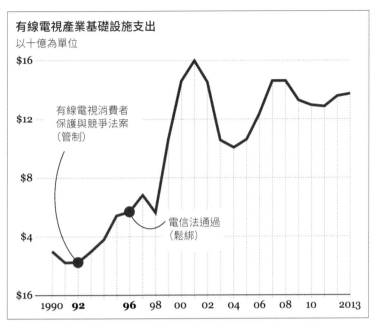

圖 2.3 政府管制真的阻礙了對於有線電視基礎設施的投資嗎？

即使我上述的所有推測都是錯的，我也已經不相信美國國家有線與電信協會了。這就是清晰有效但最終不誠實的溝通所造成的後果：**誤導民眾不僅在道德上是不可接受的，也會破壞你的可信度。**

請注意，我沒有使用「說謊」這個詞。我不認為圖 2.2 是個徹頭徹尾的謊言。在數學上來說，圖中的數字是正確的。它們是把兩個時間段的投資加總的結果，即使時間段的長度不同也依然如此。圖 2.2 或許是真實的，儘管它的標題不然。不過，圖 2.3 更真實。它更加準確也更加貼近事實地描繪了這個主題。真實與虛假並不是絕對的。它們是在光譜兩端的極端值，這是我會在下一章延伸討論的概念。

因此，我不覺得清晰應該是視覺化設計的主要目標。我們首先考量的應該是盡可能讓我們的資訊正確，這是「真實」在本書脈絡中所代表的意義。

真實涵蓋了兩個不同但緊密相連的策略：

- **避免自我欺騙**。我們人類已經演化成會在無意義的雜訊中看到模式。我們會太早下結論。我們會在只有相關性的地方看到因果關係。真實的圖表是由具有以下特質的人創造的：他們會應用特定的批判性思維技巧，來盡力克服自身智力上的缺陷以及認知和意識型態上的偏見。

- **對你的受眾誠實**。向他們展示你對於何為現實的最佳理解。或者套用1970 年代揭發**水門案**（Watergate [編註]）的其中一名記者**卡爾・伯恩斯坦**（Carl Bernstein）的話來說，我們應該努力追求及傳達「真相的最佳可獲取版本」。

我可以想像到你們某些人正在想：「噢，但我們人類不可能客觀又誠實啊！」或許你在讀一些批判性理論家和社會科學家的著作時太注重字面意思了 [註13]，或者你曾經在大學上過新聞報導入門，然後相信以下兩個觀念：(a) 我們永遠不可能完全獲得「真相」，因為我們往往會犯下推論錯誤，以及(b) 我們無法努力避免及克服這些錯誤。(a) 很有道理；(b) 則不然。

建立真實的圖表也包括做出正確的設計選擇。優秀視覺化的五大特質並非各自獨立，而是緊密相關的。這條原則的第一個提示是：為了製作真實的圖表，你也需要注意圖表的功能或目的。

編註　1970年代美國的政治事件，關於水門大廈被入侵。

註 13　以下這段引用自知名哲學家**布魯諾・拉圖爾**（Bruno Latour）：「人們把『理性』應用於在言論之間分配同意與不同意的工作上。這是一個關乎品味與感受、專業知識與鑑賞力、階級與地位的問題。我們挖苦、撇嘴、緊握拳頭、充滿激情、吐口水、嘆氣、夢想。誰有理性呢？」我通常把人往好的地方想，所以我會假設拉圖爾的想法比上述文字以及他的全部作品所顯示的更加細膩。不過，我也不能確定這點，因為他是一位以諷刺、模糊及矛盾而聞名的作者。

在**圖 2.4**，我呈現出兩種產品的生產成本。它們顯然是一起變化的，是吧？或許不是。請注意這張圖表有兩個 Y 軸，而且正如經濟學家**蓋瑞·史密斯**（Gary Smith）曾說過的：「如果你把軸翻倍，你也可能把惡作劇翻倍。使用兩個垂直軸，並把任一個軸或兩個軸的零點省略，就會打開一間具有許多美化可能性的統計美容院[註14]。」

我們很快會看到，並不是所有圖表都需要零值基線，但以粗心大意的態度處理刻度與座標軸永遠都很危險。如果我們以相同刻度來繪製折線，資料看起來就很不一樣了。

圖 2.4 雙軸圖表很容易被錯誤解讀。

註 14 出自他的著作《常識統計學》（Standard Deviations）（2014 年）。

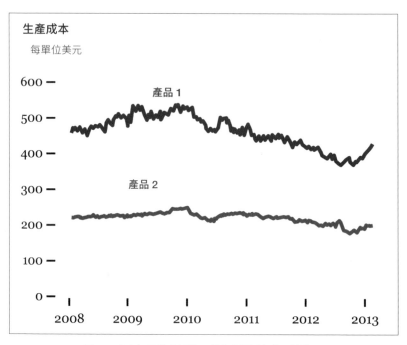

圖 2.5 畫在相同的座標軸，基本上要避免使用雙軸。

★ 功能性

如果獲得正確資訊是製作任何視覺化時最重要的步驟，那麼第二重要的步驟就是協助受眾正確解讀資訊。

我在我的前一本書《The Functional Art》解釋過，將資訊編碼成圖表形式，主要並不是個人品味的問題，而是可能基於理性思考。在本書的後續章節裡，我會深入探討這個過程，而這個過程類似於設計任何可用及有用的物品：你先從原料開始，賦予它一個可以派上用場的目的，然後你把它形塑成讓人能夠達到該目的的物品。

這項任務並不簡單。請看**圖 2.6**。我故意把第二張**圓餅圖**(pie chart)的百分比隱藏起來。這些圖表的目標是幫助人們估算變化。標題寫得很清楚了。請嘗試比較 1994 年和 2014 年**嘻哈**(hip-pop)音樂的流行程度;並告訴我**雷鬼**(reggae)音樂在 2014 年是否比在 1994 年更流行。還有**森巴**(samba)音樂呢?**鄉村**(country)音樂和**古典**(classic)音樂在 1994 年顯然一樣流行,但在 2014 年的時候呢?

比較一張圓餅圖裡的切塊已經夠困難了。比較兩張以上的圓餅圖又更困難 註 15。我們被迫注意圖表上的數字,而非聚焦在切塊的大小。而且**如果你需要讀取圖表上的所有數字才能理解它,那你一開始到底為什麼需要這張圖表?**

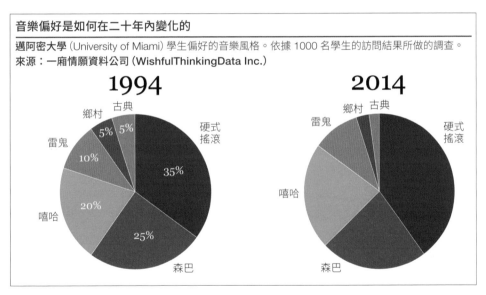

圖 2.6 請注意這張圖表的來源。我在虛構這些資料時有點一廂情願了,因為我喜歡硬式搖滾。

註 15　設計理論家**愛德華・塔夫特**(Edward Tufte)是這麼說的:「唯一比圓餅圖還差勁的設計就是好幾張圓餅圖。」

儘管圓餅圖有明顯的缺點，它們卻依然廣泛出現，這其中的原因我已經不記得了。我認為人們持續使用圓餅圖是因為它們很有趣又賞心悅目。此外，即使圓餅圖在你有超過兩三個區塊時的效率是很低，但我們從小就已經習慣使用這種圖表來呈現部分對整體的關係了。

現在看**圖 2.7**，我用**斜線圖**（slope chart）呈現一模一樣的資料。這張圖是不是更容易解答我之前問的問題呢？你甚至不需要讀取垂直軸上的標籤，就能辨認出哪個上升、哪個下降。這張圖表的目的（或功能）是展現變化，所以我以我們的大腦可以理解的方式來顯示變化：變大的項目會上升，變小的項目會下降。

這就是具有功能的視覺化所代表的意義：根據你希望實現的任務來選擇圖表形式。**圖表的目的應該以某種方式引導你決定如何形塑資訊。**

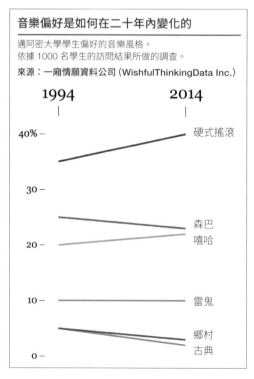

圖 2.7 斜線圖更適合呈現兩點之間隨著時間的變化。

★ 美觀性

如果你要去**芝加哥**（Chicago），可以花些時間在市區的**近北區**（Near North Side）散散步。請你找到**芝加哥河**（Chicago River），然後向東走到**密西根湖**（Lake Michigan）。在河的北岸，你會看到**百年噴泉**（Centennial Fountain）。下一頁有一張百年噴泉的照片，但現在先不要看。

大多數遊客經過百年噴泉時，都會讚嘆噴泉每小時射出的巨大弧形水柱，但他們忽略了噴泉講述的故事。我第一次去芝加哥時，很幸運有兩位知識淵博的友人陪同，他們是 ProPublica 的**史考特・克萊恩**（Scott Klein）及**美國公共廣播電台**（National Public Radio, NPR）的**布萊恩・博耶**（Brian Boyer）。他們向我指出，百年噴泉不只是一座迷人的建築藝術品而已，也是一座說明式視覺化裝置。

在我展示這座噴泉之前，我希望你先閱讀我設計的一張資訊圖表（**圖 2.8**）。這跟許多有點無聊的新聞圖表很類似：幾張簡單地圖，或許有一兩張圖表，還有一些文字說明來提供脈絡，就這樣了。它確實發揮了功能，但並不是特別吸引人。

百年噴泉是為了紀念**芝加哥衛生區**（Sanitary District of Chicago）成立 100 週年而建造的。在 1889 年至 1900 年期間，該區域改變了芝加哥幾條河流的走向，這是一項雄心勃勃的計畫中的一部分，該計畫的目標是解決芝加哥在過去面臨的許多汙水問題。在這項偉大的土木工程壯舉之前，汙水會被排入密西根湖，而該湖也是芝加哥的主要水源。

現在請看這座噴泉（**圖 2.9**）以及應該如何解讀它的說明（**圖 2.10**）。噴泉的中心最高點是**芝加哥市**（city of Chicago）。兩邊延伸的部分代表發源自芝加哥市的**分水線**（watershed）：一邊從密西根湖流到大西洋（Atlantic Ocean），另一邊則從當地河川流到墨西哥灣，是芝加哥衛生區在十九世紀末設計的。

芝加哥如何改變河流走向

在 1889 年至 1900 年期間，新設立的芝加哥衛生區改變了該市河川的流向，來改善市民獲得的水質。

1889 年之前

芝加哥的汙水被排入河裡，而這些河川會流進密西根湖。該湖是芝加哥飲用水的主要來源。

1900 年之後

芝加哥河透過水利建築與新運河來改道。河水開始流入德斯普蘭斯河（Des Plaines River）。

結果

如今芝加哥地區的河水和湖水會往兩個相反方向流動：

1 密西根湖流入芝加哥河。**芝加哥區域水路系統**（Chicago Area Waterway System）會透過德斯普蘭斯河與伊利諾河，把芝加哥的河流和密西西比河連接起來。河水最後會流入墨西哥灣。

2 密西根湖也會流入**休倫湖**（Lake Huron）、**伊利湖**（Lake Erie）、**安大略湖**（Lake Ontario），然後流入聖勞倫斯航道，最後進入大西洋。

（為了清晰呈現，地圖被大幅簡化。）

來源：**美國國家環境保護署**（United States Environmental Protection Agency）

圖 2.8 一張顯示芝加哥的河川流向如何改變的資訊圖表。

你比較喜歡哪一種視覺說明？我的精確版本（圖 2.8）（平心而論，任何在 45 分鐘內設計的資訊圖表最多也就這麼精確了）？還是噴泉？

根據視覺化的目的及其受眾，我或許會選擇噴泉。這張高度簡化的分水線地圖並沒有按照規定比例製作，所以它一點也不精確。但它需要是精確的嗎？畢竟，這座噴泉是描繪一個系統的實體圖解，所以如實呈現地理特徵或許並不是必要的，尤其是如果較常造訪當地的遊客，因為在小學學過而早已知道河流和湖泊的位置，那麼如實呈現就更不是必要的了註 16。

圖 2.9 芝加哥百年噴泉（由史考特‧克萊恩拍攝全景）。

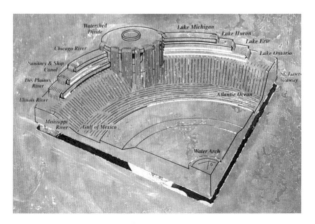

圖 2.10 一張說明如何「解讀」這座噴泉的圖解，這是其中
一部分標示（由史考特‧克萊恩拍攝）。

註 16 如果我們預期這座噴泉的許多觀眾都對美國地理不甚瞭解，那麼我會建議把這
張抽象圖解以及跟我的資訊圖表類似的圖表並列展示。

百年噴泉十分醒目，至少對於我在造訪期間見到的路過民眾是如此。你一定會注意到它，也會停下來觀賞它優美的對稱，即使你完全不知道噴泉想要表達的理念，也能欣賞它的美。

這些是**美感**的必要組成：也就是我們如何感知一個物件的外觀，以及該物件與其目的的深刻連結。美永遠是由平衡地混合了感性與理性的愉悅。用哲學家**羅傑·史克魯頓**（Roger Scruton）的話來說：「藝術會感動我們是因為它很美，而它很美是因為它有意義。它可以有意義卻不美；但它若要是美的，就必須有意義」。

我想你們有些人應該會很快爭辯說美是主觀的，微觀來看也許如此，但這並非重點，你應該用以下方式來思考：仰賴人腦來體驗和解讀周遭環境的任何事物都是主觀的，因為我們的經驗永遠是由感覺、感知、情緒和感情之間的複雜交互作用來調節的[註17]。**重要的並非我們創造的物件本身是否美觀，而是它們是否盡可能使愈多人覺得美觀。**

我相信絕大多數人，不論年齡、性別、種族或教育背景為何，都會同意**圖 2.11** 的右圖比左圖感覺更賞心悅目（也因此更接近美觀）。這兩張圖表都呈現出完全相同的內容，但右圖以一種更簡單、更清晰也更優美的方式呈現。

因此，美不是一樣東西，也不是物件的一種屬性，而是一種顯示這些物件可能產生的敬畏、驚嘆、愉悅或僅僅驚訝的情緒經驗度量。「美學」一詞的英文 aesthetics 源自希臘文的 aísthēsis，意思是感覺或感受。正如**唐納·諾曼**（Donald A. Norman）在他的著作《情感@設計》（Emotional

---

註 17　我在一般情況下使用這些詞彙（它們並非同義詞）的方式是受到**安東尼歐·達馬吉歐**（Antonio Damasio）的書《感受發生的一切：意識產生中的身體與情緒》（The Feeling of What Happens: Body and Emotion in the Making of Consciousness）（1999 年）所影響。

Design）（2003 年）中寫的，美很重要，因為吸引人且討人喜歡的事物能發揮更好的作用。它們使我們的心情很好，因此會邀請我們投入一些精力來瞭解如何操作它們。

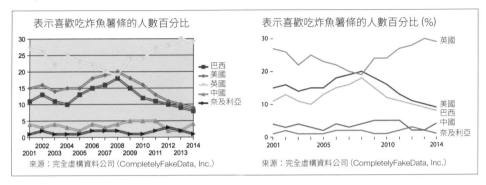

圖 2.11 哪一張圖表更賞心悅目呢？

有些事物可能只是因為具有高效率的優點就變得很美：它們使用最少的元素來發揮很大的作用。許多視覺化設計師和理論家都強調簡單的重要性，而我通常也同意他們的觀點。就跟我在其他地方指出的一樣[註18]，資料視覺化跟資料裝飾是不一樣的。

遺憾的是，有些人雖然自稱資訊圖表或資料視覺化設計師，但他們其實是資料裝飾匠。他們會以持續又可怕的一致性製作出像**圖 2.12** 的圖表。他們會忽略評論家**艾莉絲・羅斯隆**（Alice Rawsthorn）等人的建議：「設計一直以來（……）都遭到輕視、誤解及誤用。人們習慣把設計跟風格形塑混淆（……）很少有事情能（比覺得自己被降級到風格形塑或裝飾的角色）更讓設計師憤怒了[註19]」。

註 18 「如果你做的是資料裝飾，就別自稱資訊圖表設計師」（Don't call yourself an infographics designer if what you do is data decoration），出自http://www.thefunctionalart.com/2014/10/dont-call-yourself-infographics.html。

註 19 這段出自艾莉絲・羅斯隆的書《閱讀設計的 13 個關鍵課題》（Hello World: Where Design Meets Life）。請見本章結尾的參考文獻。

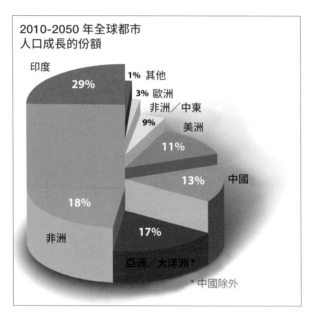

圖 2.12 絕對不要這麼做！

　　儘管如此，個人美學偏好仍會影響視覺化，而且並不是所有跟資料無關的設計選擇，都能被視為無用又古怪的裝飾或者圖表垃圾。設計工作室 **Accurat** 的作品就是典範。它位於資料視覺化與藝術之間的那條模糊界線上。在**圖 2.13** 中，Accurat 犧牲了一些清晰度，製作出一張具有藝術表現的作品。

　　請比較 Accurat 的圖表跟我剛才快速重新設計的**圖 2.14**，那只是我根據一小部分作家來製作的草稿。如果我的圖表是成品，而且那些作家也被正確分類，就會更有效地讓讀者找出模式並進行準確的比較。然而，對我來說，這張圖表也比原始圖表更不吸引人、更不令人意外，也更不優美。

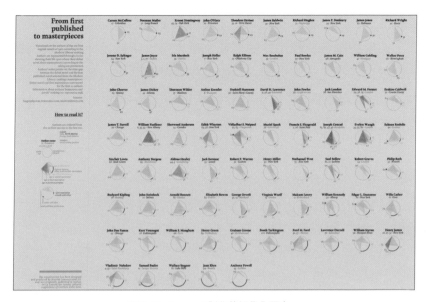

圖 2.13 **Accurat** 製作的視覺化圖表。

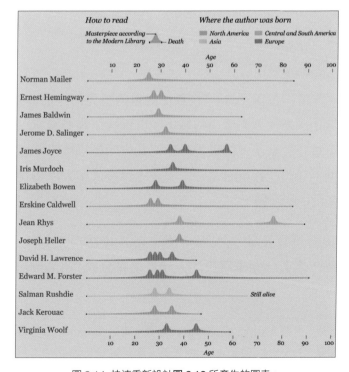

圖 2.14 快速重新設計圖 **2.13** 所產生的圖表。

如果我是一份出版物的老闆，你覺得我會印刷我的圖表還是 Accurat 的圖表？如果讓圖表比較不好閱讀或比較複雜，卻能增進新意及視覺吸引力，這麼做恰當嗎？有沒有能讓功能及美觀互相強化的策略呢？我們該如何平衡它們？我現在不會給出我對這些問題的答案。我只會給你一個提示，同樣來自評論家艾莉絲·羅斯隆：

> 人們發表了成千上萬的言論，來努力理清藝術與設計之間的曲折關係，其中我最喜歡的是**查爾斯·伊姆斯**（Charles Eames）的觀點，當他被問及設計是不是「一種藝術的表現」時，他說：「我更願意說設計是一種目的的表現。它（如果夠好的話）可能會在後來被判斷為藝術。」

★ 洞見性

有一本經典著作宣稱[註 20]：「**視覺化的目的是見解，而非圖片**」。這代表良好的視覺化是為找到有價值的發現而準備的，假如資訊以不同方式呈現，就不會有這些發現了。如果視覺化只提供明顯且微不足道的訊息，就沒有任何價值。它們的設計者是在暗自要求你投入精力閱讀視覺化圖表，卻只能得到非常小的回報。

視覺化設計師以及研究視覺化的學者一直在努力對「洞見」一詞給出條理清晰的定義。**北卡羅來納大學夏洛特分校**（University of North

---

註 20　**斯圖爾特·卡德**（Stuart K. Card）、**喬克·麥金萊**（Jock D. Mackinlay）、**班·施奈德曼**（Ben Shneiderman）所著的《資料視覺化的閱讀：用視覺去思考》（Readings in Information Visualization: Using Vision to Think）。

Carolina–Charlotte）的一群研究人員主張，洞見有好幾種 註21。其中一種是**自發洞見**（spontaneous insight），就等同是「頓悟」或「恍然大悟」。這種見解會突然發生、令人驚訝且出乎意料。另一種稱為**知識建構洞見**（knowledge-building insight），它依據的是一種漸進且謹慎的資訊探索過程，不一定會出現頓悟的時刻。

這兩種洞見是有關聯的。這群作者談到科學時寫道：「與自發洞見有關的主要典範轉移，能在使用者對於問題的理解中，創造新的結構和關係，進而能成為產生未來的知識建構洞見所需的綱要式結構。」接著，這種新獲取的知識，就能為更多自發洞見敞開大門，這是一種跟知識島比喻相似的虛擬循環（編註：請看本書最後的「知識島與未知海岸線」篇章）。

本章開頭的圖 2.1 曲棍球棒圖表是自發洞見如何發揮作用的例子之一。許多讀者第一次見到它時可能都會經歷頓悟的時刻：「哇，看那條陡峭的斜線！那是怎麼回事？」突然之間，原本掩藏在複雜面紗之後的現象就變得清楚明白了；有意義的模式和趨勢也變成人們無法再忽視的東西。

知識建構洞見在互動式視覺化圖表中更加普遍。請參考**圖 2.15** 的圖表，然後前往圖表說明的連結。首先，你會看到全球的博士性別差距。現在，請點擊「所有博士」（All PhDs）右邊的小箭頭，你會看到「非科學博士」（Non-science PhDs）。你有注意到什麼嗎？性別差距很明顯，不過大多數國家的女性博士比男性博士多。比起男性，女性傾向選擇社會科學與人文科學領域的研究生學程。

註 21　**萊可・張**（Remco Chang）、**卡羅琳・齊姆凱維奇**（Caroline Ziemkiewicz）、**特拉・瑪莉・格林**（Tera Marie Green）、**威廉・里巴爾斯基**（William Ribarsky）所著「定義視覺分析的洞見」（Defining Insight for Visual Analytics）。https://ieeexplore.ieee.org/document/4797511。

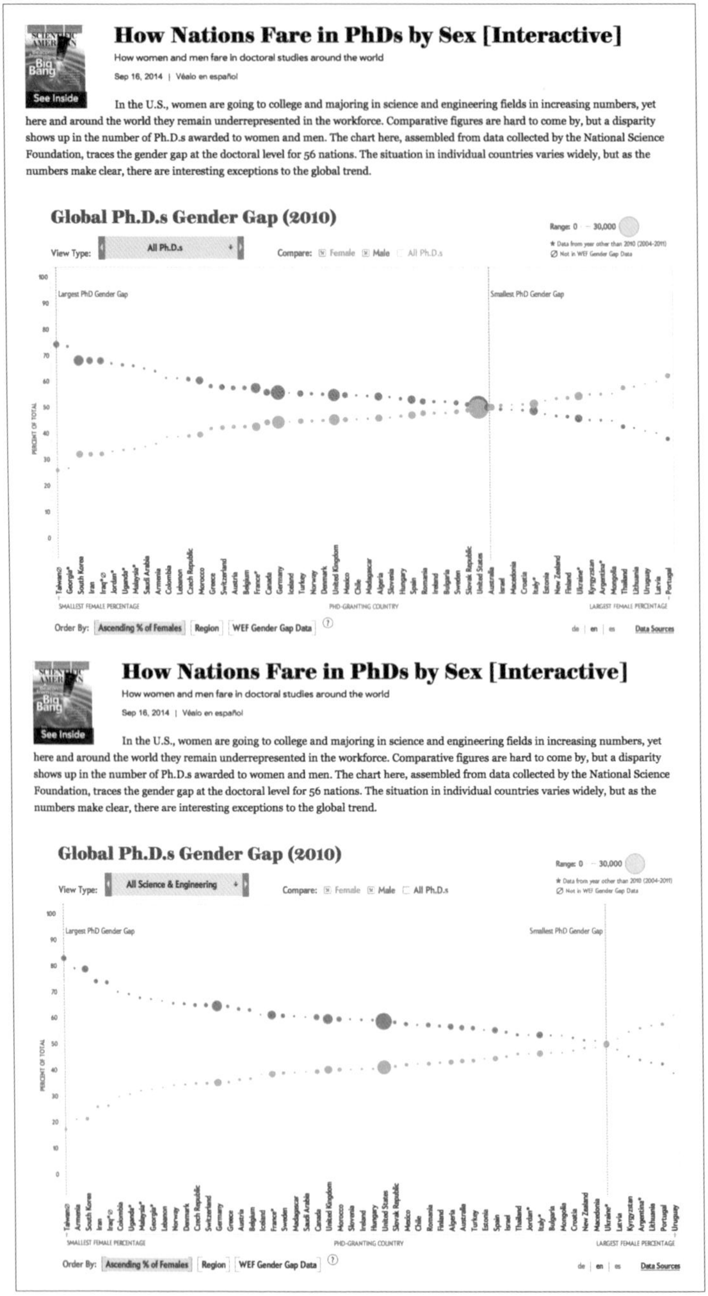

圖 2.15 Periscopic 為《科學人》雜誌（Scientific American）製作
的圖表：http://www.scientificamerican.com/article/how-
nations-fare-in-phds-by-sex-interactive/。

再次點擊那個小箭頭，你會跟我一樣為科學與工程領域中的嚴重性別失衡感到震驚。在台灣及南韓等地，超過 75% 的研究生是男性。如果你原本認為全球科技產業缺乏性別多樣性是捏造事實，就查看證據吧。這張視覺化圖表會提供很大的幫助。

★ 啟發性

最後，任何坦誠的視覺傳達者的目標，都是讓人能夠獲得他們所需的資訊來增進他們的福祉。優秀的視覺化圖表會改善人們的心智。它們具有啟發性。

任何具有啟發性的圖表都是由於設計者注重前四種特質的結果。一張如實、具有功能、美觀、且有洞見的圖表也可能具有啟發性。不過，此時還需要考量一件事：視覺化的主題。**符合倫理且明智地選擇主題，使受眾更容易理解相關議題，是非常重要。**

我在每個學期都會指導幾個想要在資料視覺化和新聞資訊圖表領域就業的學生。其中一個最令我驕傲的專案是由一名西班牙設計師兼程式設計**師埃斯蒂夫・博伊克斯**（Esteve Boix）製作的，他對於怪咖電影和影集非常熱衷。

埃斯蒂夫想要量化《魔法奇兵》(Buffy the Vampire Slayer) 第一季，這部影集讓編劇兼導演**喬斯・溫登**（Joss Whedon）名聲大噪。儘管我對《魔法奇兵》幾乎一無所知，但我仍然同意了這個主題。我的經驗告訴我，當學生可以研究自己在乎的東西時，他們會做得遠遠更好。

他的成果令人讚賞（圖 2.16）。埃斯蒂夫交給我一份探索《魔法奇兵》第一季每一集的專案。你可以看到每個場景中有哪些角色出鏡，並以不同方式分類及過濾資料。順帶一提，埃斯蒂夫沒有使用既有的資料庫。他重複觀看所有集數，以便確認每個角色出現的時間。

現在，請閱讀下面的段落，這是由**普立茲獎**（Pulitzer Prize）得主**大衛・K・謝普勒**（David K. Shipler）在**卡崔娜**（Katrina）颶風侵襲**路易斯安那州**（Louisiana）沿岸之後撰寫的一篇文章開頭：

> 　　大多數美國人在卡崔娜颶風之後見到紐奧良（New Orleans）居民的赤貧狀況時都感到驚訝，這正是對記者和編輯最有效的指控。在一個開放社會中，一直有看電視或讀報紙的人都不應該對卡崔娜颶風「揭露」的事情感到驚訝才對，這個詞在颶風侵襲之後一直被廣泛使用。美國的自由媒體應該每天都要「揭露」種族與階級的分歧，為什麼他們沒這麼做[註22]？

如今，因為我們任何人都可能成為「自由媒體」的一份子，我們也可以捫心自問：哪個主題更重要？是《魔法奇兵》還是紐奧良？我們最直接的反應是向**相對主義**（relativism [編註]）屈服：「這取決於你的身分和你的受眾，而且這兩個主題是不能比較的！」

註 13 《Monkey See, Monkey Do》。http://nhi.org/online/issues/145/monkeyseemonkeydo.html。

編註　主張沒有絕對，只要相對。

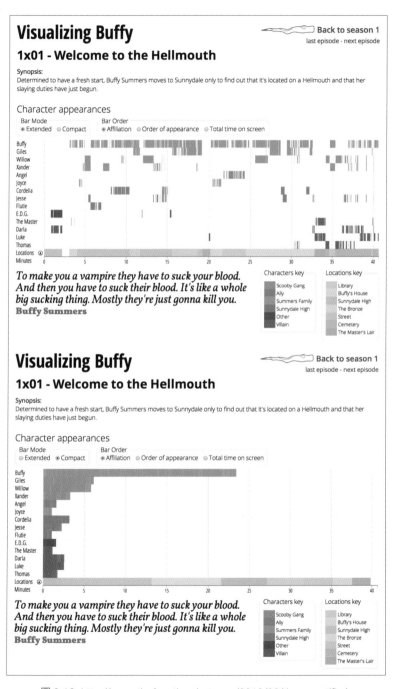

圖 2.16　http://www.thefunctionalart.com/2013/06/the-quantified-
buffy.html。由埃斯蒂夫・博伊克斯製作。

我相信那不是你真心想說的答案。這兩個主題確實是可以比較的。我們人類熱愛享樂而不是擔憂某些現實，就像是愛吃甜甜圈卻不愛吃花椰菜，而且不論我們內心深處有多清楚我們正在有意識且無恥地愚弄自己，我們依然會找任何能夠合理化自身行為的藉口。有些主題確實比其他主題重要，因為它們對更多人的福祉有更重大的影響。

　　請注意，我並不是說把《魔法奇兵》視覺化是錯誤的。事實上，這項專案非常棒。報章雜誌的生活習慣和流行文化版面就是因此才存在的。不過，人生短暫，時間有限，所以既然身為視覺傳達者的我們可以選擇改變我們的優先考量，或許我們能夠稍微把更多心思放在這個世界的紐奧良，把更少心思放在《魔法奇兵》。如果埃斯蒂夫想要做第二份視覺化專案，我會建議他從**普立茲中心**（Pulitzer Center）的作品中尋找靈感，例如該中心關於兒童死亡率的視覺化圖表（**圖 2.17**）。

　　關心社會利益不代表我們需要成為意識形態擁護者或社運人士，不過這樣也不賴。**Periscopic** 是我最欣賞的視覺化公司之一，他們的格言是**「用資料做好事」**（do good with data）。我全心全意支持這句格言，但我也對它感到不安，因為通往地獄的路是以善意鋪就的。我認識的大多數社運人士都是既高尚又誠實的人，但有些社運人士卻被嚴重誤導，例如反疫苗的倡議者。

　　我們當然應該用資料做好事，但只有在我們仔細確定我們的資料良好之後才能這麼做。讓我們來看看怎麼做吧。

圖 2.17　兒童的生命。普立茲中心：http://pulitzercenter.org/blog/child-lives-
　　　　 visualization-mortality-global-aid-public-health。

瞭解更多

- Papanek, Victor. Design for the Real World: Human Ecology and Social Change. Chicago: Chicago Review Press, 2nd ed., 2005. 本書是設計的倫理選擇有關的強烈宣言。

- Rawsthorn, Alice. Hello World: Where Design Meets Life. New York: The Overlook Press, 2013. 本書概述了設計圖表與其他型式到底是什麼。

- Scruton, Roger. Beauty. New York: Oxford University Press, 2009. 本書是一篇探討美學的簡短又迷人的論文。

- Tufte, Edward R. The Visual Display of Quantitative Information. Cheshire, CT: Graphics Press, 1983. 塔夫特已經寫了四本關於視覺化設計的書。他的第一本書依然是最棒的。

第 **2** 篇

真實性

第 3 章
事實連續譜

─

要相信事實是正確的，並不是出於膽量，而是
出於謙遜：誠實的人不認為自己有權否決真實。

─── 約翰・C・萊特 (John C. Wright) ───
《超人類與次等人類：論科幻小說及可怕真相》
(Transhuman and subhuman: Essays on
Science Fiction and Awful Truth)

我要先從一個原則開始談起：**任何視覺化圖表都是模型**。

請你想像一張地圖。地圖永遠是某個特定區域的簡化描繪，它看起來不會跟該區域本身一模一樣。地圖繪製者在理性且系統性的抽象化過程中，會刪除不必要的特徵，並強調他們覺得重要的特徵。舉例來說，道路圖會標示出道路、都市、城鎮及邊界，它們的功能是協助你找到該走的路，而不是呈現出每座山、每個山谷，或每條河。

模型的概念可以延伸到所有的思考與溝通行為。我們人類使用模型來感知、認知及推理，因為我們有限的大腦無法完全理解錯綜複雜的現實。我們的感官及大腦會調節我們與世界的關係。我們的視覺並不是由出現在眼前的高解析度景象所組成的，那只是大腦捏造的錯覺罷了[註1]。

模型是一個符號（或是一組符號及其關聯），能描述、解釋或預測大自然的運作情形，帶有不同程度的準確性。好的模型能使現實抽象化，同時保留現實的精髓。

註 1　想進一步瞭解大腦如何及為何這麼做，請看我之前的著作《The Functional Art》。我在本章採用的立場是根據一種稱為「模型相關真實論」（model-dependent realism）的科學性哲學，在**史蒂芬・霍金**（Stephen Hawking）與**雷納・曼羅迪諾**（Leonard Mlodinow）的著作《大設計》（The Grand Design）中是這麼描述的：「與圖像或理論無關的真實，是不存在的。相反地，我們將採用的觀點是真實與模型相關，換句話說，我們將物理理論或世界圖像視為將觀察現象與模型元素連結的一套規則。（⋯）除了在科學上建造模型，日常生活中我們也會建立模型；模型相關真實論不僅適用於科學模型，也適用於我們創造來詮釋與瞭解日常世界的意識及潛意識心智模型。在我們的世界中，沒有辦法除去觀察者（我們），因為我們的真實是透過感官處理與思考、理解的方式所創造。我們的認知以及該認知理論所根據的觀察，並不是直接形成的，而是由一種『透鏡』所塑造，也就是由人類大腦的詮釋結構所形塑。」

數字的思考與溝通也以模型為基礎。以平均值這樣的統計量為例，如果我告訴你美國成年女性的平均身高是 63.8 英寸，我就是給你一個用來概述美國所有成年女性的所有身高的模型。這不是完美的模型，只是概算而已。如果多數女性的身高都接近這個平均值，這就會是一個不錯的模型。

假設我把大約 1.58 億名女性身高紀錄的整個資料集全都給你看，你根本無法瞭解任何事情。這些資訊太多了，光是一個人腦是無法計算的。如果你認為我們能做出完美的模型來觀察、分析及代表現實，這樣的想法是不切實際的，我們頂多能設計不完整但依然可傳達豐富資料的模型。

因此，我的原則有個重要的結論：**如果一個模型在沒有非必要複雜性的狀況下，能夠愈適當地呈現它所代表的事物，而且它的目標受眾也愈容易正確解讀它，這樣的模型就會愈好。**

因此，有些模型比其他模型更好。在這個脈絡中，「更好」指的是更真實、更準確、更能傳達豐富資訊，也更容易理解。

可疑的模型

在**圖 3.1**，我使用的資料來自**美國國家有線與電信協會**（National Cable & Telecommunications Association，簡稱 NCTA）。該協會原本寫的副標題是：美國的寬頻有線網路已經在過去幾年內有長足的進步。但真的是這樣嗎？

如果我們想要瞭解網路存取速度的整體成長情形，這其實不是個令人滿意的模型。這張圖表只有顯示出最高速度！我們遺漏了重要資訊，最低速度、平均速度呢？還有更重要的是，使用最高、平均、最低速度的人數呢？這些資訊會讓這個模型（也就是這張圖表）更加真實。順帶一提，這個模型也需要顯示出所有年份，而非只是那些看起來仔細挑過的年份而已。

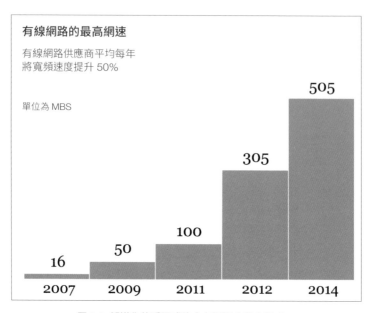

有線網路的最高網速

有線網路供應商平均每年
將寬頻速度提升 50%

單位為 MBS

505

305

100

50

16

2007　2009　2011　2012　2014

圖 3.1 誤導你的受眾或許會在短期內帶來好處，
但以長期來看，這可能破壞你的可信度。

　　有些人會為了誤導讀者而故意製作糟糕的視覺化模型，但更常見的情況是出於好意的設計者沒有仔細審視資料，因而製作出錯誤的模型。**圖 3.2** 是 1975 年到 2012 年之間的交通死亡率表，請思考一下這張圖表。我住在**佛羅里達州**（Florida），所以當我看到該州的交通死亡率增加了這麼多，而其他大多數州卻有明顯改善，我覺得很憂心。但真是如此嗎？

　　有個類比或許能派上用場：假如你設計了一張關於車輛車禍的圖表，來比較**伊利諾州**（Illinois）的**芝加哥**（Chicago）（人口 270 萬）和**內布拉斯加州**（Nebraska）的**林肯**（Lincoln）（人口 26.9 萬），這樣會公平嗎？不完全公平。案例的絕對數是有關聯的，但你也可以透過**相關變數**（relative variable）來施加控制。在**圖 3.3** 的案例，這個變數就是車禍與人口或車輛數之間的比率。

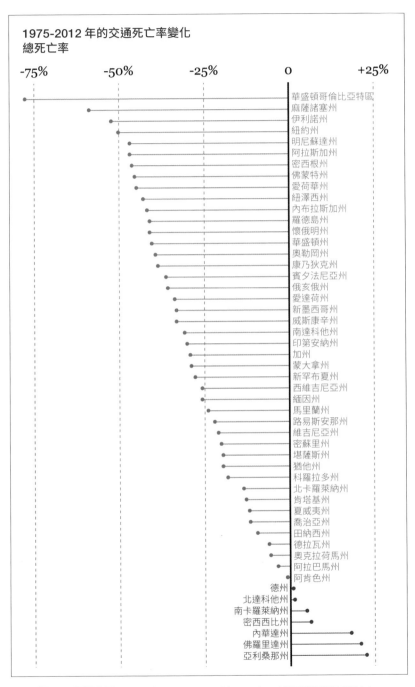

圖 3.2 資料來源：http://graphzoo.tumblr.com/post/85330752462/data-source-httpwwwwnhtsagov-code。

（死亡數 / 車輛數）× 100,000 = 每 100,000 輛車的死亡率

　　我們應該把這個公式應用在 1975 年和 2012 年的數據，然後計算兩者差異。有些州的死亡率明顯下降，可能只是因為這些州的人口沒有改變那麼多，讓道路及車輛變得比較安全。

　　我們還可以更進一步。探討這個主題時，我們可以考慮的不只是車輛數，還有那些車行駛了多少英里，這是因為美國的通勤距離相差很大。你可以在圖 3.3 看到結果，我在兩張圖表都特別標出了佛羅里達州。另外也請注意**北達科他州**（North Dakota），我猜這些數據或許跟 2000 年代晚期的**石油繁榮時期**（oil boom）有關。根據**皮尤研究中心**（Pew Research Center）的報告，北達科他州光是在 2009 年與 2014 年之間就增加將近 10 萬名勞工，而且他們的通勤路程很長[註2]。

　　為了讓我們的視覺化圖表更好，我們或許會想試試套用其他的變數來控制，比如交通管制的效應。舉例來說，美國的安全帶法規是在 1980 年代中期開始施行的，到了 1980 年代結束時，許多州依然沒有強制成人繫安全帶，**新罕布夏州**（New Hampshire）到現在依然沒有。此外，在 16 個州，除非你因為其他違規行為而被攔檢，否則你不會因為沒繫安全帶而拿到罰單。根據**美國疾病管制與預防中心**（Centers for Disease Control and Prevention）的報告，「安全帶能使嚴重車禍相關死傷數降低一半左右[註3]」。

註 2　「How North Dakota's 'man rush' compares with past population booms」。https://www.pewresearch.org/fact-tank/2014/07/16/how-north-dakotas-man-rush-compares-with-past-population-booms/。

註 3　我認為這個統計數據是真的，不過你可能會想要確認看看：「Seat Belts: Get the Facts.」。http://www.cdc.gov/motorvehiclesafety/seatbelts/facts.html。

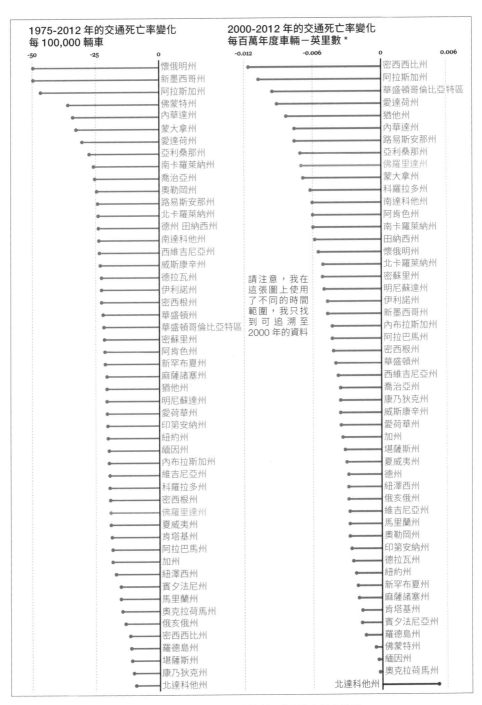

圖 3.3 我們套用其他的變數來控制，結果會有很大差異。

2010 年，《Wired》雜誌在封面上宣告「**全球資訊網**（Web）**已死，網際網路**（Internet）**萬歲**」[註4]。這篇報導的重點是：網路瀏覽器作為從網際網路獲取資料的工具之一，正處於衰退趨勢，而應用程式或視訊串流等其他技術則逐漸崛起。

那篇文章附了一張**堆疊面積圖**（stacked area chart），就跟**圖 3.4** 的上圖類似。網路瀏覽器在 1990 年代初期誕生，在 2000 年到達巔峰，當時它們佔了超過 50% 的網際網路流量，接著就逐漸衰退。2010 年，從網際網路下載的資料只有 23% 是透過瀏覽器獲取的。

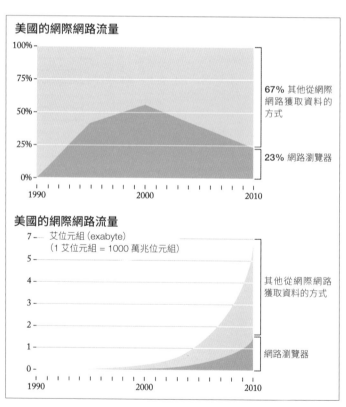

圖 3.4 同一個故事的兩個版本。資料來源：《Wired》雜誌
與波音波音（BoingBoing.net）。

註 4 「The Web Is Dead. Long Live the Internet」。https://www.wired.com/2010/08/ff-webrip/。

關於這張圖以及整篇報導的許多問題都被波音波音的編輯主任**羅布·貝西扎**（Rob Beschizza）發現了[註5]。在 1990 年代中期，網際網路使用者的數量是以百萬來計算的，到了 2010 年，這個數據是以十億來計算。此外，人們下載的內容類型也有很大改變。在 1990 年代，我們主要消費文字及低解析度的圖片；在 2010 年，影片與檔案共享服務已經廣泛普及，還有許多連線更加良好的人在下載更加龐大的檔案。這些現象都反映在**圖3.4** 的下圖，而這張圖是根據貝西扎設計的圖來繪製的。結果顯示，網路瀏覽器並沒有逐漸消亡（編註：其他網路應用的下載量大增，不代表瀏覽器式微）。

大腦，笨拙的模型設計師

視覺化是一種模型，可以做為設計者與讀者雙方腦內的心理模型的渠道。因此，錯誤可能發生在設計者這邊，也可能在讀者那邊[註6]。我曾經被精彩又準確的視覺化圖表誤導很多次，吃了許多苦頭才記取這個教訓。

每年我都會去烏克蘭的**基輔**（Kiev），講授為期一週的視覺化工作坊入門課程。我在寫這章時，烏克蘭正經歷著一連串動盪事件所帶來的後果：親俄派總統被大眾抗議驅逐，親西方派政府經過民主選舉而成立，接著俄國佔領了**克里米亞**（Crimea）地區，而截至我寫到這裡的時候為止，俄國總統**弗拉基米爾·普丁**（Vladimir Putin）仍持續支持烏克蘭東部地區的**分離主義民兵**（separatist militia）組織[註7]。

註 5　「全球資訊網真的死了？」(Is the web really dead?) https://boingboing.net/2010/08/17/is-the-web-really-de.html。

註 6　當然，設計者與讀者可以是同一個人。在某些狀況下，你會設計一張視覺化圖表來改善自己的心理模型，以便更加瞭解某件事。

註 7　**英國廣播公司新聞**（BBC News）對這場危機有一篇不錯的摘要說明，見http://www.bbc.com/news/world-europe-25182823。

這些事在 2012 年都還沒有發生，當時我飛去基輔進行我慣常的工作，我在出發之前就有跟**安納托利・邦達連科**（Anatoly Bondarenko）聯絡，他是一名程式設計師、記者兼視覺化設計師，任職於一間稱為 **Texty** 的網路媒體組織（http://texty.org.ua）。

　　我與安納托利見面後，他向我展示自己的研究工作。我特別被一張地圖所吸引（**圖 3.5**），這張地圖顯示了 2012 年議會選舉的結果。橘色圓圈對應的是親西方政黨勝選的地區。

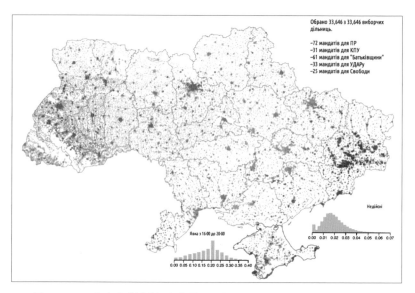

圖 3.5　2012 年烏克蘭議會選舉的結果。由 Texty 製作：http://texty.org.ua/mod/datavis/apps/elections2012/。

　　藍色圓圈指的是親俄政黨贏得多數選票的地區。在這兩種情況下，顏色深淺跟勝選政黨贏得的票數百分比成正比，每個圓圈的大小與投票人口多寡成正比。

　　你不需要懂烏克蘭語，也能馬上得出一個令人震驚的發現：烏克蘭在那場危機開始之前就是一個從根本上分裂的國家。西部當時（現在依然）大多是**親西方派**（pro-Western），而東部及南部則大多是**親俄派**（pro-Russian）。

　　在我拜訪安納托利後一年，由於烏克蘭總統**維克多・亞努科維奇**（Viktor Yanukovych）拒絕與**歐盟**（European Union）簽訂一項協定，並提議加強與俄國的關係，使烏克蘭西部的人民開始對他表示抗議。亞努科維奇在幾個月後逃到俄國，當時抗議活動已經轉變為一場全境抗議。

　　抗議活動爆發時，西方媒體就開始發表像**圖 3.6** 這樣的地圖。如果你把那些地圖跟一年前給我很大衝擊的圖 3.5 做比較，你會發現兩者幾乎完全重合：親西方派選票能對應到抗議活動，也能對應到以俄語為母語的人民較少的地區。這個模式是多麼明顯啊！

2010 總統大選
51% 以上的選票
■ 提摩申科（Tymoshenko，親西方派）
■ 亞努科維奇（Yanukovych，親俄派）

主要母語
20% 以上的公民
■ 烏克蘭語
■ 俄語

針對**亞努科維奇**的抗議活動開始出現的城市

★ 基輔（Kiev）

圖 3.6 烏克蘭看似是個完全分裂的國家。

　　我馬上就寄電子郵件給安納托利問他：「你還記得我在基輔時你給我看的那張地圖嗎？它解釋了你的國家現在正在發生的一切！它預知了未來！烏克蘭顯然是兩個完全不同的國家！」

幾個小時後，安納托利回信了。我在這裡不會逐字逐句複述他的原話，不過他的建議成為一句箴言，我每個學期都會跟我的學生分享：「**情況比那張圖更複雜。**」我通常會補充說：「而如果情況真的比那張圖還複雜，那麼這種複雜性對於瞭解整個故事是很重要的，應該要顯示在視覺化圖表上」。**好的視覺化不應該過度簡化資訊。它們應該要釐清資訊。在許多情況下，釐清一個問題需要增加資訊量，而非減少資訊量**註8。

我的心理模型中應該可以再添加一樣東西，就是安納托利在電子郵件中附帶的民意調查結果（**圖 3.7**）。選舉結果模型或許顯示出烏克蘭有清晰的意識形態分裂，但如果你問烏克蘭人民，他們想要跟歐盟還是跟俄國加強關係？你得到的結果會更加有趣。烏克蘭東部是最親俄的地區，當地也只有 51% 的人民贊成跟俄國簽訂貿易協定。南部區域，包克里米亞半島所在位置，當地人民的偏好幾乎是不相上下。

根據安納托利的看法，西方媒體並沒有呈現出烏克蘭情勢的細微之處。烏克蘭的每個人都知道國內局勢對立又混亂，但是又有哪個國家不是如此呢？而且這種「親西方派在這裡，親俄派在那裡」的敘事方式是一種令人不快的曲解。分裂確實存在，但並不是如同想像般那樣明確分界。烏克蘭人看到 Texty 的選舉結果地圖時，知道怎樣把地圖放在脈絡中解釋。他們不會只著眼於那張視覺化圖表，因為他們在看到地圖之前就具備應有的知識。

世界上其他地區的讀者卻不會如此。他們看到 Texty 的地圖時，可能會產生錯誤的心理模型，就跟我當時一樣。他們會太早下結論。**你設計的圖表永遠不會跟讀者最後解讀的結果一模一樣，所以減少誤解的機會是至關重要的**。在這樣的狀況下，加一段文字說明在地圖上會很有幫助。地圖還是會顯示出分裂的情況，文字則會警告讀者不要做出牽強的推論。

註 8　簡化與釐清之間的差別是由著名的說明圖示設計師**奈傑爾・霍姆斯**（Nigel Holmes）向我建議的。

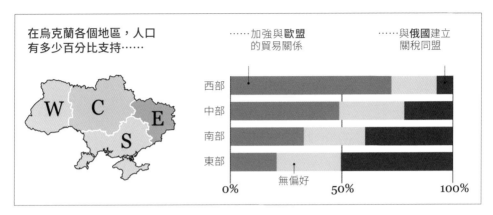

圖 3.7 **烏克蘭人**想要什麼。

★ 為什麼我們這麼常被誤解？

在過去十年內，探討人類推理有多容易出錯的書籍如雨後春筍般湧現[註9]。這些書籍描繪的人類大腦是很拙劣的。以下是他們描述的情境：

1. 我發現有趣的模式，不論這些模式是否為真。我稱之為**模式性錯誤**
   （patternicity bug）。

註9 寫了這行之後，我看到我的家中辦公室書架上有**丹尼爾·康納曼**（Daniel Kahneman）的《快思慢想》（Thinking, Fast and Slow）、**麥可·薛默**（Michael Shermer）的《輕信的腦》（The Believing Brain）、**克里斯·查布利斯**（Christopher Chabris）與**丹尼爾·蒙斯**（Daniel Simons）的《為什麼你沒看見大猩猩？》（The Invisible Gorilla）、**卡蘿·塔芙瑞斯**（Carol Travis）與**艾略特·亞隆森**（Elliot Aronson）的《錯不在我？》（Mistakes Were Made（but not by me））、**羅伯特·庫爾茨班**（Robert Kurzban）的《人人都是偽君子》（Why Everyone（Else）Is a Hypocrite）、**汀·布諾曼諾**（Dean Buonomano）的《大腦有問題!?：大腦瑕疵如何影響你我的生活》（Brain Bugs）、**威爾·史托**（Will Storr）的《不可說服者》（The Unpersuadables）、**瑪札琳·貝納基**（Mahzarin R. Banaji）與**安東尼·格林華德**（Anthony G. Greenwald）的《好人怎麼會幹壞事？：我們不願面對的隱性偏見》（Blindspot）、**大衛·伊葛門**（David Eagleman）的《躲在我腦中的陌生人》（Incognito）。而我在**邁阿密大學**（University of Miami）的辦公室還有更多。

2. 我馬上為這些模式想到一個條理清晰的解釋。這是**敘事性錯誤**
   （storytelling bug）。

3. 我開始用我接收到的更多資訊來確認我的解釋，其中甚至包括與我的
   解釋相衝突的資訊。無論如何，我都不願放棄我的解釋。這是**確認性
   錯誤**（confirmation bug）。

此時我們應該要小心。這些確實是錯誤或偏差，但它們在我們的生存
方面扮演了重要角色。許多作者都已經指出，人類大腦演化的用意不是發
現真相，而是協助我們在世界上生存，因為即使是在資訊不完整的情況
下，我們仍需要做出迅速、直覺、生死攸關的決定。這導致我們都遺傳到
一種演算法：草叢後有細微聲響→可能有捕食者→逃跑或準備防禦。

迅速判斷及直覺依然是推理的重要組成。風險專家**捷爾德·蓋格瑞澤**
（Gerd Gigerenzer）曾寫道：「直覺是依據個人經驗和聰明的經驗法則所形
成的潛意識智慧^{註 10}」。要發展出良好的現實模型，包括描述性、解釋性、
預測性等等的模型，我們必須同時使用直覺和仔細思考。即使是最屹立不
倒的科學理論，也是從直覺開始的，然後才經過仔細驗證。

面對可能無法驗證的零散證據時，如果我們有專門領域的知識來進行
準確地猜測，那麼猜測也可以是一個好選擇。舉例來說，經過長達 20 年的
視覺化設計生涯，我已經有了一種直覺，讓我知道一張圖表何時會是成功
的。不過，如果實驗顯示我的直覺性設計選擇是錯誤的（即使是非科學性實
驗也一樣，比如我給朋友看一張圖表），那我也必須準備好放棄我的選擇。

註 10 蓋格瑞澤曾寫過幾本關於風險與不確定性的書，我最喜歡的是《機率陷阱：從
購物、保險到用藥，如何做出最萬無一失的選擇？》（Risk Savvy: How to
Make Good Decisions）（2014 年），這裡的引文就是來自該書。

我們的難題是要迅速判斷我們是否具備必要知識。這就是為什麼我在隨意比較幾張烏克蘭的地圖後，就建立了一個簡單的烏克蘭心理模型，因為我缺乏專門領域的資訊，無法從資料中做出良好推論，但我還是做了。從前幫助我們生存的機制，正是現代可能導致我們犯錯的機制。身為視覺化設計師及資料分析師，一定要意識到這個難題。

★ 大腦錯誤 1：模式

我們名單上的第一個心理錯誤是我們令人吃驚的偵測模式能力，所謂的模式包括視覺上與其他的模式。正是這種能力，才讓視覺化成為一種強大工具：將大量數字轉化成一張表格或一份**資料地圖**（data map），然後突然之間，你會以完全不同的眼光看待那些數字。

然而，你的眼睛與大腦在資料中偵測到的模式，有很多都只是巧合和雜訊導致的結果罷了。我們傾向感知模式，即使我們面前沒有什麼有意義的模式時依然如此，作家麥可・薛默將這種傾向稱為**模式性**（patternicity），其他科學家稱之為**幻想性錯覺**（apophenia）。舉例來說，先擲一顆骰子，如果你連續三四次得到相同數字，你會不由自主地開始懷疑這顆骰子有問題。這顆骰子可能有瑕疵，但也可能一切正常。隨機性使這種結果是有可能發生的，而且對我們而言，隨機性很少是真正隨機的。

請看**圖 3.8**。我知道它看起來不是非常優美，請先撇開這點。這些圖是九個虛構國家在 2010 年到 2015 年之間的失業率。如果你只是很快看過它們，可能不會注意到任何事，不過如果你盯著它們看 30 秒，就有可能開始看到模式。你有沒有發現有些資料點會隨著時間定期出現？有沒有發現其中一些國家的某些高點與低點往往會在同年份出現？你愈仔細檢查這系列圖表，就愈容易看到這些模式。

其實，這些圖表都是完全隨機的。我寫了四行程式來產生 50 個 1 到

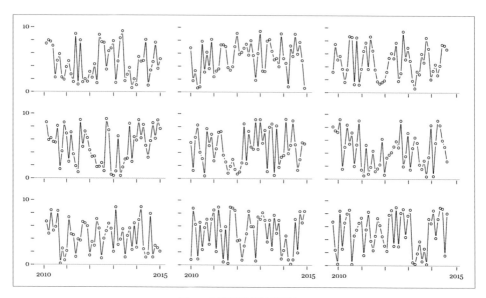

圖 3.8 以隨機數設計的圖表。

10 之間的數字，我把程式運行九次，然後設計這些圖表。即使我知道它們是根據無意義資料產生的，我的大腦仍然想要從這些圖表看到有趣的東西。大腦會悄聲對我說：「這裡有好多巧合……。它們的出現不可能只是自然擲骰子的結果，對吧[註11]？」

　　資料的隨機性與不確定性可能使許多新聞報導與視覺化圖表 (比如顯示失業率或股市細微變化的圖表) 變得毫無意義。儘管如此，人們仍然繼續製作這些報導及圖表，因為我們天生有說故事的傾向。

註 11　**阿爾伯特・愛因斯坦** (Albert Einstein) 討論古怪的量子力學世界時宣稱，上帝 (也就是「自然」，因為愛因斯坦是**不可知論者** (agnostic)) 不會跟現實玩骰子。根據史蒂芬・霍金的說法，「愛因斯坦非常反對自然的這種明顯隨機性 (⋯) 他似乎認為不確定性只是暫時的：自然存在著一個潛在的真實，其中粒子會有明確的位置和速度，而且會以**拉普拉斯** (Laplace) 的精神按照確定性規律演變」。
https://www.hawking.org.uk/in-words/lectures/does-god-play-dice。

★ 大腦錯誤 2：敘事

只要我們偵測到模式，我們就會自然而然試圖為它們找到一個具有因果關係的解釋。我比較 Texty 的烏克蘭地圖和西方媒體的地圖之後，出現的反應就是妄下結論、填補空白、將結果編成故事，一個虛構的故事。我們人類會先感知到模式，然後依據模式形成敘事，接著尋找方法來證實敘事的合理性。

散文家威爾・史托在他的著作《不可說服者》（2014 年）是這樣定義「故事」的：

> 最基本的故事就是描述發生的事，其中包含某種形式的轟動或戲劇效果。換句話說，故事是一種對於因果的解釋，並且充滿了情緒（…）我們天生就會說故事，而且傾向相信我們自己的故事。

我們人類喜愛刺激的故事。我們看到單一事件，就會將它變成一條通則。我們會建立刻板印象，也會歸納所見的事物。我們聽說有個亞洲數學天才，就推論所有亞洲人都擅長數學。我們看到兩起事件相繼發生，就不由自主地推論兩者之間有因果關係。許多人依然相信，冷天氣會導致感冒，但其實導致感冒傳染的更有可能是我們的習慣：外面很冷的時候，我們往往待在室內更久，更接近可能已經生病的人。

這樣的事會發生在你、我、我們所有人身上。對於視覺化設計師而言，意識到這種心理錯誤是非常重要的，但我們通常渾然不覺，因而產生糟糕的後果。2014 年 1 月，資訊圖表設計師**拉傑・卡馬爾**（Raj Kamal）在一篇文章中解釋他的創作過程：

決定圖表呈現方式的是「訊息」，數字、圖表、文字或這些元素的組合都只是要協助表達訊息。這也改變了我們構想圖表的方式。我們的想法是從訊息開始，然後整合其他相關資訊來支持訊息，而不是從資料及思考如何理解資料開始（…）選擇這種方法的優勢是你不會被題目或數字侷限，也不會只是呈現「新聞」而已。你還可以更進一步，表達自己的「看法」來闡述觀點 註12。

以這種方式來製作圖表會導致災難，但這在新聞產業實在太常見了。比如一名編輯主任想到一則標題：「我們要顯示提高最低薪資是如何增加失業率的」，然後要求她的記者只尋找能支持這則標題的資料。像之前討論的《Wired》關於網路瀏覽器死亡的報導，我認為它背後就有這樣的瑕疵。

說故事可以是一種有效溝通的強力工具，但如果這會蒙蔽我們，使我們看不到那些原本該讓我們調整或拋棄模型的證據，那麼說故事就很危險。這就是為什麼無批判力的倡議和行動在現代的興起，以及固執己見的「新聞業」，會讓我這麼擔憂。

我們迷上美麗的模型之後，就很難拋棄它們了。我們都有一種非常敏感的心理觸發機制，當我們受到反對資訊的質疑，這種機制就會開始反應。如果這種觸發機制會說話，它可能會說：「我是一個理性又有學問的大腦，會仔細思考每件事，衡量所有可取得的證據。你怎麼敢說我是錯

註 12 「每天視覺即是新聞」（Everyday Visuals as News.）http://visualoop. com/16740/everyday-visuals-as-news-viewsand-graphics。卡馬爾是一位非常有才華的印度設計師，他最近承認這些話沒有真正描述出製作資訊圖表的應有流程。

的？」這種視野狹隘的現象就是**認知失調**（cognitive dissonance）的結果，而我們人類發展出來的最佳應對辦法就是確認性錯誤，又稱為**確認偏誤**（confirmation bias）。

★ 大腦錯誤 3：確認

只要好故事接管了我們對某件事的理解，我們就會像水蛭對溫暖豐滿的血肉一樣吸附在故事上，對我們信念的攻擊都會被視為人身攻擊。即使我們看到的資訊會使我們的信念變得毫無價值，我們也會試圖避免看到這些資訊，或是將其曲解成認可信念的資訊[13]。無論如何，我們人類都會努力降低失調。為了達到這個目標，我們能選擇性尋找支持我們想法的證據，或者我們可能會以同樣能達到這個目標的方式來解讀任何新舊證據。

心理學家已經發現這些效應很多次了，但令人震驚的是，普羅大眾依然不常察覺這些效應。在 2003 年一篇經典研究中，**史丹佛大學**（Stanford University）的社會心理學家**傑弗里・柯恩**（Geoffrey Cohen）將福利政策給自由派團體跟保守派團體看[14]。如果自由派人士得知保守政策來自**民主黨**（Democratic Party），他們就會為其背書。反之亦然：如果保守派人士得知自由政策是由**共和黨**（Republican Party）提出的，他們就會支持這些政策[編註]。

註 13 關於認知失調與確認偏誤的文獻也很豐富。卡蘿・塔芙瑞斯及艾略特・亞隆森的《錯不在我？》是很不錯的入門讀物。本節提到的例子就來自該書。

註 14 Geoffrey L. Cohen, "Party Over Policy: The Dominating Impact of Group Influence on Political Beliefs." https://ed.stanford.edu/sites/default/files/party_over_policy.pdf。

編註 一般來說，美國民主黨被認為是偏向自由，美國共和黨被認為是偏向保守。

當自由派與保守派人士被問及為什麼他們支持或反對政策，他們說他們已經仔細分析過證據。所有人都看不見自己具有自我欺騙的傾向，卻總是認為其他人會自我欺騙。

　　其他人也針對關於槍枝管制的意見、**以色列與巴勒斯坦的談判**（Israeli-Palestinian negotiation）、超自然信仰等題材進行了類似研究。其中一些研究出現令人非常憂心的結果：在宗教或政治的爭議問題上（比如氣候變遷），更多及更好的資訊可能不會導致更好的理解，而是更多的對立。有一項標題是「風險知覺共同體的悲劇：文化衝突、理性衝突與氣候變遷」(The Tragedy of the Risk-Perception Commons: Culture Conflict, Rationality Conflict, and Climate Change）的研究很值得大段引用：

> 　　人們不贊同氣候變遷科學的主要原因，並不是這門學科以他們無法理解的形式向他們溝通。相反地，正是關於氣候變遷的立場所傳達的價值觀（共同的關注相對於個體的自立；謹慎的自我克制相對於英勇的追求獎賞；謙遜相對於聰慧；與自然和諧共處相對於凌駕於自然之上），將人們沿著文化脈絡劃分。如果風險傳達者沒有注意到重要暗示（這些暗示會決定氣候變遷風險知覺在文化認同方面表達出的訊息），僅僅是增加或改進關於氣候變遷科學的資訊清晰度，並不會產生大眾共識。
>
> 　　事實上，這種疏忽可能加深對立。具有階級式與個人主義價值觀的民眾會忽視關於氣候變遷的科學資訊，部分原因是他們把這項議題跟對於貿易和產業的敵意聯繫在一起。(…) 如果在自身文化群體中佔主導地位的信念受到挑戰，個人很容易將挑戰解讀為攻訐自己信任且尋求指引之人的能力。當帶有明顯文化認同的溝通者措詞強硬地指責不贊同自己的人缺乏智慧或操守，上述的暗示（通常會引發反抗）可能會被強化 註15。

註 15　本文可於線上閱覽：https://www.law.upenn.edu/live/files/296-kahan-tragedy-of-the-riskperception1pdf。

下一次你在社群媒體上的討論中很想叫某個你不贊同的人白癡時，就想想這段話吧。我們呈現資訊的方式，就跟資訊本身的完整性一樣重要。

關於降低失調和確認偏誤，你想不想知道一個更好的例子呢？想想你自己常看的媒體吧。我的政治觀點在經濟議題上屬於中立派，在社會文化議題上屬於世俗自由派，你能猜到我多年來固定閱讀的報紙和週刊是什麼嗎？我打賭你們許多人會馬上說《紐約時報》(The New York Times) 和《紐約客》雜誌 (New Yorker)。

我閱讀這些刊物，不只是因為它們是優質的新聞產品。我本就樂在其中，因為我閱讀時，我潛意識的意識形態憤怒警示可以處於待機模式。當我閱讀《標準週刊》(The Weekly Standard) 或《美國旁觀者》(The American Spectator) 等優質的保守派刊物時，要這麼做就困難多了，但我確實也讀這些刊物，我在評估它們的論述之前，會有意識地讓那個抱怨「這真是蠢透了」的惱人小惡魔閉嘴 註16。這並不容易，卻是必須做到的事。我的大腦就跟你的一樣、跟任何人的一樣，需要受到管控。如果任由它按照自己的意願行事，那麼出現矛盾時，它就會變成一個容易吵鬧發脾氣的幼兒。

讓自己暴露在反駁自身觀點的證據中還不夠，你也需要利用工具和方法來評估證據，因為並不是證據的所有意見和解讀以及現實的模型都有相同價值。本章提到的書籍在這方面能提供很多幫助，但我想跟你分享至少兩句引言及一張圖表，我喜歡把它們帶去課堂上，用於討論我們設計視覺化圖表時面臨的許多挑戰。

註 16　請注意我使用了「優質」這個形容詞，我避免故意提出任何意識形態主張的有線電視。

以下是那兩句引言：

> 「第一條原則是你絕對不能愚弄自己—而你是最容易愚弄的人」。**理查・費曼**（Richard P. Feynman）註17。
>
> 「（…）科學的最大悲劇—可怕的事實消滅美好的假說」。**湯瑪斯・亨利・赫胥黎**（Thomas Henry Huxley）註18。

費曼和赫胥黎指的都是科學，但我相信他們談的都不只是科學而已，他們談的是人生。人生的第一條原則是你絕對不能愚弄自己，而人生的一大悲劇是不論美好的想法何時出現，它們一定會被可怕的事實消滅。

接下來要談談一張圖表，我稱之為**事實連續譜**（truth continuum）。

事實既不是絕對的，也不是相對的

讓我們回到本章開頭，我當時寫了任何視覺化圖表都是模型，而且如果模型愈符合它代表的現實，模型品質就愈好，無需非必要的複雜性。請記住，模型是一種抽象化，用來描述、解釋或預測有關大自然運行的事情註19。

註17　「Caltech commencement address」，1974。http://tinyurl.com/h9v3fyp。

註18　「Biogenesis and Abiogenesis」，1870。http://aleph0.clarku.edu/huxley/CE8/B-Ab.html。

註19　**大衛・多伊奇**（David Deutsch）的著作《無窮的開始》（The Beginning of Infinity）對於我在本節的某些想法有極大影響。請見本章結尾的「瞭解更多」。

在接下來的心理活動中，請忘記本書是在探討資料與視覺化。請想像我使用「模型」一詞來指稱任何類型的模型，從純意見到科學理論，或是到傳達意見及理論的不同方式，從文字到視覺化，全都涵蓋在內。

除非你是病態性說謊者，或是非常特定種類的記者或策略性溝通者，否則只要你建立模型，你就會希望它盡可能貼近事實。假設我們建了一個連續譜，然後我們將模型放在中間，就像這樣：

完全錯誤 ←— // ————————————•————————————// —→ 完全正確
我的模型

我們該怎樣讓這個模型向右移動？我們可以利用嚴密的思考工具，例如邏輯、統計學、實驗等等。愈多且愈好的資訊會產生愈好的模型[註20]。穩固立基於這些方法的模型可能會更貼近事實而非錯誤。我說「可能」，是因為在這個小小的心理活動中，我假設我們不知道「完全正確」到底是什麼意思。我們無法知道，我們是人類，記得嗎？

儘管如此，在**法蘭西斯・培根**（Francis Bacon）創立實證與實驗科學將近 400 年後的今天，我們已經收集到足夠證據，知道這些方法確實有效。它們從未給予我們對現實的完美理解，但是依據它們固有的自我修正特質（好的理論必定會被更好的理論消滅），它們的確會給予我們一系列較好的近似值。

請注意，這張圖表中的刻度被截短了。為了瞭解其中緣由，我想請你參考**知識島**（island of knowledge）的比喻：我們的島會持續延展，佔據**神秘海**（sea of mystery），但**未知海岸線**（shoreline of wonder）永遠不會觸及我們夢寐以求的地平線。出於相同的理由，我們在這張線性圖上也永遠不會確知我們距離左端或右端還有多遠。

註 20 當然，如果我們能適當解讀的話。

要將兩個描述、解釋或預測相同現實的模型之間的比較結果視覺化，是有可能做到的，前提是一個模型的依據是使用嚴密的方法，另一個模型則是純粹猜測的產物。兩者比較的視覺化圖表會長得像這樣：

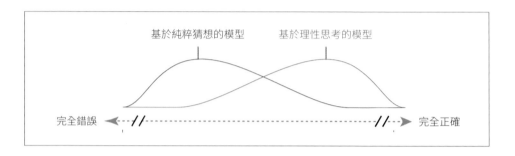

我需要澄清一下。首先，模型不再是以點來代表，而是以帶有平滑凸起的線來代表。這意味著當你設計模型時，你永遠不可能知道它在連續譜上的確切位置，你只知道實證推理可能會讓你更貼近最右端。這就是那個凸起所代表的：曲線愈高，模型就愈有可能處於連續譜上的那個位置。不過，也有可能出現一種狀況，就是不論你做得多麼嚴密，你的模型依然不夠好。這就是為什麼藍線會一路延伸到左端。

紅線的凸起在左邊，因為當你唯一的思考策略是荒唐的猜測，你就更有可能得出錯誤結果，而非正確結果。紅線一路延伸到連續譜的右端，因為任何人都有可能幸運地剛好猜中真相。

但在科學與其他理性研究的領域中，對於同一個事實、同一起事件、同一個現象等等，不是有可能出現互相衝突的解釋嗎？確實如此。那麼你要怎麼決定哪種解釋比較好呢？

仔細評估那些用來產生解釋的工具及方法（邏輯、統計學、實驗等等），能協助我們選出一種解釋。然而，如果繼續應用我們的事實連續譜概念，就有可能出現多個良好模型處於連續譜上同一位置的情形。如果它們

都是依據合理推論產生的，那麼它們就暫時全是正確的，直到我們收集並分析更多證據為止。之所以說它們都是正確的，是因為它們都同樣嚴密，而且在描述、解釋、預測現實上也同樣有效、精準且準確。

我們可以將其視覺化。請看下圖，但不要只注意那些點，而是想像這張圖跟前一張圖一樣也有曲線分佈。我在這裡不用曲線，因為畫面會變得很凌亂。

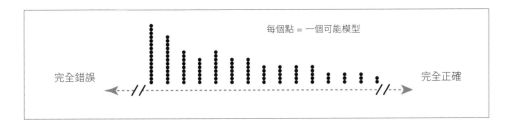

有一邊的點比另一邊的點遠遠更多，因為有遠遠更多方式會犯下錯誤，而不是正確解釋任何事。

此時你可能很想寄給我電子郵件，問我為什麼要拿這種哲學討論來煩你。我的理由是：**我們認為理論與意見較正確或較不正確的方式，就跟我們能想到較正確或較錯誤的視覺化圖表的方式一模一樣。**我們用來讓我們的意見更正確的策略，就類似於我們用來製作更好的視覺化圖表的策略。

在 2013 年 8 月 15 日的早晨，我的早餐被一條令人震驚的標題毀了：「研究發現超過四分之一的新聞系畢業生希望自己選擇了其他職業」。這是**波因特學院**（Poynter Institute）網站上一則報導的頭條，而波因特學院是最負盛名的美國新聞教育機構之一。

我馬上點擊連結，開始閱讀這則報導[註21]。我在**邁阿密大學**(University of Miami)有三門課，其中一門就在新聞系，我是否會在不久的將來失去三分之一的學生呢？

這則報導以一個資料點來開頭：

「**喬治亞大學**(University of Georgia)的**格雷迪學院**(Grady College)做的年度畢業生調查顯示，大約 28% 的新聞系畢業生希望他們選擇了別的領域。」

這個百分比本身並不糟糕，因為我相信進行這項調查的人和撰寫這則報導的人一定懂數學，但這個百分比足夠正確嗎？僅僅一個數據很少會有意義，所以在我們進一步思考我們擁有的證據之前，至少現在先把這則報導放在事實連續譜的左邊吧。

我們要怎樣建立更正確的模型呢？有個顯而易見的策略是進一步探討資料集。**你在製作視覺化圖表，或進行視覺化之前的分析時，永遠都要問自己：跟什麼、跟誰、跟何時、跟何處比較**[註22]？

註 21　該報導連結：https://www.poynter.org/reporting-editing/2013/more-than-one-quarter-of-journalists-wish-theyd-chosen-another-career/。有個重要提醒是：報導標題提到了新聞系畢業生，但資料顯示的是新聞與大眾傳播畢業生。大眾傳播也包含行銷、廣告、公共關係等等。

註 22　**愛德華・塔夫特**(Edward Tufte)在《眼見為訊》(Envisioning Information)中寫道：「計量推理的核心是一個問題：跟什麼比較？」

在我們的例子裡，我們可以先從「何時」這個因子開始，就跟調查中顯示的一樣。**圖 3.9** 的第一張圖顯示了自 1999 年起的百分比變化，儘管工作市場上有劇烈變化，但這張圖顯示的百分比變化很小。這種現象值得分析。

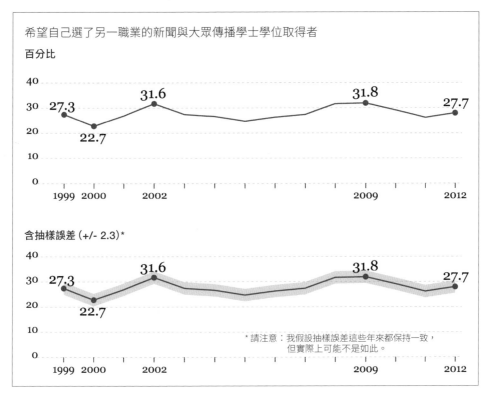

圖 3.9 有多少新聞與大眾傳播畢業生說他們不滿意自己的主修選擇？
我假設所有年份的誤差都一樣，但實際情況可能不是如此。

我們可以更進一步納入抽樣誤差，也就是在圖 3.9 的下圖中所做的。任何以族群抽樣為基礎的研究都不會提供精確數字，而是範圍[註23]。這裡的抽樣誤差是 2.3 百分點。這意味著如果圖上顯示的值是 30，你真正的意思是你有足夠信心說，當下的確切值就是在 27.7%（30 減 2.3）與 32.3%（30 加 2.3）之間。我們已經讓我們的模型／報導／圖表變得稍微比較好，把它向右移動吧。

註 23 我們會在接下來的章節討論所謂的「誤差」是什麼。

現在，如果你要更加準確地評估新聞與大眾傳播畢業生對於自己的職業選擇感覺有多糟，你還需要調查什麼？

我會說我們需要把他們跟其他畢業生做比較。舉例來說，我想知道有多少主修哲學的學生（我只是隨便選個主修科系而已，真的）現在已經後悔自己沒有雙主修電腦科學，或是剛好反過來的情況。這項我用來當作案例來源的研究也承認，沒有與其他學科做比較是一個缺陷。

假設我們能調查其他畢業生，在這則報導中討論結果，並以我們的視覺化圖表呈現，調查結果可能會更貼近右邊一點。

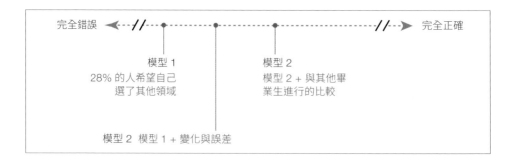

我到目前為止做的是增加深度，而且不只要在非正式分析這則報導背後的資料時增加深度而已，如果我們希望讀者建立一個與我們類似的心理模型，那麼所有這些多重層次的深度都應該向讀者展示及解釋。

　　不過，只是增加深度就夠了嗎？不一定，我們也需要思考廣度。到目前為止，我只操弄一個變數，就是宣稱希望自己選了另一職業的畢業生百分比，但是難道沒有其他應該成為模型一部分的重要因子嗎？

　　我已經在**圖 3.10** 彙總了一些重要因子，例如年薪中位數。我添加了所有職業以及媒體界其他某些工作（只有一部分新聞系畢業生最後成為記者與編輯）的年薪中位數。還有許多其他變數可以評估，包括多年來持續下降的新聞機構數量、同樣會雇用記者的行銷與公關產業的相對健康狀況。

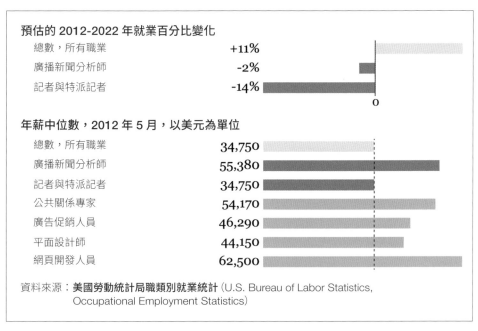

圖 3.10　媒體界數種職業的比較

　　如果我們到達這個階段，我們就準備好再度更新我們的事實連續譜了。

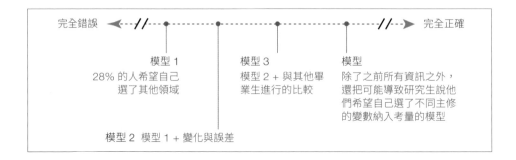

我們來快速回顧一下：

1. 我們至少可以說，對於希望當記者且達成該目標的新聞與大眾傳播畢業生而言，工作與薪資前景並不是很好。對於從事廣播新聞分析師、新聞平面設計師或網頁開發人員的少數人而言，情況或許會稍微好些，而對於從事策略性溝通的人而言，情況又更好了。

2. 美國中大型新聞機構的數量在過去幾年內持續衰減，原因是發行量和受眾量縮水，以及廣告收入減少。其他雇用新聞系畢業生的產業（比如行銷業）薪資較好，但沒有很大的差別。

3. 儘管如此，自 1999 年起，對於希望自己選了另一職業的新聞系畢業生，其百分比的變化非常小。2012 年的數據只比 1999 年高出 0.4 個百分點，且該調查的抽樣誤差是 2.3 個百分點。

我目前的結論是這樣的：如果我們專指記者，那麼這則報導的標題與角度可以採用正向的態度。我們不需要說「超過四分之一的新聞系畢業生希望自己選擇了其他職業」，而是可以說「即使記者的職業前景已經大幅惡化，而且未來可能更加惡化，但過去十多年來，希望自己選擇了其他職業的畢業生百分比完全沒有改變」。我的模型、分析以及呈現分析的方式是完美的嗎？不完美，離完美差得遠了，因為我並未花大量精力關注那些沒有修新聞學，而是選擇大眾傳播其他領域的畢業生。他們的情況可能會大幅改變我的標題。還有很多工作要做呢！

　　我是個很依賴視覺的人，如果沒有塗鴉一些小圖表就無法思考，所以讓我來給你看看我在寫前幾頁時畫的東西（**圖 3.11**）。我知道這張圖的內容講得模糊不清。請記住，我設計它是為了釐清我自己的雜亂思緒，所以這張視覺性模型的目的只是為了改善我自己的心理模型而已。它讓我想到了本章的關鍵重點：

> 　　當你找到一個有趣的模式、資料點或事實，不要馬上就匆匆寫下標題或整篇報導，或是設計視覺化圖表。請停下來思考；尋找其他資源以及能幫助你擺脫狹隘視野與確認偏誤的人；以多種層次的深度與廣度來探討你的資訊，尋找可能有助於解釋你的發現的額外因子。直到那時，你才能決定要說什麼、該怎麼說，以及你需要展示大約多少細節才能忠實呈現資料結果。

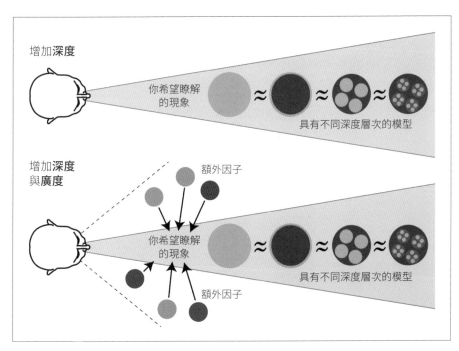

圖 3.11 深度與廣度的層次。

上一段的最後一部分解決了一些我在向記者與設計師介紹這些概念時一再遇到的反對意見。最主要的反對意見是這樣的：「我接受分析資訊時增加深度與廣度的概念，但我在展示分析結果時需要簡化。人們集中注意力的時間很短！你的建議難道不會強迫我們不斷提高視覺化圖表的複雜度嗎？」

不，並不會。

我非常清楚，建立很棒的視覺化圖表或撰寫很棒的報導時，有些無法避開的限制可能會造成阻礙，包括容納圖表或報導的空間、你擁有的產出時間、你猜測忙碌的讀者閱讀圖表或報導時會花的時間。

我也清楚，我們不能呈現出我們收集到的所有資訊，至少不能一次就呈現出全部。我們需要先呈現一份摘要，但這份摘要需要準確地反映現實，而且它不能是我們呈現的唯一一樣東西。鑒於前文提到的時間與空間限制，我們應該盡可能適當且合理地讓讀者探索更多層次的深度與廣度。

我們設計視覺化圖表時，總是必須明智地決定受眾需要多少資訊來充分瞭解圖表的訊息。接著，我們可以權衡我們的估計結果、我們能製作視覺化圖表的時間以及我們在頁面或螢幕上放置圖表的可用空間。

這種妥協反映出本章開頭提到的一件事：假裝我們能創造一個完美模型是不切實際。不過，我們絕對能創造一個夠好的模型。

最後，除非我們有充分理由，否則我們一定要公開我們的資料來源、資料、用來分析資料及設計視覺化圖表的方法。**ProPublica** 這樣的組織已經這麼做了（**圖 3.12**）。

圖 3.12　請造訪這張視覺化圖表的網址：http://projects.
　　　　propublica.org/graphics/ny-millions，注意底部
　　　　的「see our methodology」按鈕，你會看到一
　　　　篇關於資料如何收集和分析的深度討論。

前田約翰（John Maeda）的著作《簡單的法則》（The Laws of Simplicity）是一本每個人都有讀、許多人誤解的書。以下是最著名的段落之一：

> 簡單是減少明顯的，增加有意義的。

許多人記得這句話的前半部，卻很快就忘了後半部。**簡單不只是關乎減少而已，也可能（而且應該）關乎增加。簡單不僅包括清除與我們的模型無關的內容，還包括添加那些有助於讓模型更加正確的元素。**

★ 受過教育者應具備的技能

製圖師**馬克・蒙莫尼耶**（Mark Monmonier）（我們會在討論地圖的那章再次遇到他）在其著作《論製圖映射》（Mapping It Out）中概述了任何受過教育者應該培養的主要技能。這些技能是：

- **讀寫技能**，即書面表達與文字理解的能力。

- **口齒表達技能**，即口頭溝通的能力。

- **算術技能**，即分析、彙總與呈現資料的能力。

- **圖像理解技能**，即解讀與使用圖像的能力。

如果你讀到了這頁，大概就能理解為什麼我完全同意他的看法，而且你也準備好踏上我們旅途中的下個階段：理解資料。

瞭解更多

- Deutsch, David. The Beginning of Infinity: Explanations That Transform the World. New York: Viking, 2011. 這是我在撰寫本章時影響我最深的書。

- Godfrey-Smith, Peter. Theory and Reality: An Introduction to the Philosophy of Science. Chicago: University of Chicago Press, 2003. 這本書對本章主題做了簡要又深刻的介紹。

- Shermer, Michael. The Believing Brain: From Ghosts and Gods to Politics and Conspiracies—How We Construct Beliefs and Reinforce Them as Truths. New York: Times Books, 2011. 我非常喜歡這本介紹大腦錯誤（或者可說是大腦特色）的書。

MEMO

第 4 章
關於臆測與不確定性

這是一個資訊過量的世界。我們可以選擇只看強化自身偏見的資料，或是以更具批判性、理性的方法觀看世界，允許現實來扭轉我們的成見。就長期而言，真相會比起我們珍視的想像對我們更有利。

—— 拉齊・可汗（Razib Khan）——
「墮胎的刻板印象」
（The Abortion Stereotype）

《紐約時報》
（The New York Times）
（2015 年 1 月 2 日）

要成為視覺化設計師，最好是熟悉研究的語言。瞭解科學方法運作的方式，能確保我們不受資料來源欺騙。當然，我們還是會經常被騙，但至少只要我們夠小心，就比較能避免這種狀況發生。到目前為止，我已經盡力證明將資料視覺化這件事，在很大的程度上建立在套用簡單的經驗法則，像是「與人／事／時／地／物比較起來……」、「每次都要尋找模型中遺失的拼圖」，以及「將深度和廣度提升到合理的程度」。我會先強調這些策略，是因為在過去二十多年來，我看到許多設計師和記者無緣無故將科學和數學視為洪水猛獸[註1]。

現在，讓我們更深入一點。

科學觀點

科學並非只是科學家做的事情，也是一種觀點、一種看待世界的方法。任何人，無論來自哪一種文化或背景，都可以（我想寫的是「應該」，但我克制住了）擁抱科學的觀點。以下是對科學的定義中我最喜歡的一個：「科學是透過可驗證的解釋和預測，建立、組織、分享知識的系統性工作[註2]」。因此，**科學是一套方法、一種知識體系，以及用於傳達這些方法和知識的方式。**

註 1　也不能怪記者和設計師，該怪的是我們都忍受過的教育體制。很多和我一樣在 1990 年代中期念新聞學院的同輩都說過，他們「不擅長數學」，只想寫作。現在我在**邁阿密大學** (University of Miami) 有時還是會從學生口中聽到相同的論調。我想，設計師應該也有相同的情況（「我只想設計！」）。通常我會這麼回答：「如果你完全不會評估、操作資料和證據，是要寫 (設計) 什麼東西？」

註 2　來自**張馬克** (Mark Chang) 的著作《科學方法原則》(Principles of Scientific Methods) (2014)。另可參考**喬治・伯克斯** (George E. P. Box) 1976 年的文章「科學與統計學」(Science and Statistics) http://www-sop.inria.fr/members/Ian.Jermyn/philosophy/writings/Boxonmaths.pdf。

在理想的情況中，科學發現所使用的規則系統應該如下所述：

1. 你對一個現象產生好奇，鑽研了一陣子，然後形成可能的**臆測**，描述、解釋或預測該現象的行為。在這個階段，你的臆測只是有根據的直覺而已。

2. 你將臆測轉化成可驗證的正式主張，也就是**假說**。

3. 你（儘可能在受控條件之下）徹底研究和衡量該現象。你的衡量結果成為**資料**，可以用來**驗證**你的假說。

4. 你根據取得的證據做出**結論**。你得到的資料和驗證結果可能會迫使你拒絕假說，讓你必須從頭來過。也有可能你的假說暫時得到證實。

5. 最後，經過反覆驗證，而且你的研究經過同儕（也就是你所屬領域或科學界的成員）審查後，也許你能將多個互相關聯的假說組織成一個系統，用來描述、解釋或預測現象，這樣的系統就稱為**理論**。從現在起，你必須隨時記得「理論」這個詞真正的含意，並不只是隨便想到的直覺而已。

這些步驟能讓研究人員發現值得探索的新路徑，因此，它們並沒有起點和終點，而是形成一個迴圈。你大概猜到了，我們又要回到本書已經提過的主題：好的答案會引導出更多好的問題。科學觀點無法帶領我們到達永遠不變的絕對真相，它有辦法做到是讓我們持續逼近事實連續譜的右端，而且它在這方面表現得相當好。

從好奇到臆測

我經常使用**推特**(Twitter)，如果我在一天內使用推特超過一個小時，我會覺得自己分心、生產力比往常低落。我相信很多作家都有同樣的感受。我是對還是錯？這種感覺是只有我有，還是大家都有？我的直覺是否有辦法轉化為一般性的主張？舉例來說，有沒有辦法說每天推特使用量多出百分之 X，會造成大部分作家的生產力下降百分之 Y？畢竟我讀過的某些書大膽宣稱網路對我們的頭腦有負面影響[註3]。

在以上描述中，我發現了一個有趣的現象，一個可能存在的因果關係（越常使用推特，生產力越低），並做出符合以下特徵的臆測：

1. 就我們對世界的瞭解，在直覺上是合理的。

2. 有辦法驗證。

3. 其中包含的元素以自然、符合邏輯的方式互相連結，只要改變其中一個元素，整個臆測就會瓦解。我很快就會說明這一點。

任何理性的臆測都必須符合這些條件。首先，根據對大自然運作的既有知識，**臆測必須合理**（即便最後證明臆測是錯誤的）。畢竟世界上愚蠢的臆測數都數不清，並非所有臆測都享有平等地位，有些臆測在先天上就比其他臆測更有可能為真。

不合理臆測的例子中，我最喜歡的是《運動畫刊》(Sports Illustrated)的封面魔咒。根據這個迷信的都市傳說，許多運動員在登上《運動畫刊》這本雜誌的封面之後表現會不如以往。

註3　最知名的例子是**卡爾**(Nicholas Carr)的《網路讓我們變笨？數位科技正在改變我們的大腦、思考與閱讀行為》(The Shallows)(2010)。我對這類宣稱行為、所見、所聽等等會改變頭腦運作方式的論調充滿懷疑。

我以**圖 4.1** 中三位虛構的運動員說明這個例子。他們的表現曲線（根據射門、安打數、得分或其他指標衡量）先是往上走，然後在登上《運動畫刊》封面之後往下探。

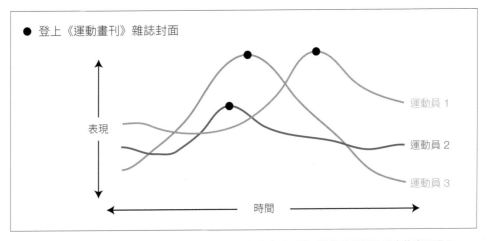

圖 4.1　運動員在登上《運動畫刊》雜誌封面後經常表現下滑。難道這是雜誌帶來的魔咒嗎？

把這個現象稱為魔咒是不好的臆測，因為我們想得出更簡單、更自然的解釋：能登上雜誌封面的運動員通常處於職業生涯的高峰，要在任何體育項目維持地位不僅辛苦，更需要好運眷顧。因此，大多數運動員在登上《運動畫刊》封面之後，表現比較有可能往下滑，而不是繼續攀升。就長期而言，運動員的表現會更趨向過往成績的平均水準。此外，年齡在多數體育項目中都扮演重要角色。

我剛才所描述現象叫作**均值迴歸**（regression to the mean），這種現象隨處可見[註4]。我是這麼向我的孩子解釋均值迴歸的：你今天生病了，躺在床上。為了治好你的病，我戴著染色的鵝毛頭冠，身穿橡樹葉做成的長袍走進你的房間，在你面前跳**巴西森巴**（Brazilian Samba）舞（親愛的讀者，請自行想像這個畫面），然後給了你一杯用水、糖和極少量病毒顆粒做成的藥水。一、兩天後，你感覺好多了。是我治好了你的病嗎？當然不是，是你的身體回歸到了正常的健康狀態[註5]。

好的臆測必須有辦法驗證。原則上，你應該要有辦法以證據衡量臆測。證據有很多種形式：反覆觀察、實驗驗證、數學分析、嚴格的心理或邏輯實驗，或是以上各種形式的結合[註6]。

可驗證的臆測代表亦可反證。無法推翻的臆測永遠不會是好的臆測，因為只有在新的證據出現時，現有的想法能被更有根據的想法取代的情況下，理性思考才有辦法持續進步。

註4　操作任何資料集時，若隨機抽出一個與平均值相距甚遠的一個值，下一個抽出的值很可能比較接近平均值，而不是離平均值更遠。均值迴歸於十九世紀晚期由**高爾頓爵士**（Sir Francis Galton）首度描述，但他當時用的是另一個名稱：**趨中迴歸**（regression toward mediocrity）。高爾頓發現，身高很高的父母經常會生下比他們矮的孩子，而很矮的父母通常會生下比他們高的孩子。高爾頓表示，極端特徵會傾向「趨向中間迴歸」。他的論文在線上可以讀到，寫得非常好：http://galton.org/essays/1880-1889/galton-1886-jaigi-regression-stature.pdf。

註5　下次有人想賣你昂貴的「替代醫療」產品或療程時，請仔細思考。蛇油之類產品之所以受到歡迎，是因為我們很容易在一連串毫無關聯的事件之間看見因果關係（「聽從我毫無根據的建議讓你感覺變好了」），以及對均值迴歸的不瞭解。

註6　如果你要讀本章推薦的任何書籍，請注意，許多科學家和科學哲學家在評估什麼樣的程序算是試驗時的標準比我要來得嚴格。

可惜的是，我們人類很愛提出無法驗證的臆測，用來和其他人吵架。哲學家**羅素**（Bertrand Russell）將無法驗證的臆測的荒謬之處描寫得淋漓盡致：

> 　　要是我說在地球和火星之間，有一具瓷製茶壺沿著橢圓形軌道繞太陽公轉，只要我小心地補充說明，這具茶壺小到連用最強力的望遠鏡都觀測不到，就沒有人能反駁我的說法。但如果我進一步說，因為我的說法無法被推翻，所以人類運用理性對我的說法感到懷疑，是不可容忍、自以為是的，我就應該被看做是在胡言亂語。（《畫刊》(Illustrated) 雜誌，1952 年）

但光是合理和有辦法驗證還不夠。**好的臆測應包含許多元素，而我們很難在不讓整個臆測失效的前提下改變任何元素**。誠如物理學家**大衛・多伊奇**（David Deutsch）所言，好的臆測「難以更動，因為所有細節都各司其職」。我們所提出的臆測包含的元素必須與研究現象的本質在邏輯上有所關聯。

想像一下，傳染病在非洲一個人煙稀少的地區肆虐。你發現大多數人都是在參加完週日的宗教儀式後發病。身為當地的巫醫，你宣稱疾病的來源是祭司身上氣場所散發出的負能量，這股負能量瀰漫在他們佈道的神堂。

這不是一個好的臆測，但不是因為不合理或沒辦法驗證。事實上，這個臆測有辦法驗證：很多在神堂聚集，與祭司見面的人都生病了。你看，臆測這不是得到驗證了嗎？

其實不算是。這個臆測之所以不好，是因為我們按照同理也可以說，疾病是由飛進神堂的隱形小妖精、是由死後徘徊不去的靈魂、或任何超自然存在所造成的。改變前提並不會改變臆測的主體，因此，具有彈性的臆測都是不好的臆測。

但如果你說，疾病之所以在人群聚集的地方散播，是因為造成疾病的媒介（無論是病毒還是細菌）可以藉由空氣傳播，情況就不一樣了。人與人之間的距離越近，就越有可能發生某人打噴嚏，散播帶有疾病的微粒的情形。這些微粒會被其他人吸入，進入他們的肺部散播疾病媒介。

這是一個好的臆測，因為所有的元素都互相連結，只要抽掉其中一個元素，整個臆測就不會成立，讓你必須從頭建立不同的臆測。這個臆測在經過證據核對後有可能錯得離譜，但永遠會是好的臆測。

★ 建立假說

假說是已正式形成、準備接受經驗驗證的臆測。

舉例來說（請注意，並非所有假說都是這樣形成的），如果我想知道我的直覺，也就是使用推特的時間太久會造成作家的生產力下滑，我必須解釋這句話中的「時間太久」和「生產力」是什麼意思，以及衡量的方法。此外，我還必須做出可以評估的預測，像是「每當增加推特的使用量，作家每天能寫的平均字數就會減少」。

我定義了兩個變數。變數的值能改變（是或否、女或男、失業率為5.6、6.8 或 7.1，諸如此類）。以上假說的第一個變數是「推特使用量增加」，這個變數可稱為**預測變數**（predictor）或**解釋變數**（explanatory variable），在很多研究中也稱為**自變數**（independent variable）。

假說中第二個元素是「作家每天能寫的平均字數會減少」，這是**結果**（outcome）或**反應變數**（response variable），又稱**依變數**（dependent variable）。

決定**衡量**的對象和方式是一件棘手的工作，這大幅取決於你如何設計探討主題的方式。不管資訊來源為何，你都必須抱持懷疑態度，問自己這個問題：研究中定義的變數，以及變數的衡量和比較方式是否能反應作者要分析的現實狀況？

★ 先談談變數

變數的種類五花八門，我們必須記得各種變數，因為它們除了在處理資料時扮演重要角色，也能在本書後段協助我們為視覺化圖表挑選適合的呈現方法。

分類變數的第一種方式，是根據衡量變數的尺度分類。

» 名目

以名目尺度（或稱類別尺度）衡量的值不具備可量化的特質，而是以本身的特性區分。名目變數的例子包括性別（男或女）和地點（**邁阿密**（Miami）、**傑克遜維爾**（Jacksonville）、**坦帕**（Tampa），等等）。意見調查中的某些問題也是，例如我問你要投票給哪一個政黨，你可以回答**民主黨**（Democratic）、**共和黨**（Republican）、其他、不投票，或我不知道。

在某些情況中，我們可以用數字來表示名目變數，例如用「0」代表男性，「1」代表女性，但這裡的數字並沒有任何數量或排行的意涵，而是類似足球球員的球衣背號，僅用於辨識球員，沒辦法用來比較球員的實力。

» 次序

在次序尺度中，各個值根據程度進行組織或排行，但無法得知各個值之間的大小關係。

舉例來說，你可以透過**人均國內生產毛額**（GDP per capita）分析世界上所有的國家，但不透露實際的 GDP 數字，只說哪個國家排行第一、第二、第三，等等。這就是次序變數，因為我曉得各國經濟表現的排行，卻不曉得各國的 GDP 實際相差多少。

另一個次序尺度的例子，就是詢問你快樂程度的問卷問題：1、非常快樂；2、快樂；3、不太快樂；4、不快樂；5、非常不快樂。

» 等距

等距尺度中，衡量的增加量是相等的，但是缺乏代表絕對最低值的真正零點。我知道這聽起來很複雜，讓我來解釋。

假設你以華氏溫度測量溫度，5 度和 10 度之間的差距，和 20 度和 25 度之間的差距是相等的，都是 5 度。所以溫度可以加減，但是你不能說 10 度比 5 度熱兩倍，即便 2 乘以 5 等於 10。原因在於不存在絕對的 0 點。溫度計上的 0 和其餘任何數字一樣，只是一個任意的數字，並非絕對的參考點。

智商是心理學中等距尺度的例子。如果有一個人智商 140，另一個人智商 70，我們可以說前者智商比後者多 70，但不能說前者比後者聰明兩倍。

» 等比

等比尺度具備上述各種尺度的所有特性，以及有意義的零點。等比變數的例子包括重量、高度、速度等等。假設有一輛車行駛速度為每小時

100 英里，另一輛為每小時 50 英里，我們除了可以說前者的速度比後者快了每小時 50 英里，也可以說前者的速度是後者的兩倍。如果我女兒的身高 3 英尺，而我身高 6 英尺（我希望啦），我就是她的兩倍高。

變數還可以分為**離散**（discrete）變數和**連續**（continuous）變數。離散變數只能具備某些值，例如兄弟姊妹的數量只能是整數，像是 4 個或 5 個，不會有 4.5 個。相對地，連續變數可以（至少在理論上）具備你所使用的衡量尺度上的任何值。你的體重可以是 90 磅、90.1 磅、90.12 磅、90.125 磅，或是 90.1256 磅，不管要算到幾位小數點都行。只要有適當的工具，就能以近乎無限的精準度衡量連續變數。

就實務而言，連續變數和離散變數的區別並不是總是很明確。有時候，你還是會把離散變數當成連續變數使用。假設你分析某國家每對伴侶平均的兒女數量，結果得到 1.8 這個數字，就不算是真正的離散變數。

同理，你也可以把連續變數當成離散變數使用。假設你要測量銀河系中心之間的距離，你可以用奈米測量到小數第無限位（得到的數字會比宇宙中的原子數量還要多！），但更好的方法是用光年測量，並將得到的值限制在整數。如果兩顆恆星之間的距離是 4.43457864… 光年，你可以直接四捨五入為 4 光年。

★ 有關研究

假說建立之後就要進行試驗，看看是否符合現實情況。我想要衡量推特使用量增加是否會造成寫書的產出減少，於是我寄了一份線上民調給 30 位作家好友，詢問他們今天在推特上花了幾分鐘，以及寫了多少字。我得到的結果（全屬虛構）如**圖 4.2** 所示，這是一項**觀察研究**（observational study），更精確地說，是**橫斷面研究**（cross-sectional study），也就是說，這項研究只納入了在特定時間點收集到的資料。

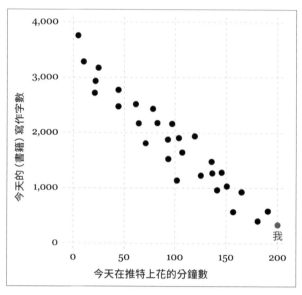

圖 4.2　身為作家，不要讓你同為作家的朋友
在交稿日逼近時使用推特。

　　要是我在一段很長的時間內（一年、十年，或自從推特上線起）仔
細記錄我朋友們的推特使用量和寫作頁數，這就會是一項**縱剖面研究**
（longitudinal study）。我在**圖 4.3** 中描繪出 30 位虛構作家好友每年的推特
使用量（X 軸）和寫作字數（Y 軸），兩者的關係很清楚：平均而言，他們在
推特上花越多時間，就越少寫書。真是太不應該了！

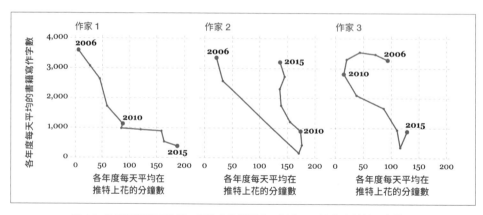

圖 4.3　作家越常使用**推特**，寫的字數就越少。別忘了，這些資料純屬虛構。

選擇要執行哪種類型的研究取決於許多因素。縱剖面研究執行起來通常比較困難、昂貴，因為必須長時間追蹤同一群人。橫斷面研究面比較容易，但一般而言結果較不具決定性[註7]。

回過頭來看我的調查，我面臨了一個問題：我試圖從特定一群作家身上取得推論（「減少使用推特對作家有益」）。也就是說，我試圖研究**母體**（population），也就是所有作家的某項特徵，於是我根據所有作家中的**樣本**（sample），也就是我的朋友，進行研究。**但我的朋友能代表所有作家嗎？我從樣本得出的推論是否適用整個母體呢？**

永遠要對樣本不是隨機取得的研究抱持懷疑態度[註8]。並非所有科學研究都採隨機抽樣，但是對從所有作家組成的母體中隨機選出的樣本作家進行分析，會比分析精挑細選或自行選擇出的樣本得出更準確的結果。

正是因為如此，我們不能輕信新聞媒體線上民調的效度。如果你要你的受眾對一個議題發表看法，你並不能宣稱你因此瞭解了一般大眾的看法，甚至也不能說你瞭解自己受眾的看法！你聽到的意見，僅來自對你詢問的議題最有感的讀者，因為他們是最有可能參與你的民調的人。

註7 研究類型不同，得到的結論也會不同。舉例來說，你可以從橫斷面研究得出這樣的結論：「就我們研究的母體而言，較少使用推特的人剛好較常寫作」，但你不能做任何有關時間變化或因果關係的陳述。如果你做的是縱剖面研究，你的結論可能是：「就研究的母體而言，選擇減少使用推特的人，跟開始較常寫作的人是同一群」，但你不能在兩者之間建立因果關係。如果你決定做受控實驗，你的結論可能會是：「就研究的母體而言，不管你是哪一種人，只要減少使用推特，就會開始較常寫作」，即便如此，你還是不能說，在自然的情況下，在這些人當中有多少人傾向使用推特或寫作。科學也太難了吧！

註8 很多統計學教科書都會在序章的一個小節中介紹隨機抽樣的執行方式。我建議你參考幾本教科書，但在那之前，可以先讀讀加拿大統計局做的介紹：http://tinyurl.com/or47fyr。

隨機化（randomization）很適合用來處理**額外變數**（extraneous variable），我在第三章建議你隨時提升深度和廣度時提過額外變數。我目前的調查結果有可能是偏頗的，因為我的朋友中有很多是科技宅，所以他們經常使用推特。如果是這樣，科技宅的程度（如果能衡量的話）將會扭曲我的模型，因為這項指標會影響預測變數和結果變數之間的關係。

　　有些研究人員會將額外變數分成兩種。有時候，我們有辦法辨別出額外變數，並將它納入模型當中，這樣的額外變數稱為**混淆變數**（confounding variable）。我知道混淆變數會影響研究結果，因此，我將它納入研究考量，盡可能減少它的影響。像是前幾章提過的例子，我們在分析交通事故死亡人數時會控制人口變化和交通工具的數量。

　　第二種額外變數更為陰險。比方說，我其實不曉得我的朋友們是科技宅，若是這種情況，我面對的就是**潛在變數**（lurking variable）。我們不將**潛在變數**這項額外變數納入分析，原因很簡單，因為我們根本不知道它的存在，或者我們無法解釋它與研究現象之間的關聯。

　　每次在閱讀研究、調查、民調等等資料時，你都必須自問：作者是否已經仔細找出潛在變數，並將之轉化成可以納入思考範圍的混淆變數？或者，是否還存在作者忽略，但可能影響結果的其他因素[9]？

註 9　敘述所有理性求知方法都有缺陷的引言中，最好的一句來自美國前國防部長**倫斯斐**（Donald Rumsfeld），他在 2002 年一場有關以伊拉克可能存在大規模毀滅性武器作為開戰理由的記者會上說道：「我一直都覺得有關未發生事件的報導很有趣，因為我們都知道，世上存在已知的已知事件，也就是我們知道我們知道的事情。我們也知道世上存在已知的未知事件，也就是說，我們知道有些事情是我們不知道的。但是，世上也存在未知的未知事件，也就是我們不知道我們不知道的事情。綜觀我國和其他自由國家的歷史，最後一種通常是最難應付的。」你可以說倫斯斐當時這番話並不誠實，因為當時有些「未知的未知事件」其實是「已知的未知事件」，甚至是「已知的已知事件」。

★ 進行實驗

在合理可行的情況下，研究人員不只會進行觀察研究，而是會進一步設計**受控實驗**（controlled experiment），受控實驗可以幫助減少混淆變數的影響。實驗的類型有很多種，但很多種實驗都有共同的特色：

1. 觀察大量的主體，這些主體可以代表實驗想瞭解的母體。主體不一定要是人，可以是任何可於不受外界影響的受控條件下研究的實體（人、動物、物品等等）。

2. 主體至少分成兩個組別：實驗組和控制組。在大多數情況中，分組會在盲目的狀態下進行，也就是說，研究人員和／或主體並不曉得各主體會分配到哪一組。

3. 實驗組的主體會暴露在某種條件之下，而控制組則暴露在另一種不同的條件之下，或是不暴露於任何條件。所謂的條件，舉例來說，可能是在溶液中添加不同的化學化合物，然後比較溶液不同的變化，或是讓一群人看不同類型的電影，檢驗各種電影如何影響他們的行為。

4. 研究人員衡量實驗組主體和控制組主體的狀況，然後比對結果。只要實驗組和控制組之間的差別夠大，研究人員就能斷定，他們研究的條件扮演了某種角色[註 10]。

我會在第 11 章詳細說明整個實驗流程。

註 10 說更精確一些，科學家將這些差別與樣本大小相同、設計相同，但條件不會產生影響的假設性研究進行比對。這項檢查，**統計假設檢定**（statistical hypothesis testing），有助於防止因為樣本數量少或變異性高而導致得出錯誤的結論。我們很快就會看到，這項檢查與影響在絕對／實際意義上的大小無關[編註]。

編註 統計假設檢定通常用來得知某條件是否有影響，而不是得知某條件影響力的大小。

在根據實驗結果製作視覺化設計時，我們不能只讀論文或文章的摘要和結論而已。檢查一下刊登的期刊是否經過同儕審查、在所屬領域的地位如何[註11]。然後仔細閱讀論文的研究方法，瞭解實驗是怎麼設計的，要是你看不懂，就請教同領域的研究人員。這些建議同樣適用於觀察研究。抱持有建設性的懷疑態度是很健康的作法。

2013 年 10 月出現了許多新的文章，與**大衛・柯莫・基德**（David Comer Kidd）與**艾曼紐・卡斯特諾**（Emanuele Castano）兩位心理學家的一項研究有類似的發現，也就是閱讀虛構文學作品可以暫時強化我們理解他人內心狀態的能力。很快地，媒體就開始以「讀小說有助增長同理心！」等標題進行報導[註12]。

研究結果和過去所做的觀察和實驗一致，但只讀了摘要就開始報導研究是一件很危險的事。研究人員真正比較的東西是什麼？

在其中一項實驗中，研究人員要求兩組受試者分別閱讀三本虛構文學作品，或三本非虛構作品。讀完之後，虛構文學組的受試者比被非虛構組的受試者更能分辨人們臉部表情代表的情緒。

起初我覺得這項研究還算健全，但有一個重要問題懸而未決：受試者讀的是什麼種類的虛構文學和非虛構作品？我們可以預期，閱讀《梅岡城故事》(To Kill a Mockingbird) 比起**托瑪・皮凱提**（Thomas Piketty）的《二十一世紀資本論》(Capital in the Twenty-First Century)（一本論述現代經濟的磚頭書，很多人買，包括我，但很少人真正讀過），更能讓你對鄰居產生同理心。

註 11　你可以搜尋文章的影響指數 (impact factor, IF)。這項指標可以衡量其他文章
　　　　對一篇文章的引用量，雖然不是完美的品質衡量指標，但還是有幫助。

註 12　「閱讀虛構文學作品有助心智理論」(Reading Literary Fiction Improves Theory
　　　　of Mind)。http://scottbarrykaufman.com/wp-content/uploads/2013/10/
　　　　Science-2013-Kidd-science.1239918.pdf。

但是，如果研究人員比較的是《梅岡城故事》和**凱瑟琳．布**(Katherine Boo) 的《美好永遠的背後》(Behind the Beautiful Forevers)（一本縈繞人心、情感滿溢的紀實作品）呢？就算他們比較的是虛構文學作品和非虛構文學作品，我們有辦法衡量兩本書的「文學性」嗎？這類問題是你必須向進行研究的研究人員詢問的，如果聯絡不上他們，就問相同知識領域的其他專家。

★ 關於不確定性

資料有個見不得人的小秘密：它們永遠充滿雜訊和不確定性[註13]。

要瞭解這個重要觀念，我們從一個很簡單的研究開始談起：我想知道我的體重。我每天都有運動，想知道成果如何，於是一天早上，我踏上體重計，數字顯示 192 磅。

出於好奇，我隔天再次踏上體重計，這次顯示的數字是 194 磅。可惡！怎麼會有這種事？我最近飲食很健康，而且定期跑步，體重也從原本的 196.4 磅下降了。我量到的體重一定和我真實的體重有差，於是我決定在未來一個多月內持續量體重。

結果如**圖 4.4** 所示，體重很明顯有下滑的趨勢，但這個趨勢只有在顯示間隔超過五到六天時才看得出來。要是我把圖放大，仔細觀察兩到三天之內的變化，就會誤以為資料本身帶有的雜訊別有含意。

發生這種奇怪波動的原因可能有很多，我一開始以為是我的體重計失靈了，但我後來一想，如果波動是機械故障造成的，所有量出的體重數字應該會一致地失準。所以，體重計並不是造成波動的原因。

註 13　此外，資料集經常不完整，包含錯誤、冗贅、錯字等等情形，可以參考**保羅．艾力森** (Paul D. Allison) 2002 年的著作《遺失的資料》(Missing Data)。要解決這種問題，**OpenRefine** (http://openrefine.org/) 等工具可能幫得上忙。

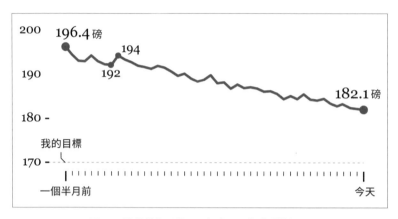

圖 4.4 隨機性的影響，一個半月內的體重變化。

　　有可能是因為我沒有平均地將體重分散在兩隻腳上，也有可能是因為我每天量體重的時間稍有不同。通常，我們在下午的體重會比剛起床的體重要來得重，這是因為睡眠時身體會喪失水分，而且前一天晚上吃的東西已經被身體消化掉了。但是，我都有謹慎地把這些因素納入考量，我每天早上 6 點 45 分準時量體重，但是差異依然存在。因此我只能將這個現象歸因於我無法注意到的因素，也就是**隨機性**（randomness）。

　　資料總是會隨機變化，因為我們的研究對象，大自然本身，同樣充滿隨機性。隨著技術和儀器的進步，我們有辦法以越來越高的準確度分析和預測大自然中的事件，但是我們無法避免某種程度的隨機變異所造成的**不確定性**（uncertainty）。不只是在家量體重是如此，任何你想要研究的對象：股價、電影年度票房收入、海洋酸度、某區域內的動物數量變化、降雨或乾旱……都會有同樣的現象。

　　如果我們隨機抽樣一千人分析美國人對政治的看法，無論我們多麼深思熟慮，都無法百分之百確定這些人能代表整個國家。如果得到的結果顯示，樣本中有百分之 48.2 的人屬於自由派，百分之 51.8 的人屬於保守派，我們並不能因此斷定全體美國人有百分之 48.2 屬於自由派，百分之 51.8 屬於保守派。

原因在於，如果我們抽樣的對象完全不一樣，結果可能是百分之 48.4 屬於自由派，百分之 51.6 屬於保守派。如果再抽第三次，結果可能是百分之 48.7 屬於自由派，百分之 51.3 屬於保守派（以此類推）。

不管我們用來抽樣這一千人的方法多麼縝密，某種程度的不確定性永遠都會存在。我們得到的自由派（或保守派）百分比可能會純粹因為機率而偏高或偏低，這種現象叫作**樣本變異**（sample variation）。

因為不確定性的存在，研究人員絕對不會在觀察一千人的樣本後直接了當地告訴你，百分之 51.8 的美國人屬於保守派。他們可能會說，在信心水準很高的情況下（通常是百分之 95，也可能大幅高於或低於這個數字），保守派的比例似乎的確是百分之 51.8，但包含正負 3（或其他任何數字）個百分點的誤差範圍。

不確定性可以用視覺化圖表呈現。**圖 4.5** 的兩個圖表由**華盛頓大學**（University of Washington）的**瑞夫特萊**（Adrian E. Raftery）教授設計，呈現對人口的預測，可以看到不確定性會隨著時間增加：距離現在越遙遠，預測的不確定性就越高，也就是說，「人口」這個變數的值可能座落的範圍會隨著時間越來越寬廣。

第 2 章中描繪世界溫度的曲棍球棒圖表（**圖 2.1**）是將不確定性視覺化的另一個例子。在那個圖表中，黑線後方的灰色地帶代表的是估計的溫度變異。灰色地帶就是不確定性，越接近二十世紀越狹窄，因為用來測量溫度的儀器和歷史紀錄都比過去可靠多了（編註：作者舉這個例子提醒了我們，不確定性不一定都是隨時間而增加）。

我們會在第 11 章繼續討論試驗、不確定和信心水準。現在，在釐清重要詞彙的意義之後，是時候開始探索資料，並將資料視覺化了。

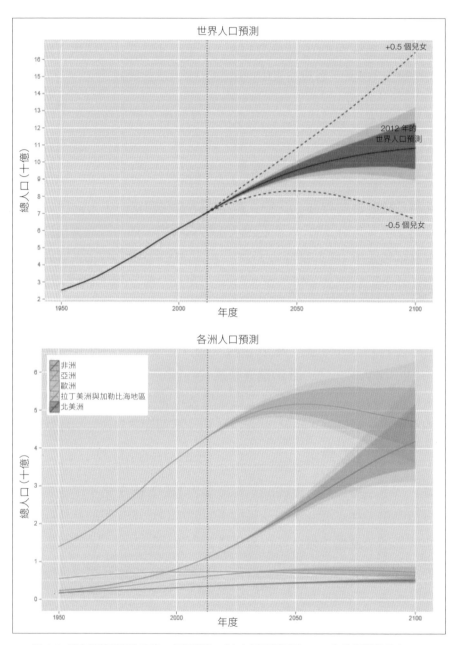

圖 4.5　瑞夫特萊設計的圖表。他解釋道：「上方圖表顯示到 2100 年的預測世界人口。
　　　　虛線是套用婦女比預測多生或少生 0.5 個兒女的舊有情境得出的誤差範圍。
　　　　陰影區塊代表不確定性，深色陰影代表百分之 80 的信賴區間，淺色陰影代
　　　　表百分之 95 的信賴區間。下方圖表呈現各大陸的預測人口數。」http://www.
　　　　sciencedaily.com/releases/2014/09/140918141446.htm。

瞭解更多

- Skeptical Raptor's "Evaluating scientific research quality for better skeptical analysis." http://www.skepticalraptor.com/skepticalraptorblog.php/how-evaluate-quality-scientific-research/。

- Nature magazine's "Twenty Tips For Interpreting Scientific Claims." http://www.nature.com/news/policy-twenty-tips-for-interpreting-scientific-claims-1.14183。

- Box, George E. P. "Science and Statistics." Journal of the American Statistical Association, Vol. 71, No. 356. (Dec., 1976), pp. 791-799. 可於線上取得：http://www-sop.inria.fr/members/Ian.Jermyn/philosophy/writings/Boxonmaths.pdf。

- Prothero, Donald R. Evolution: What the Fossils Say and Why It Matters. New York: Columbia University Press, 2007. 沒錯，這本書寫的是**古生物學**（paleontology），除了古代生物本身就很迷人以外，這本書的作者對科學的介紹是我見過最明瞭簡潔的。

MEMO

第3篇

功能性

第 5 章
視覺化的基本原則
—

在執行那個設計的過程中，我突然發覺，表格絕對不是表達
這類資訊的良好形式…。當比例和大小是關注的點時，最佳
且最便捷是找一個可以吸引大眾眼睛的方法。

—— 威廉・普萊菲爾（William Playfair）——
《統計學摘要》
（The Statistical Breviary）

每堂課和每個工作坊都會有人舉起手問：**你怎麼知道你選了正確的圖表形式來呈現你的資料？**什麼時候適合使用**長條圖**（bar chart）、**折線圖**（line chart）、**資料地圖**（data map）或**流程圖**（flow chart）呢？老天，如果我知道這個問題的答案，現在早就是有錢人了。我總是回答：「我不知道，但我可以給你一些線索，讓你根據我們為何及如何有效的理解視覺化圖表來自行做出選擇」。

芝加哥大學（University of Chicago）的**理查・塞勒**（Richard H. Thaler）在其著作《不當行為：行為經濟學之父教你更聰明的思考、理財、看世界》（Misbehaving: The Making of Behavioral Economics）（2015 年）敘述了一則任何老師都可能用得上的軼事。塞勒開始擔任教授時，曾讓他的許多學生抓狂，他設計了一份學生認為太難的期中考考卷，以 0 到 100 分計算，平均分數是 72 分。他收到許多學生對這份考卷的抱怨。

塞勒決定做一個實驗。他在下一次考試把滿分調高到 137 分，結果平均分數變成 96 分。他的學生非常高興。

塞勒在後續考試中持續以 137 分作為滿分，也把這條規定加進他的課程大綱：「考試滿分將會是 137 分，而非一般的 100 分。這套計分系統對於你們在課程中拿到的分數沒有任何影響，但似乎會讓你們比較高興」。確實如此。塞勒做出這項改變後，再也沒有收到學生的任何反彈了，即使他在事前就告知他們會被欺騙也一樣！

請試著在心裡將這些數字視覺化：72 相對於 100，96 相對於 137。第一對很容易，人腦在進行關於一百整的簡單算術時表現得很不錯。不過，人腦被迫在沒有幫助的情況下計算其他比較複雜的數字時，就會表現得糟糕透頂。你很難在腦中直接比較 96 和 137，在紙上或螢幕上做這件事

會更有效率（**圖 5.1**；這些數字顯示了兩次，一張是**線性圖**（linear plot），另一張是一對**圓餅圖**（pie chart））^{註 1}。

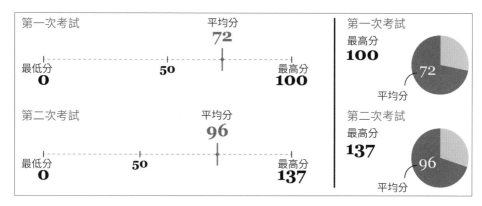

圖 5.1　100 分中的 72 分是比 137 分中的 96 分更好的分數。很有趣吧？

其實，塞勒的第二次考試比第一次更難。跟第一次考試的平均分數 72 分比起來，滿分 137 分中的 96 分是佔滿分 70% 的分數。不過即使你察覺到這件事（因為你知道如何把原始分數轉換成百分比），**137 分中的 96 分依然感覺比 100 分中的 72 分更高。大多數人只有在明確看見到證據時才會掌握真相，僅憑我們笨拙的大腦往往無法做好這件事，這就是為什麼視覺化圖表能發揮作用。**

註 1　視覺化作者**愛德華・R・塔夫特**（Edward R. Tufte）在 2013 年發表一則推文，
　　　他因為太過嚴苛而犯了錯，這則推文是這樣的：「圓餅圖使用者應該跟那些混用
　　　its/it's、there/their 的人一樣受到質疑。如果要做比較，請使用小表格跟句子，
　　　而不是圓餅圖。」我不愛用圓餅圖，但在這個例子中，即使圓餅圖比線性圖差勁，
　　　但這兩幅圓餅圖也比一個句子或一個表格更有效。這就是為什麼我常常說，沒
　　　有天生優良或差勁的圖表形式，只有比較有效和比較無效的圖表形式。

資料的視覺性編碼

視覺是人類最發達的感官。我們腦部有很大一部分是用於匯集、過濾、處理、組織及解讀視網膜收集的資料。我們已經演化到能夠迅速偵測視覺性模式以及這些模式的例外，所以將**資料映射到視覺屬性**（空間性及其他屬性）的一系列方法自然會非常有效。

「將資料映射到視覺屬性」，這句話有點拗口，所以讓我來解釋一下。假設你想比較目前處於經濟衰退的五個國家的失業數據，我們姑且把這五國稱為 A、B、C、D、E，因為出於某個理由，我們需要按照字母順序來排列。

我先不展示實際數據，而是直接做資料映射。映射的部分包括選擇某些屬性，這些屬性會讓讀者達到特定目標（準確比較），又不用被迫讀取所有數據。我以幾種方式編碼，如**圖 5.2** 所示。你會選擇哪一種圖表？

我會選擇長度、高度或位置形式的圖表，理由是這樣的：如果不知道實際數據是多少，見到其他依據面積、角度、寬度和顏色形式的圖表，你能迅速找出最高或最低的失業率，並準確地把它們與其他數據做比較嗎？很困難，對吧？

因此，要找到適合你的視覺化圖表形式，以下是一些初步建議：

1. 思考你想要實現的任務目標，或是你想要傳達的訊息。你是想要比較、呈現變化或流程、顯示關係或連結，還是預見時間性或空間性模式與趨勢呢？我們可以將這點總結為一句聽起來有點累贅但其實不然的話：繪製你需要繪製的東西。而如果你還不知道需要繪製的是什麼，請繪製出資料中的許多特徵，直到原本可能隱藏的故事浮現出來。

2. 嘗試不同的圖表形式。如果你的願望清單上有不只一個任務目標，你可能需要以數種方式呈現你的資料。

3. 安排圖表的組成，盡量讓人能輕易瞭解其中的意義。只要時機適當，你可以將互動性加入你的視覺化圖表，這樣讀者就能自由組織這些資料。

4. 測試結果，由你自己及代表受眾的人來測試。即使是以非科學性、非系統性的方式來測試也行。

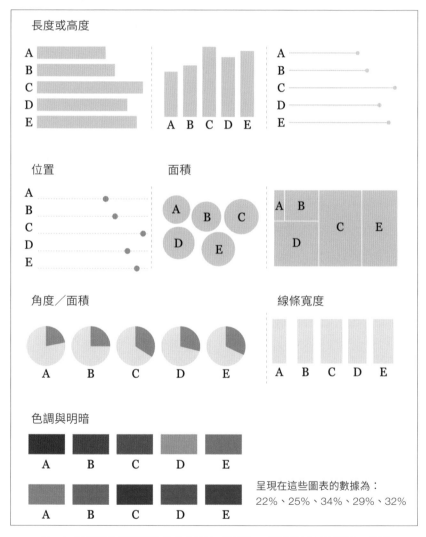

圖 5.2 將相同的資料編碼成不同圖表。請記住，或許是因為客戶要求，所以國家是依照字母順序排列的，否則將數字從最大排到最小會更合理。

選擇圖表形式

　　許多作者都已經研發出方法，讓你可以依據想要顯示的內容來選擇資料編碼的適當方式，這些作者包括了**雅克・貝爾汀**（Jacques Bertin）、**凱蒂・博納**（Katy Börner）、**威廉・克里夫蘭**（William S. Cleveland）、**史蒂芬・費夫**（Stephen Few）、**諾亞・伊林斯基**（Noah Iliinsky）、**史蒂芬・科斯林**（Stephen Kosslyn）、**伊莎貝爾・梅瑞爾斯**（Isabel Meirelles）、**塔瑪拉・蒙茲納**（Tamara Munzner）、**娜歐蜜・羅賓斯**（Naomi Robbins）、**邱南森**（Nathan Yau）……這只是浮現在我腦海中的一部分名字。

　　在接下來幾頁，我會展示**塞維利諾・里貝卡**（Severino Ribecca）的**資料視覺化目錄**（Data Visualization Catalogue）（**圖 5.3**）及**安・K・艾默里**（Ann K. Emery）的**必要工具網站**（Essential website）（**圖 5.4**）。它們都是很不錯的起點，但並不完美，因為其中有一些不太常用的圖表形式，包括**環圈圖**（donut chart）或**雷達圖**（radar chart）。史蒂芬・費夫的書《給我看數據》（Show Me the Numbers）是另一個很有用的資源。

　　不過，我選擇如何呈現資料時，最喜歡使用的工具是**基本感知任務階層體系**（hierarchy of elementary perceptual tasks），又稱編碼方法。這是1980 年代兩位統計學家威廉・克里夫蘭及**羅伯特・麥吉爾**（Robert McGill）彙整出來的，後來克里夫蘭自己又重新設計了這套體系，放進他的鉅著《資料圖像化要點》（The Elements of Graphing Data）。你可以在**圖 5.5** 看到我自己的版本，我在圖中加了一些與每個階層最有關聯的圖表範例。

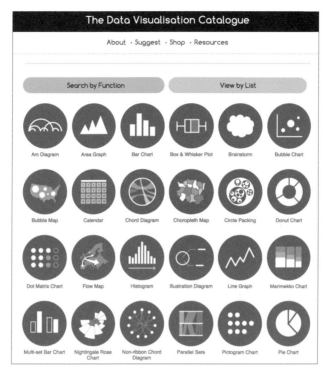

圖 5.3 塞維利諾‧里貝卡製作的資料視覺化目錄：
http://www.datavizcatalogue.com。

　　克里夫蘭和麥吉爾這樣描述他們的階層體系：「我們選擇了基本感知任務一詞，因為觀眾會進行一種以上心理跟視覺的互動，來提取大多數圖表呈現的真正變數數值（編註：透過心理跟視覺的互動，解碼圖表，得出重要的資訊）」[註2]。

　　換句話說，要解碼一張圓餅圖，我們會試圖使用角度或切塊面積作為暗示。當我們見到一張長條圖，可能會注意到每個長條上緣的位置，或是注意到長條的長度或高度。當我們試圖解碼一張**泡泡圖**（bubble chart），可能會嘗試比較面積（這是正確選擇）或直徑（這會誤導我們）。

註2　你可以到這裡閱讀克里夫蘭和麥吉爾在 1984 年的原始論文：https://www.jstor.org/stable/2288400。

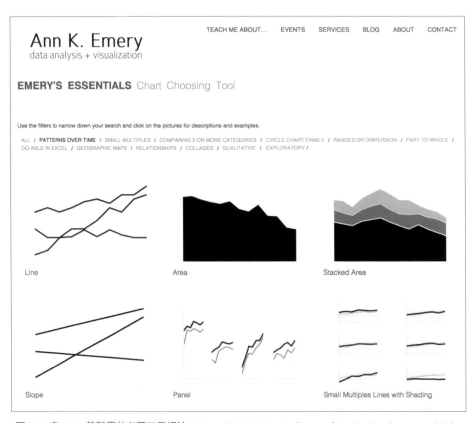

圖 5.4 安‧K‧艾默里的必要工具網站：https://depictdatastudio.com/introducing-the-essentials/。

　　克里夫蘭和麥吉爾在幾項實驗中測試感知任務的效果，結論是如果你想要製作成功的圖表，你需要依據「盡可能處於愈高階層」的感知任務來建構圖表。你愈接近圖 5.5 量尺的頂端，讀者就能以你的圖表做出愈快、愈準確的估計。你可以回到圖 5.2 進行測試，面積、色彩、角度的效果遠遠不如那些把物件放在統一刻度上的圖表形式。

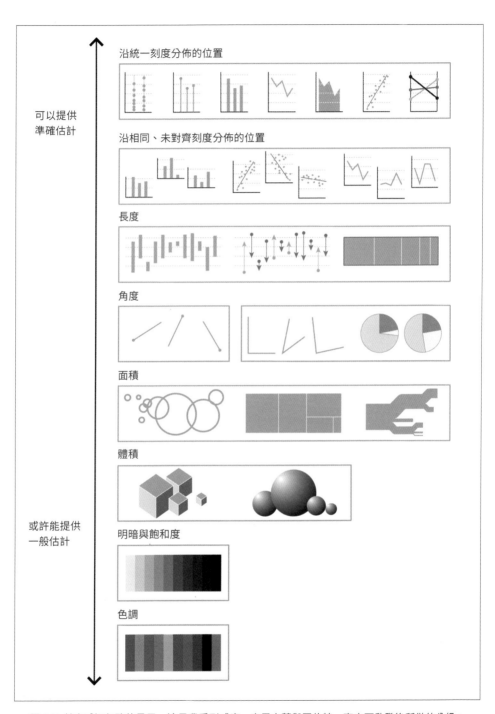

沿統一刻度分佈的位置

沿相同、未對齊刻度分佈的位置

長度

角度

面積

體積

明暗與飽和度

色調

可以提供
準確估計

或許能提供
一般估計

圖 5.5 基本感知任務的量尺，這是我受到威廉‧克里夫蘭與羅伯特‧麥吉爾啟發後所做的分級。

★ 不可盡信

　　此時需要依序注意兩個前提。首先，**克里夫蘭和麥吉爾當時討論的只是統計圖表**。那資料地圖呢？畢竟，地圖使用了許多處於該階層體系下半部的編碼方法，例如面積、色調、明暗等等。這樣有錯嗎？沒有錯。**當目標不是要讓讀者進行準確判斷，而是要呈現普遍性或概括性的模式時，就可以考慮使用量尺下半部的編碼方法。**

　　圖 5.6 是一張美國各郡失業率的**面量圖**（choropleth map）。該圖的目標不是讓你找到最高或最低失業率的郡，也不是精確排序各郡失業率。這張面量圖的目標是顯露出地理性群集，例如從**北達科他州**（North Dakota）到**德州**（Texas）的南北向地帶有非常低的失業率，或是南部州的許多郡有非常高的失業率。

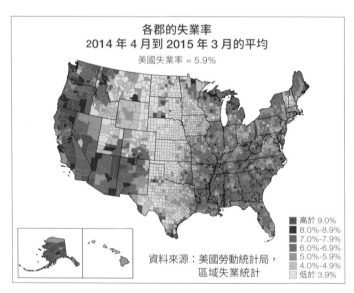

圖 5.6　來自**美國勞動統計局**（U.S. Bureau of Labor Statistics）
https://www.bls.gov/lau/。

如果同樣一張圖的目標是讓讀者比較各郡，那這種圖就不會是正確選項。我們會需要從克里夫蘭和麥吉爾的階層體系頂端選一張圖，比如長條圖或**棒棒糖圖**（lollipop chart），然後以有意義的方式將各郡排序及分組，從最高到最低排序、依字母順序排序、依各州排序等等。

要是我們的目標是**向讀者同時展示整體情況跟詳細情況**呢？那我們就需要在同一頁同時顯示面量圖及表格，或者如果我們採用的是互動式視覺化圖表，可以使用選單，讓讀者在面量圖與表格之間切換。多重圖表格式能讓讀者進行多重任務。

第二個前提是：**你不能不假思索，就採用別人選擇圖表形式的判斷方法**，做一點鑑別、評判是非常重要。

舉例來說，你可以想像一下，如果從克里夫蘭與麥吉爾的階層體系最頂端選一種編碼方法來顯示**圖 5.7** 展示的資料，會有多麼地困難。在圖5.7，雖然讀者需要對長度與面積進行解碼，但考慮到這張圖表的目標，這並不是個大問題。

在**圖 5.8**，我比較了一張圖表的數個版本，這張圖表的資料來自**托瑪‧皮凱提**（Thomas Piketty）的 2014 年暢銷書《二十一世紀資本論》（Capital in the Twenty-First Century）。最上方的第一個版本跟皮凱提書中顯示的版本很類似。第二個是我自己的版本，把 X 軸上的年份做了正確間隔。你可以注意到，做了這項改變後，模式有了很大的不同。

閱讀皮凱提的**堆疊面積圖**（stacked area chart）時，你會被迫進行位於克里夫蘭與麥吉爾階層體系中段的感知任務，你要嘛需要比較面積，要嘛需要比較各區塊上下兩端之間的距離。唯一能夠準確視覺化的變化是亞洲及歐洲的變化，因為這兩個區塊坐落在水平邊緣，一個在頂端的 100 刻度線，另一個在 0 的基線。

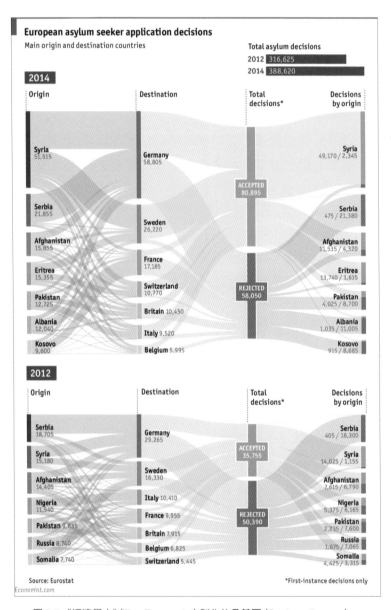

圖 5.7 《經濟學人》(The Economist) 製作的**桑基圖** (Sankey diagram)，
http://www.economist.com/blogs/graphicdetail/2015/05/daily-
chart-1。

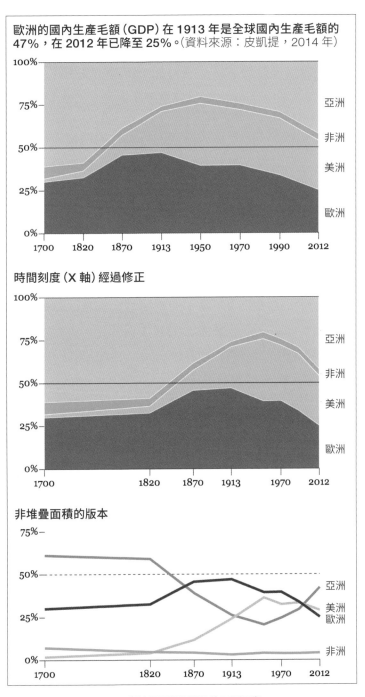

圖 5.8 根據相同資料製作的三張圖表。

非洲與美洲的基準線會依據亞洲及歐洲區塊的高度而改變，使讀者難以偵測這兩大洲的變化。你可能也會覺得非洲的比例在 1950 年代似乎增加了，這只是因為美洲經濟體的面積增加，將非洲區塊往上推高而已，但非洲的國內生產毛額在那十年內幾乎沒有變化。

不過，這都沒關係，因為這張圖表的目標在標題寫得很明確：比較歐洲及其他大洲，並清楚標示數據會加總到 100%。這就是為什麼歐洲區塊在原始圖表中會受到強調，並放在底部的 0 值基線上，而其他大洲則是為了提供比較的脈絡而顯示在圖表上。

但要是這張圖的目標是將所有大洲放在同一基礎上，對它們進行準確地比較呢？在這種情況下，堆疊面積圖的效果就不太好。舉例來說，你能看出 2012 年美洲在全球國內生產毛額所佔的比例是比歐洲大還是小嗎？你看不出來，除非你用手指測量圖上的最後那部分。不過，如果我們設計一張簡單、非堆疊面積的**時間序列圖**（time-series chart），像是圖 5.8 的下圖，你就會發現要做到這件事有多容易。

最後，要是你想要同時顯示整體來說各部分比例，以及個別的線條全都坐落在統一的 0 值基線，該怎麼辦呢？那麼你會需要設計兩種圖表，就如同**美國公共廣播電台**（National Public Radio, NPR）製作的大學主修科系互動式視覺化圖表（**圖 5.9**）[註 3]。這張圖表的設計師**裴國忠**（Quoctrung Bui）決定先讓讀者看到整體狀況，他同時顯示所有主修科系，把各項堆疊在彼此上方。接著，如果讀者想要知道特定主修科系的更多細節，就可以點擊該科系，在一張普通的時間序列圖上看到該科系的變化。

註 3　這張圖表安排主修科系的方式有點令人困惑。因為這些區塊是以顏色編碼，我原本以為它們是以某種方式分組，結果其實它們是按照字母順序排列，而各科系的顏色是任意分配的。

我們在這節見到的範例會協助你瞭解另一條重要的經驗法則：如果你需要顯示整體狀況的各個部分，你就要想盡一切辦法顯示出來。不過，如果圖表的目標是分別顯示各個部分，那就顯示個別。我們可以重新措辭一下，寫成一條更普遍的規則：**永遠要直接繪製出你的資料。**

在**圖 5.10** 的左圖，我從克里夫蘭與麥吉爾的階層體系中選擇了正確的圖表形式。所有資料都標在統一的軸上，所以做出準確估計變得相當容易且迅速。不過，我真的有必要把收入和支出分成不同的變數嗎？還是看到兩者之間的差異更重要呢？你會需要根據這個問題的答案來選擇左圖或右圖。如果差異更重要，那就標出差異，而不是分別標出收入和支出。

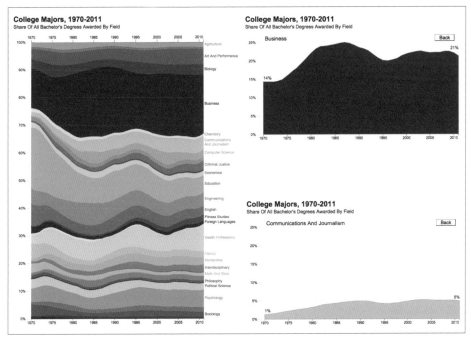

圖 5.9 美國公共廣播電台製作的視覺化圖表，http://www.npr.org/sections/money/2014/05/09/310114739/whats-your-major-four-decades-of-college-degrees-in-1-graph。

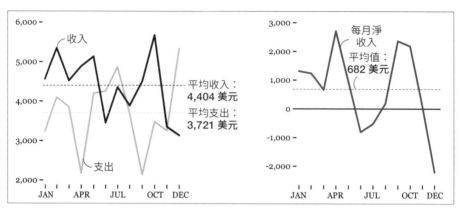

圖 5.10 哪張圖比較好？這全都取決於你想要強調收入
相對於支出，或是想要顯示每月淨收入。

★ 關於這些棘手刻度的實用訣竅

我們決定如何設計圖表時，另一個要考量的因素是圖表的基準線，以及 X 軸（水平）和 Y 軸（垂直）上的刻度。

請看**圖 5.11** 的左邊 2 張圖，但不要看 Y 軸上的數字。你會誤以為每筆資料的差異很大吧？其實，它們根本沒有差很多！我縮減了它們的 Y 軸，所以這兩張圖的基線被設定在 40% 而非 0%。如果解讀資料的主要視覺提示，是從統一基準線測量的長度或高度，這種做法就是不可接受的。長條圖、棒棒糖圖、**直方圖**（histogram）及它們的變體應該有一條 0 值基準線，除非你想要增加被誤解的可能性（不幸的是有些人確實會這麼做！）。

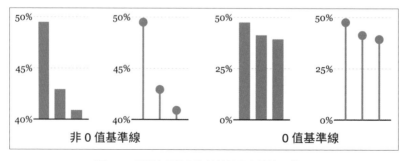

圖 5.11 不要在長條圖和棒棒糖圖上縮減 Y 軸。

我應該點出一個例外：有些資料集沒有一條天然的 0 值基準線。舉例來說，在經濟分析和金融領域，人們常常使用**指數**（indexed numbers）而不只是原始數據。指數往往會有一個 100 的基準線（但並非總是如此，我們將在第 8 章見到這樣的例子），如**圖 5.12** 所示，該圖比較同一產品或服務在不同國家的價格，並以美國的價格作為數值為 100 的基準線。

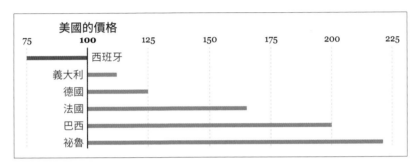

圖 5.12　一項產品在不同國家的價格，顯示數值為各國與美國價格的比率。

請把數字當作百分比差異：125 代表大 25%，200 代表增加 100%（雙倍）。這張圖表很適合用來討論各國與美國之間的價格差異，舉例來說，美國與巴西之間的差異是美國與德國之間的四倍。

我們可以從這段討論中得出一個簡單又靈活的規則：不要試圖在所有圖表中都加上 0 值基線，而是要**使用符合邏輯又有意義的基線**。我們設計的圖表不是用長度當作編碼方法時，這條規則應該能幫助我們決定要做什麼。我想到了**點示圖**（dot plot）、**散佈圖**（scatter plot）、折線圖等等，這些圖表形式仰賴的是位置而非統一的軸。比如說，如果你要討論某國歷來的失業率，而且這個變數從未掉到 5% 以下，那麼 5% 就可以當作折線圖上的基線。

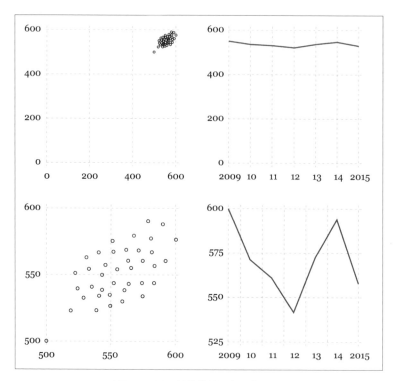

圖 5.13 以 0 為基準線是必要的嗎？

　　請比較**圖 5.13** 的兩組圖表。如果跟我在上方兩張圖做的一樣，只是為了顯示 0 點位置就浪費這麼多空間，實在有點荒謬。

　　我們在比較十分迥異的變數時，會出現另一個麻煩的狀況。請看**圖 5.14** 的上排圖表，你會發現有些資料點很大，使較小的資料點幾乎無法互相區隔。

　　該怎麼辦呢？首先，請思考這些圖表的目標：只是要強調最大數值，而不是一堆小數值嗎？如果這就是你需要的，那就讓圖表保持原樣。但要是你希望讀者能夠同時清楚看到大的數值和小的數值呢？你就需要至少兩張圖表，每張圖表各有不同刻度，就跟圖 5.14 的下圖表顯示的一樣。如果你的資料差異非常大，**在單一的一張圖表上同時呈現它們會讓資料毫無用處，那麼你應該在數張具有不同刻度的圖表上標示資料。**

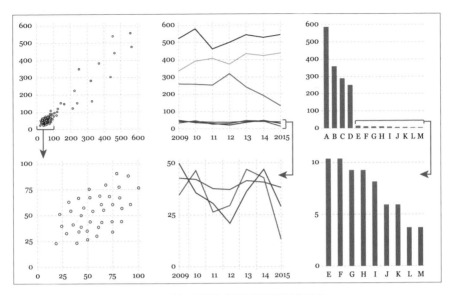

圖 5.14 兩種不同刻度來展示相同資料的子集。

安排圖表的呈現方式

選擇正確的圖表形式還不足以設計出優秀的視覺化圖表，你也需要思考該怎麼安排你的變數和分類：從最高到最低、按字母順序，或者依據其他任何規則。這項決定也取決於我們已經問過自己的重要問題：**圖表應該讓讀者進行什麼任務？我應該用圖表顯示出什麼？**

想像一下，如果你正在做一項廣告市場分析，你想知道哪種媒體對青少年及成人有最大影響，你可能會進行一項調查並展示調查結果，如**圖 5.15** 所示。這張圖讓你能在各年齡組內比較投放廣告的不同方式。

不過，要是你真正想要做的不只是在各年齡組內比較媒體，而是跨年齡組比較，該怎麼辦？換句話說，要是你想要知道哪種媒體會隨著人們年齡增長而變得更加值得信任或更不值得信任，該怎麼辦？

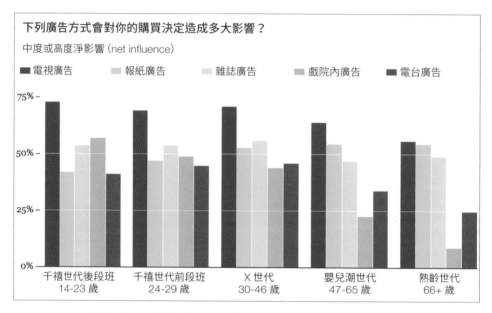

下列廣告方式會對你的購買決定造成多大影響？

中度或高度淨影響 (net influence)

■電視廣告　　■報紙廣告　　■雜誌廣告　　■戲院內廣告　　■電台廣告

圖 5.15　資料來源：**勤業眾信** (Deloitte) 的**數位民主調查** (Digital Democracy Survey)。

　　在這種狀況下，目前使用的圖表就不是那麼合適了。你可以清楚看到電視逐漸降低的走勢，但那只是因為對應到電視廣告的長條是每個群集的第一個長條，而且它的顏色比其他長條更突出。如果你想知道雜誌廣告是否會在人們晚年變得更加受到信任或更不受到信任，你的大腦就會被迫把藍色長條從每個群集中間分離出來，然後比較各個藍色長條。這樣要花太多工夫了。如果我們想讓讀者看到跨年齡組的趨勢，我們就應該依據媒體而非年齡來對長條分組 (**圖 5.16**)。

　　我們可以進一步改善這張圖表。我喜愛長條圖，但當你有超過十個長條時，它們往往看起來有點累贅。有個有趣的替代方案是一張非正統的折線圖 (**圖 5.17**)，它在 X 軸上放的不是時間，而是一種分類式變數：年齡組。這張圖表的美麗之處在於它向我們展示了兩個世界的特徵：它不只是讓我們看到跨年齡組的趨勢，也讓我們在各年齡組內比較各種媒體，因為這些點互相堆疊。

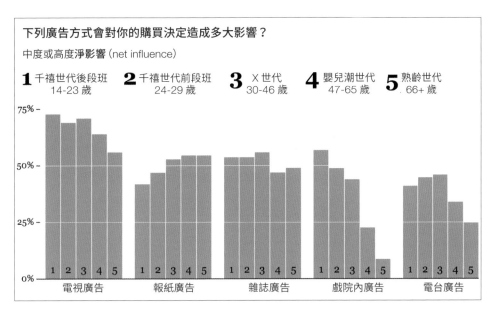

圖 5.16 重新安排圖 5.15 的資料。

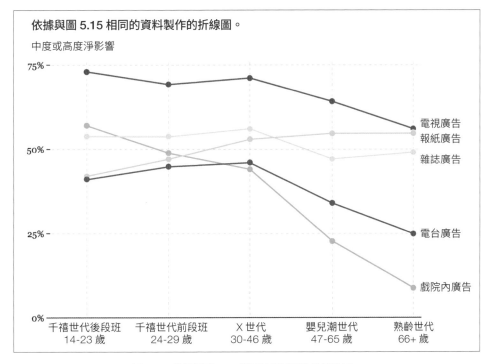

圖 5.17 依據與圖 5.15 相同的資料製作的折線圖。

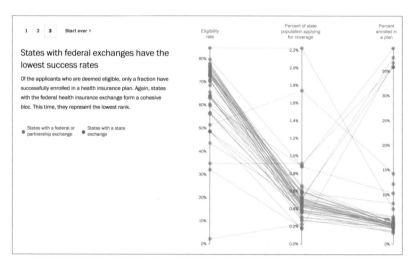

圖 5.18 《華盛頓郵報》(The Washington Post) 製作的視覺化圖表，http://www.
washingtonpost.com/wp-srv/special/politics/state-vs-federal-exchanges/。

「等一下」，你或許在想：「折線圖不是只能用來呈現隨時間區間變化的
趨勢嗎」。我們很多人都在學校學到這條規則。但那只是一種慣例，而慣
例可以改變，也應該改變。折線圖當然能用於呈現時間序列的資料，但在
視覺化設計師的所有本領中，時間序列圖並不是折線圖的唯一類型。像**圖
5.18** 這樣的**平行座標圖** (parallel coordinate chart) 就很適合用於視覺化多
維度資料，正如我們將會在第 9 章看到的一樣^{註 4}。

★ 測試你的作品

有些圖表形式是我平常會避免使用的。其中一種是雷達圖，因為我認
為它是一種缺乏說服力的資料呈現方法。設計師有時會為雷達圖辯護，因
為它們看起來很漂亮。如果吸引人的圖表形式能帶來很大的回報，那麼我
不一定會反對犧牲一點清晰度，不過我認為在**圖 5.19** 的雷達圖中，我們犧
牲的清晰度太多了。

註 4　視覺化專家**羅伯特・柯薩拉** (Robert Kosara) 有一篇關於平行座標圖的佳作：
https://eagereyes.org/techniques/parallel-coordinates。

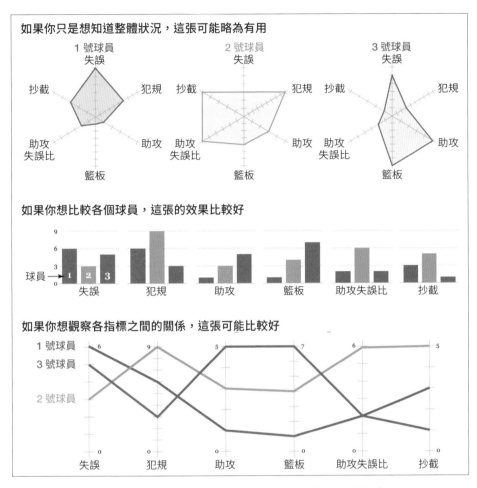

圖 5.19 雷達圖通常不是非常有效。順帶一提，這些都是假的圖表。

在最上方的三張雷達圖，我呈現了三名籃球員的各項指標。如果我們需要的只是迅速知道球員優缺點的一般狀況，那麼這些圖表算是尚可。

現在請看相同的虛構資料在長條圖上的樣子，這讓我們更加容易比較各個球員。然後我又換成平行座標圖，這或許有助於觀察各變數之間的關係。舉例來說，它讓我們看到助攻和籃板之間有相關性。這些任務也可以用雷達圖完成，但要花費更多力氣：如果你想比較三位球員在同一指標上的表現，你的眼睛必須在雷達圖之間跳來跳去。

儘管如此，身為資訊圖表與資料視覺化設計師，我也曾在職業生涯中使用過幾次雷達圖。為什麼我違反了自己的原則？因為在大多數情況下都是不恰當選擇的圖表形式，可能會在某個非常特殊的情況帶來效益。

　　圖 5.20 是我在《**巴西時代週刊**》（Época）的團隊做的一張海報尺寸的資訊圖表，我在 2010 年到 2012 年之間擔任該雜誌的平面設計總監。這張圖顯示出 2010 年的總統大選結果，我們結合了長條圖、**斜線圖**（slope chart）（就是在最底下的圖表，比較各州在 2010 年大選和之前大選的結果）以及面量圖來呈現。

　　右上角也有一張很大的雷達圖。在這張圖中，每條半徑都對應到巴西的 27 州之一。圖中有三種顏色的線，每種顏色代表一位候選人。紅色代表**迪爾瑪・羅賽夫**（Dilma Rousseff）（她最後成為總統）；藍色代表**若澤・賽拉**（José Serra）；綠色則代表**瑪琳娜・席爾瓦**（Marina Silva）。雷達中心是 0% 點，最外圈則對應到 100% 的選票。線的折點離中心愈遠，就代表那位候選人在該州獲得的選票愈多。

　　我要先承認，這些以州分類的結果也可以用一組長條圖來呈現，但我們決定使用雷達圖，因為我們想要凸顯出一件事：左派候選人迪爾瑪・羅賽夫在東北部州以非常大的優勢贏得選票。請注意，雷達圖是依據各州地理位置來安排的：東北部在右上角，東南部在右下角，以此類推。當我們像這樣把面量圖跟雷達圖擺在一起，熟悉巴西地理的人就能把它們聯繫起來了。

　　在你試用一種圖表形式，並將它與其他選項比較之前，你都很難知道這種圖表形式是否會有很好的效果，所以我在設計這張資訊圖表時，也設計出長條圖和折線圖（**圖 5.21**）的版本。我們最後放棄這個版本，轉而選擇雷達圖，因為我們跟新聞編輯部裡的一些記者和設計師一起測試了雷達

圖，我也把這張圖展示給朋友和親戚看。所有人都在幾秒內就理解了雷達圖想要傳達的訊息：迪爾瑪．羅賽夫的線就像是一條往東北方拉出去的橡皮筋。

這張圖表快要完成時，《Época》當時的編輯主任**赫利歐．古洛維茲**（Helio Gurovitz）開玩笑說，這張雷達圖其實應該叫做「羅盤圖」，並提議了一個標題：選舉羅盤的特徵。我覺得非常有道理。

我從這樣的故事中學到的是，**視覺化的規則跟你對讀者進行的測試結果一樣重要**，即使那些測試跟我剛才描述的測試一樣不正式也依然如此。

像克里夫蘭與麥吉爾的編碼方法階層體系這樣的工具，對我們的工作非常重要，因為它們是根據實驗取得的證據。使用這些工具能節省時間和精力，讓我們可以把省下來的時間和精力投入更好的目標，例如繪製我們的資料好幾次、嘗試各種圖表形式、將結果擺在一起討論、把結果盡可能給愈多人看，然後詢問他們在稍微探索圖表後得到的見解。

有些測試是很重要的，因為讀者常常不會按照我們希望的一樣解讀我們的視覺化圖表。我在本章開頭曾提到《不當行為：行為經濟學之父教你更聰明的思考、理財、看世界》這本書，經濟學家理查．塞勒就在該書中描述了他在 1995 年進行的一項實驗。他請**南加州大學**（University of Southern California）的職員從兩個假想的 **401（k）退休福利計畫**（401（k） retirement plan）中做選擇，一個計畫風險較高，具有較高的預期報酬（A 基金），另一個計畫較安全，具有較低的預期報酬（B 基金）。

塞勒向一組職員展示了**圖 5.22** 的前兩張圖。這些圖表顯示出一年報酬的分佈，每個長條代表了從某一年到下一年的 35 種可能變化（增加或減少）之一。

Os sinais da bússola eleitoral

A disputa de 2010 foi parecida com a de 2006

Alberto Cairo, Alexandre Mansur, Carlos Eduardo Cruz Garcia,
Eliseu Barreira Junior, Marco Vergotti e Ricardo Mendonça

O PRIMEIRO turno da eleição presidencial de 2010 foi muito parecido com o da disputa de 2006. A petista Dilma Rousseff teve apenas 1,7 ponto porcentual a menos que o índice obtido pelo presidente Lula quatro anos atrás. A concentração maior de seus votos também foi no Nordeste. Desta vez, porém, a disputa foi um pouco menos polarizada. Os votos que provocaram segundo turno foram divididos entre o tucano José Serra e a verde Marina Silva.

Eleitores: 135.804.433, abstenção: 24.610.296 (18,12%), votos válidos: 101.590.153 (91,36%), votos brancos: 3.479.340 (3,13%) e votos nulos: 6.124.254 (5,51%)

Candidatos	50%	Votos
Dilma Rousseff (PT)	46,9%	47.651.434
José Serra (PSDB)	32,6%	33.132.283
Marina Silva (PV)	19,3%	19.636.359

Outros candidatos	%	Votos
Plínio (PSOL)	0,87%	886.816
José Maria Eymael (PSDC)	0,09%	89.350
Zé Maria (PSTU)	0,08%	84.609
Levy Fidelix (PRTB)	0,06%	57.960
Ivan Pinheiro (PCB)	0,04%	39.136
Rui Costa Pimenta (PCO)	0,01%	12.206

Fonte: Tribunal Superior Eleitoral (TSE)

O mapa mostra os vencedores por município. A escala de cores indica o porcentual de votos obtido pelo vencedor

	<40%	40,1-50	50,1-70	>70%
DILMA				
SERRA				
MARINA				

INFLUÊNCIAS REGIONAIS

Os cientistas políticos explicam algumas particularidades regionais na escolha entre Dilma, Marina e Serra

1 RORAIMA A preferência por Serra pode ser efeito da regularização das terras indígenas de Raposa-Terra do Sol, que teria afetado a economia local

2 ACRE No Estado de Marina, Serra venceu. Ela teve 35% em Rio Branco e drenou parte dos eleitores do governador Tião Viana (PT). Com as bases divididas, Dilma perdeu

3 MUNICÍPIOS DO NORDESTE No reduto mais forte do governo Lula, Serra venceu em poucas localidades. O motivo é a política municipal. Em Uruçuí, no Piauí, os eleitores puniram o prefeito Valdir Soares (PT), em uma fase impopular

4 PARÁ A política fundiária e ambiental do governo federal pode ter afetado interesses do setor pecuário e ter ajudado o PSDB local. O ex-governador e agora candidato novamente Simão Jatene (PSDB) puxou votos para Serra

DANÇA ESTADUAL Na comparação com a eleição presidencial de 2006, PT e PSDB tiveram votação menor na ma...

COMO LER
% no 1º turno 2006 | % no 1º turno 2010
Lula — Dilma
Alckmin — Serra
— Marina
Outros — Outros

AC: 51,8%→52,2% / 42,6%→23,8% / →23,5% / 5,6%→0,5%
AL: 46,6%→50,9% / 37,8%→36,5% / →23,5% / 15,6%→11,5% / →1,1%
AM: 78,1%→65,0% / →25,7% / 12,5%→8,5% / 9,4%→0,8%
AP: 54,4%→47,4% / 32,2%→29,7% / →21,4% / 13,4%→1,5%
BA: 66,7%→62,6% / 26,0%→21,0% / →15,7% / 7,3%→0,7%
DF: 44,1%→42,0% / 37,1%→31,7% / 18,8%→24,3% / →2,0%
ES: 53,0%→37,3% / 37,2%→35,4% / →26,3% / 9,8%→1,0%
GO: 51,5%→42,2% / 40,2%→39,5% / →17,2% / 8,3%→1,1%
MA: 75,5%→70,7% / →15,1% / 18,8%→13,6% / 5,7%→0,6%
MG: 50,8%→47,0% / 40,6%→30,8% / →21,3% / 8,6%→0,9%
MS: 56,3%→42,4% / 36,0%→40,0% / →16,9% / 7,7%→0,7%

圖 5.20 《Época》雜誌（巴西）刊出的資訊圖表。

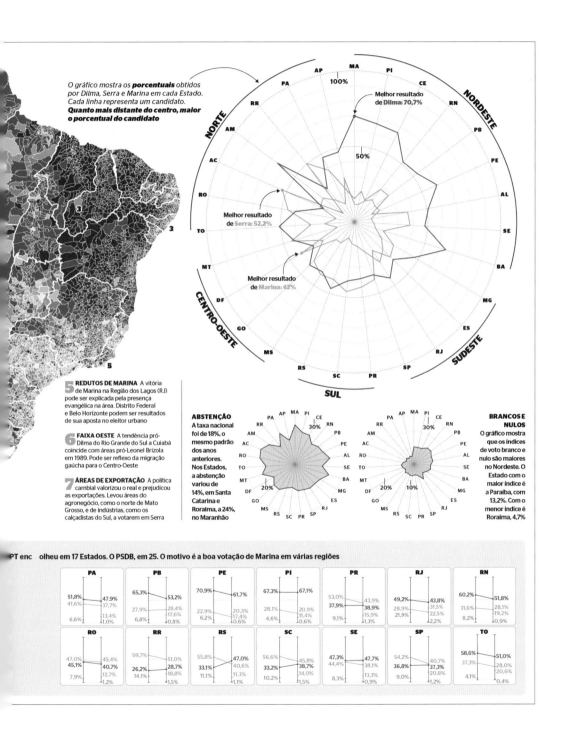

O gráfico mostra os **porcentuais** obtidos por Dilma, Serra e Marina em cada Estado. Cada linha representa um candidato. **Quanto mais distante do centro, maior o porcentual do candidato**

Melhor resultado de Dilma: 70,7%

Melhor resultado de Serra: 52,2%

Melhor resultado de Marina: 42%

5 **REDUTOS DE MARINA** A vitória de Marina na Região dos Lagos (RJ) pode ser explicada pela presença evangélica na área. Distrito Federal e Belo Horizonte podem ser resultados de sua aposta no eleitor urbano

6 **FAIXA OESTE** A tendência pró-Dilma do Rio Grande do Sul a Cuiabá coincide com áreas pró-Leonel Brizola em 1989. Pode ser reflexo da migração gaúcha para o Centro-Oeste

7 **ÁREAS DE EXPORTAÇÃO** A política cambial valorizou o real e prejudicou as exportações. Levou áreas do agronegócio, como o norte de Mato Grosso, e de indústrias, como os calçadistas do Sul, a votarem em Serra

ABSTENÇÃO
A taxa nacional foi de 18%, o mesmo padrão dos anos anteriores. Nos Estados, a abstenção variou de 14%, em Santa Catarina e Roraima, a 24%, no Maranhão

BRANCOS E NULOS
O gráfico mostra que os índices de voto branco e nulo são maiores no Nordeste. O Estado com o maior índice é a Paraíba, com 13,2%. Com o menor índice é Roraima, 4,7%

PT enc olheu em 17 Estados. O PSDB, em 25. O motivo é a boa votação de Marina em várias regiões

PA	PB	PE	PI	PR	RJ	RN
51,8% 47,9%	65,3% 53,2%	70,9% 61,7%	67,3% 67,1%	53,0% 43,9%	49,2% 43,8%	60,2% 51,8%
41,6% 37,7%	27,9% 28,4% 17,6%	22,9% 20,3% 17,4%	28,1% 20,9% 11,4%	37,9% 38,9% 15,9%	28,9% 31,5% 22,5%	31,6% 28,1% 19,2%
6,6% 13,4% 1,0%	6,8% 0,8%	6,2% 0,6%	4,6% 0,6%	9,1% 1,3%	21,9% 2,2%	8,2% 0,9%

RO	RR	RS	SC	SE	SP	TO
47,0% 45,4%	59,7% 51,0%	55,8% 47,0%	56,6% 45,8%	47,3% 47,7%	54,2% 40,7%	58,6% 51,0%
45,1% 40,7%	26,2% 28,7% 18,8%	33,1% 40,6%	33,2% 38,7% 14,0%	44,4% 38,1%	36,8% 37,3% 20,8%	37,3% 28,0% 20,6%
7,9% 12,7% 1,2%	14,1% 1,5%	11,1% 11,3% 1,1%	10,2% 1,5%	8,3% 13,3% 0,9%	9,0% 1,2%	4,1% 0,4%

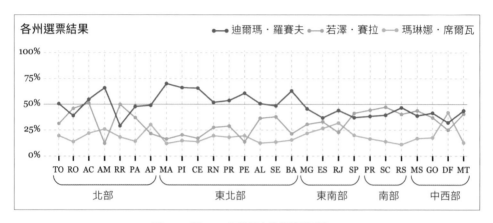

圖 5.21 圖 5.20 雷達圖之外的替代圖表。

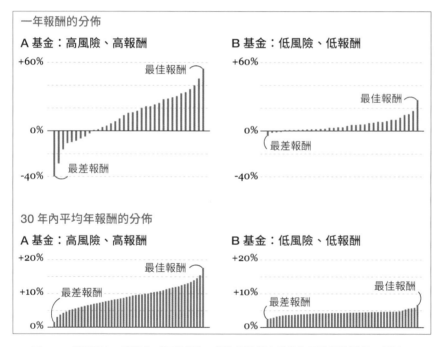

圖 5.22 根據理查‧塞勒的《不當行為：行為經濟學之父教你更聰明的思考、理財、
看世界》(2015 年) 製作的圖表。

風險較高的 A 基金可能出現的最差年報酬是 −40%，最佳年報酬則是比前一年增加將近 55%（請記得，這些長條不是按時間順序排列的，而是按最低到最高報酬排列）。B 基金的變化較少：最差年報酬是損失 −4%，最佳年報酬則是在一年內增加大約 28%。

塞勒讓另一組受試者看第二組的兩張圖。這兩張圖是超過 30 年內的所有可能總報酬。如果你今天投資，然後三十年後才檢視報酬，你得到的報酬可能會在這兩張圖上最低到最高報酬的任一位置。如你所見，這種狀況下是沒有負報酬的。

這項實驗的結果令人印象深刻。看到上面兩張圖的人說，他們不願意冒太多風險，所以他們選擇只把投資組合的 40% 投入 A 基金（高風險、高報酬），並把 60% 投入 B 基金。

看到下面兩張圖的人則說，他們更願意把 90% 的錢投資到 A 基金，也就是風險較高的基金。**這項實驗最有意思的地方是兩組圖表都是根據完全相同的基礎資料製作的**，這些資料來自債券與股票混合組成的真實投資組合。

請注意：**對於閱讀視覺化圖表的人而言，資料的視覺化呈現方式會對他們的生活有非常實際的影響。**

瞭解更多

- Bertin, Jacques. Semiology of Graphics. Redlands, CA: Esri Press, 2010. 貝爾汀是一位製圖師，他是現代視覺化的開創者。本書最初於 1967 年在法國出版，是他最有名的著作。

- Börner, Katy. Atlas of Knowledge: Anyone Can Map. Boston, MA: MIT Press, 2015. 博納是**印第安納大學伯明頓分校**（Indiana University Bloomington）的資訊科學教授，還寫了另外兩本關於視覺化的書，不過這本是我目前最喜歡的。本書收錄許多很棒的例子，並仔細討論了資料的編碼方式。

- Cleveland, William S. The Elements of Graphing Data. Monterey, CA: Wadsworth Advanced and Software, 1985. 這是視覺化的經典文獻。

- Few, Stephen. Show Me the Numbers: Designing Tables and Graphs to Enlighten. Oakland, CA: Analytics, 2004. 在關於商業分析統計圖表的書籍中，這是我最喜歡的作品。

- Meirelles, Isabel. Design for Information: An Introduction to the Histories, Theories, and Best Practices behind Effective Information Visualizations. Beverly, MA: Rockport, 2013. 這本美麗的書不僅探討計量視覺化或資料視覺化，也描述如何透過「結構式」方法來呈現任何類型的資料，所謂的「結構式」方法包括了階層式、關係式、時間式、空間式、空間－時間式及脈絡式方法。

- Steele, Julie, and Noah Iliinsky. Designing Data Visualizations. Sebastopol, CA: O' Reilly, 2011. 本書簡明扼要地介紹良好的視覺化實務。

第 6 章
用簡單圖表探索資料

圖表最大的價值，在於迫使我們
注意過去從未預期到的事物。

—— 約翰・圖基（John W. Tukey）——
《探索式資料分析》
（Exploratory Data Analysis）

知名統計學家約翰・圖基曾寫道，探索資料是一種「圖像式的偵探工作」[註1]。

圖基幾乎是憑著一己之力建立了資料分析的一整個分支，他稱之為**探索式資料分析**（exploratory data analysis, EDA）。他解釋，在以證據驗證想法之前，我們必須先搞清楚資料長什麼樣子，而這麼做最好的方法，不是只以數據彙整資料，而是以圖表呈現資料。

我不會自以為是，宣稱自己瞭解探索資料的所有方法，若你想要深入瞭解，可以參考每一章結尾的參考書單。我在這裡想做的，是讓你一窺資料探索的運作方式，讓你瞭解這是多麼有趣的一件事。如果你覺得統計學很無聊[註2]，這章的內容一定會讓你又驚又喜。

開始之前先給你一個建議：最好的學習方法就是實際演練。想一個你關心的主題，然後去找相關的資料。我自己對貧窮、不平等和教育程度很感興趣，所以會在接下來的篇幅裡探索與這些主題相關的資料集。你感興趣的主題可能會是體育、科學、環境、政治等等。政府機關、國際組織（聯合國、世界銀行、國際貨幣基金等等），甚至是私人公司的網站應該都很容易就能找到大量有用的資料。

大部分我使用的資料都能在我的網站上找到：http://www.thefunctionalart.com/。我在這裡討論的簡單計算，只要有堪用的軟體工具都能在幾分鐘之內完成，像是 LibreOffice 或 R（這兩個都是開源免費軟體）、Tableau、Microsoft Excel、Apple 的 Numbers、JMP 等等。我自己會用的有 R、Tableau 和 Adobe Illustrator。我的網站上也有影片教學，教你怎麼設計本書中的一些圖表。

註 1　圖基 1997 年的經典著作《探索式資料分析》就是以此開宗明義。

註 2　我大學時痛恨統計學。後來我才知道，這是因為某些老師習慣專注在統計方法較嚴肅的一面，而不解釋這些方法背後（更有趣）的邏輯。

常態與例外

以視覺方式探索資料的過程可以用一句話總述：尋找資料中潛藏的模式和趨勢，並觀察模式之外的偏差。無論是**常態**（norm），又稱**平滑**（smooth），還是例外，都有可能出現有趣的故事。

我們從一個簡單的資料集談起。**巴西教育部**（Brazilian Ministry of Education）每兩年都會公布 **Ideb**，一項衡量國內基礎教育品質的指標。根據納入基礎建設、師資訓練、學生考試等因素的公式，每所學校會分派到 0 到 10 分的 Ideb 分數[註 3]。

幾週前，一個無聊沉悶星期天，我下載了 2009 年的 Ideb 分數。為什麼選 2009 年呢？因為我在那年搬到巴西，一直住到 2012 年，所以我只是純粹感到好奇而已。下載的試算表（其中一部分如**圖 6.1**）總共有 19,387 列，除非你是《銀翼殺手》（Blade Runner）裡的人造人，單純用眼睛看是很難得出什麼結論的。

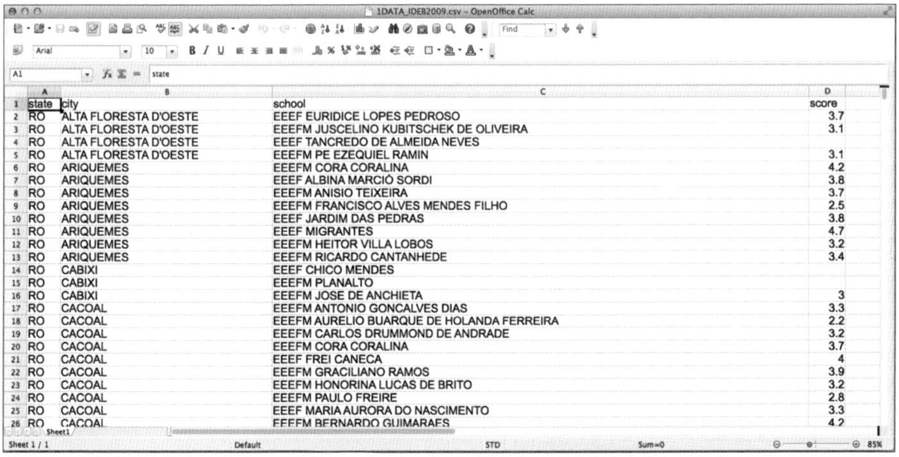

	A	B	C	D
1	state	city	school	score
2	RO	ALTA FLORESTA D'OESTE	EEEF EURIDICE LOPES PEDROSO	3.7
3	RO	ALTA FLORESTA D'OESTE	EEEFM JUSCELINO KUBITSCHEK DE OLIVEIRA	3.1
4	RO	ALTA FLORESTA D'OESTE	EEEF TANCREDO DE ALMEIDA NEVES	
5	RO	ALTA FLORESTA D'OESTE	EEEFM PE EZEQUIEL RAMIN	3.1
6	RO	ARIQUEMES	EEEFM CORA CORALINA	4.2
7	RO	ARIQUEMES	EEEF ALBINA MARCIÓ SORDI	3.8
8	RO	ARIQUEMES	EEEFM ANISIO TEIXEIRA	3.7
9	RO	ARIQUEMES	EEEFM FRANCISCO ALVES MENDES FILHO	2.5
10	RO	ARIQUEMES	EEEF JARDIM DAS PEDRAS	3.8
11	RO	ARIQUEMES	EEEF MIGRANTES	4.7
12	RO	ARIQUEMES	EEEFM HEITOR VILLA LOBOS	3.2
13	RO	ARIQUEMES	EEEFM RICARDO CANTANHEDE	3.4
14	RO	CABIXI	EEEF CHICO MENDES	
15	RO	CABIXI	EEEFM PLANALTO	
16	RO	CABIXI	EEEFM JOSE DE ANCHIETA	3
17	RO	CACOAL	EEEFM ANTONIO GONCALVES DIAS	3.3
18	RO	CACOAL	EEEFM AURELIO BUARQUE DE HOLANDA FERREIRA	2.2
19	RO	CACOAL	EEEFM CARLOS DRUMMOND DE ANDRADE	3.2
20	RO	CACOAL	EEEFM CORA CORALINA	3.7
21	RO	CACOAL	EEEF FREI CANECA	4
22	RO	CACOAL	EEEFM GRACILIANO RAMOS	3.9
23	RO	CACOAL	EEEFM HONORINA LUCAS DE BRITO	3.2
24	RO	CACOAL	EEEFM PAULO FREIRE	2.8
25	RO	CACOAL	EEEF MARIA AURORA DO NASCIMENTO	3.3
26	RO	CACOAL	EEEFM BERNARDO GUIMARAES	4.2

圖 6.1 我的資料集，準備訴說有趣的故事。

註 3 想深入瞭解Ideb可以上 http://portal.inep.gov.br/web/portal-ideb（不懂葡萄牙語可以使用Google翻譯）。

試算表的最後一欄記錄的是 Ideb 分數。以下我將會以**分佈**（distribution）這個詞指稱一整欄的數值。

　　現在資料有了，該從哪裡著手呢？

★ 眾數 (Mode)、中位數 (Median) 和平均數 (Mean)

　　我們可以透過計算**集中趨勢測量數**（measures of central tendency）得到見解，在探索式資料分析中，集中趨勢測量數有時又稱為分佈的**等級**（level），它們能讓你對資料的大小和中心點產生概念[註4]。

　　眾數（mode）是最簡單的集中趨勢測量數。眾數即為分佈中最常出現的值。假設 Ideb 分數如下：

　　　　1.2、1.4、1.8、2.1、2.1、2.4、2.7、3.6、3.8、
　　　　3.8、**4.0**、**4.0**、**4.0**、4.1、4.5、4.8、4.9、5.2、5.6

　　眾數即為以顏色標示的 4.0，也就是最常出現（共三次）的值。事實上，4.0 也是實際 Ideb 分數資料集的眾數。

　　只有單一眾數的分佈稱為**單峰分佈**（unimodal），也有可能有兩個或更多分數的出現次數一樣（或接近一樣）多，這樣的分佈就叫作**雙峰分佈**（bimodal）、**三峰分佈**（trimodal），或甚至**多峰分佈**（multimodal）。

註 4　在本節中，我採用的是**艾瑞克森**（B. H. Erikson）和**諾桑丘克**（T. A. Nosanchuk）1992 年的著作《瞭解資料》（Understanding Data）中的定義。

我們可以計算的第二個**統計量**（statistics）[註5] 是**中位數**（median）。中位數是將上述所有數值分為兩半的值，以剛才的分數舉例：

1.2、1.4、1.8、2.1、2.1、2.4、2.7、3.6、3.8、
3.8、4.0、4.0、4.0、4.1、4.5、4.8、4.9、5.2、5.6

上方總共有 19 個分數，因此中位數的上下應該要剛好有九個分數。在這個分佈中，3.8 剛好位在中間的位置，也就是我們的中位數[註6]。

平均數（mean）經常簡稱為「平均」，等於所有值的加總除以總個數。也就是說：

$$平均數 = \frac{所有值的總和}{值的總個數}$$

在描述一個分佈時，很容易就能計算出眾數、中位數和平均數。但如果你只能選其中一個進行報告，應該要選哪一個？這得看情況，你必須記得的是，平均數對極端值很敏感，中位數則相反，是**抗拒統計量**（resistant statistics）[註7]。

註5　針對術語簡短做個說明：統整或描述整個母體的數字通常稱為**參數**（parameter）。從母體抽樣並計算同一個數字稱為**統計量**（例如母體的平均數是一個參數，從母體抽樣出一些數字計算的平均數是一個統計量）。為讓行文保持簡潔，我在本章中一律使用統計量這個詞。

註6　這裡必須注意一點：巴西教育部並未計算所有分數的眾數、中位數或**平均數**（mean），他們先將學校分級，再計算個別的集中趨勢測量數。如果你去查 2009 年的資料，會發現本書和官方的統計量有所不同。若有任何疑慮之處，請以官方的數字為主。

註7　約翰・圖基倡導在探索性資料分析使用抗拒統計量。我會解釋抗拒統計量，例如中位數和分位數；和**非抗拒統計量**（non-resistant statistics），例如平均數和**標準差**（standard deviation），分別該如何使用。

要瞭解抗拒統計量的概念，請想像你在分析**北卡羅來納大學教堂山分校**（University of North Carolina at Chapel Hill）過去畢業生的起薪，你計算全體學生的平均數，發現地理系校友的平均年薪是驚人的 74 萬美元，這就耐人尋味了！

但如果你知道籃球選手**麥可・喬丹**（Michael Jordan）幾十年曾在北卡羅來納大學主修地理的話，這就一點也不令人意外了[註8]。他的起薪可能高達數百萬美元，而他的同儕可能只賺幾萬，這會使得平均數扭曲。麥可・喬丹的薪水是**離群值**（outlier），即相當偏離常態（分佈等級）的值，若我們不夠謹慎，離群值就會扭曲我們對於資料的理解。

假設以下是北卡羅來納大學教堂山分校所有地理系畢業生第一年的年薪（以 2015 年的美元價值計算）：

20,000 美元、22,000 美元、25,000 美元、
30,000 美元、32,000 美元、40,000 美元、5,000,000 美元

此數列的平均數是 **738,428** 美元。在此，將薪水分佈一分為二的中位數（**30,000** 美元）更能總結薪水的分佈情形。正如艾瑞克森和諾桑丘克在他們的著作《瞭解資料》中寫道的，在探索薪水和收入這類變數的時候，你不應該把焦點放在所有人平均賺多少錢，而是應該放在普通人賺多少錢，這兩者之間是有區別的。

我們會說中位數具抗拒性，是因為就算在數列的低端加上一個極低的值（例如年薪 10 美元），或是將麥可・喬丹的年薪增加到 1,000 億美元，中位數依然會維持不變，而平均數則會大受影響。

註 8 我於 2005 到 2009 年間在北卡羅來納大學教堂山分校任教，有人曾跟我說過類似的故事，但確切數字我不記得了。顯然有人曾經做過同樣的計算，搏學生和行政人員一笑。

　　比較之後發現中位數和平均數相差甚大是**偏態分佈**（skewed distribution）的第一個警訊。就我 Ideb 分數的例子而言，所有學校的中位數是 3.8，平均數是 3.78，兩者幾乎相同，平均數四捨五入後一樣也是3.8。

★ 加權平均數（Weighted Mean）

　　在繼續往下談以前，先讓我以例子說明，計算這些簡單的測量數時必須非常謹慎，以及很重要的事情是操作資料前要先瞭解資料。

　　我們假設 Ideb 不是由教育部的分支機構在權衡各項因素後分派給各學校的指標。

　　我們假設各學校的分數是該學校所有學生某場考試分數的平均數，如果想要知道全國的平均數，即平均數的平均數，又稱**總平均數**（grand mean），直接平均學校分數是存在風險的。

　　圖 6.2　比較四所規模不同的學校，可以由此看出原因。

　　學校 1 的規模最大（10 名學生），學校 4 規模最小（只有 3 名學生）。我們可以先得出各學校的平均數，然後再計算學校平均數，結果得到 4.01。

　　但如果我們計算所有學生的平均數（不管他們就讀哪間學校），結果會是 3.82。

　　為什麼會出現這樣的差別？學校 1 有很多學生，大多數學生考試成績都不好。先計算各學校的平均數，再計算所有學校的總平均數，而非計算所有學生的平均數，是給予小學校和大學校相同的權重。只有在所有學校學生數差不多時，計算總平均數（各學校平均數的平均數）才比較恰當。

	學校 1	學校 2	學校 3	學校 4
學生 1	3.6	5.4	2.3	4.6
學生 2	2.5	8.7	4.5	3.2
學生 3	4.5	5.6	2.3	5.5
學生 4	2.3	6.5	3.1	
學生 5	1.8	4.5	6.5	
學生 6	2.5	3.2		
學生 7	2.8	1.6		
學生 8	2.8			
學生 9	2.4			
學生 10	2.7			
各學校平均	2.79	5.07	3.74	4.43
學校總平均	4.01			
學生總平均	3.82			

圖 6.2 平均不同規模族群的平均數通常不會是個好主意。

要是我們無法取得包含上百萬名學生考試成績的完整資料集的話,那該怎麼辦呢?在這種情況下,我們必須將學校規模納入考量,計算**加權平均數**(weighted mean)。以下是加權平均數的公式:

$$加權平均數 = \frac{學校1人數 \times 學校1平均數 + 學校2人數 \times 學校2平均數 + \cdots}{學校\ 1\ 人數 + 學校2人數 \cdots}$$

下次你必須計算不同規模族群(不管是學校、城市、郡縣、州、國家等等)的平均分數時,請記得這條公式。此外,要留意想要說謊的人會用的各種招數之一,便是統計學。

★ 全距（Range）

在探索資料時，計算中位數、平均數和眾數是一個很好的出發點，有時光靠這三個統計量就能引導出有趣的故事，但在多數情況下是不夠的。

如果只仰賴集中趨勢測量數統整資料，就會面臨一項挑戰：那就是無法得知資料集裡大多數的值是靠近集中趨勢測量數還是廣為分散，而這項資訊至關重要。

就 Ideb 的例子而言，我們可以先看最高和最低的分數。最大值和最小值之間的差距稱為**全距**（range）。如**圖 6.3** 所示，我們目前為止提到的統計量也都在上面，除此之外，還有巴西政府希望未來大部分學校能達到的最低目標分數：6.0。

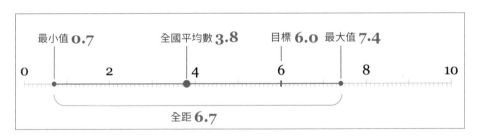

圖 6.3 分佈的中心和散佈情形。

我們知道有些學校表現很糟糕（只有 0.7 分！），有些很優秀，但實際上有多少糟糕和優秀的學校？有多少學校位於全國平均數附近？有多少學校接近 6.0 的目標，甚至是超越了目標？

要回答這些問題，我們必須進一步檢視手中的資料。讓我們繪製一張圖，顯示取得好分數和壞分數的學校分別有多少，也呈現分佈的形狀，這種圖稱為**直方圖**（histogram）（**圖 6.4**）。直方圖將數值整理成**組**（bin）。在圖 6.4 中，各**組距**（bin range）為 0.1 分。

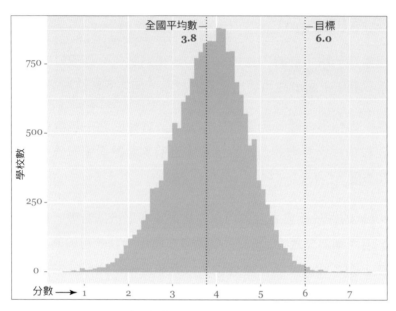

圖 6.4 將近兩萬所學校的 Ideb 分數直方圖。

　　直方圖中，每個長條的高度對應的是每個組內的紀錄或數量（在此是學校數量）。直方圖的用意是顯示一個資料集裡各個值（或各組值）出現的頻率。長條高度越高，代表組內彙總的值出現頻率越高。

　　在進行探索性分析時，建議不要只設計一張直方圖，而是要設計多張組距大小不同的圖，如此一來，就能更瞭解分佈的相對密度。**圖 6.5** 中可以看到多張組距大小不同的直方圖。

　　直方圖可以凸顯可能被我們忽略的資料特徵。首先，可以看到大多數學校都很接近全國平均數，只有一小部分學校超過了 6.0 的目標分數。這個分佈幾乎是對稱的，非常接近**常態分佈**（normal distribution，稍後會再詳談）。

分佈也有可能不對稱，舉例來說，收入等級通常不會呈現常態分佈，而是呈現高度偏態分佈，絕大多數人都處於曲線的低端，只有少數個人或家庭位在長尾的最右邊（**圖 6.6**）。分佈的偏態情形很可能值得進一步探究[註9]。

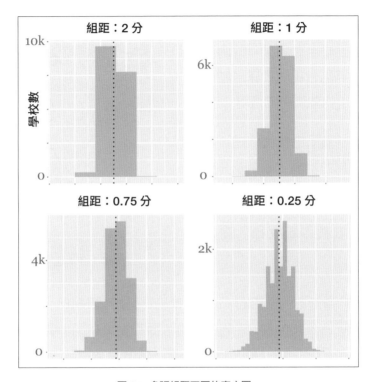

圖 6.5 多張組距不同的直方圖。

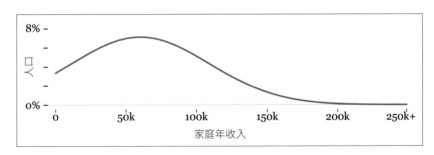

圖 6.6 根據虛構資料得出的平滑直方圖：X 軸代表家庭收入，Y 軸代表家庭百分比。

註 9 統計學家對資料的形狀有許多稱呼，舉例來說，分佈的高峰處稱為**峰態**（kurtosis），不知道為什麼，我一直覺得這個英文字很像古希臘英雄的名字。

★ 用全距找點樂子

要找出有趣的故事，有時我們必須重複以不同的方式繪製相同的資料。我們已經學會了一些資料探索的重要術語，現在讓我們稍微休息，找找樂子。就讓我們為巴西的 27 州各自繪製一張呈現全距和頻率的圖表，看看這些圖表能告訴我們訊息吧。許多軟體工具很快就能完成這項工作。

如果你不熟悉**巴西**的地理，我設計了一張實用的地圖，顯示劃分全國的 27 個州和五大區域（**圖 6.7**）。

現在讓我們捲起衣袖，開始幹活吧。

圖 6.7 巴西地圖。北區和東北區的州比南區和東南區的州貧窮得多。

我們從非常簡單的**全距圖**（range chart）開始（**圖 6.8**），這張圖將原始的分佈按照巴西各州分成 27 個小分佈，而且將位在同一區域的州排在一起。每條垂直線都顯示各個小分佈的最高、最低和平均數。

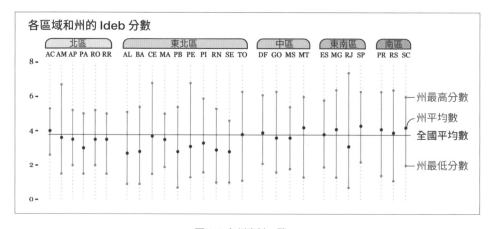

圖 6.8 各州資料一覽。

　　我立刻就能寫下潛在故事和資訊圖表的點子。可以看出貧窮的州（北區和東北區）和富裕的州（東南區和南區）之間有很顯著的差異。

　　要是我們聚焦某些州，就能發現一些驚人的事實。舉例來說，**里約熱內盧州**（Rio de Janeiro, RJ）是怎麼一回事？它的全距是全國最大的：這裡有全國最差的學校，也有全國最好的學校。教育專家可以告訴你，里約熱內盧州學校系統的不公平程度遠超過巴西其他地區，而我們手上的資料就是證據。我們還能更進一步。任何視覺化圖表所隱藏的資訊，都和它呈現的資訊一樣多。這張全距圖也不例外，我們從中得不到任何細節，只有 27 個分布的粗糙概覽。要對資料有透徹的瞭解，我們可以進一步探究細節。

　　如果我們把將近兩萬所學校的分數全部繪製在同一張圖表上，結果會是一張**細條圖**（strip chart）（**圖 6.9**）。我知道看起來很酷，但不必誇獎我，都是我使用的軟體 R 的功勞。電腦只需要一行程式碼和十秒鐘的運算時間就能產出這張圖，我只是用 Adobe Illustrator 稍微修飾一下而已。

　　我將各州按照英文字母排序，因為我想聚焦個別的案例。以不同的方式組織各州（按照英文字母、區域、平均數最高到最低等等）能帶給我們更多洞見、更多可以用來詢問資料集的問題，這些洞見和問題在經過驗證後，就能告訴我們更多潛在的故事。

　　圖表中的黑點代表我標示出來準備進行額外報告的學校，也許我可以派人去訪問校長，或是詢問教育部，為什麼里約熱內盧州量尺頂端的那所學校表現得這麼好？而底部那幾所學校出了什麼問題？

　　這是如果我只對里約熱內盧州感興趣的狀況。如果我是**塞阿拉州**（Ceará，CE）的居民，我可以將圖表放大，分析其中的離群值，其中有一些離群值顯而易見。細條圖很適合用來比較分布中的極端學校和常態，也就是靠近全國或州平均數的學校。

直方圖、**棒棒糖圖**（lollipop chart）和細條圖這三種視覺化方式，能以**不同程度的細節**呈現同一分佈的散佈情形和形狀。這麼做通常是最好的策略：進行探索工作時，**視覺化設計師永遠不該仰賴單一的統計量、圖表或地圖。**

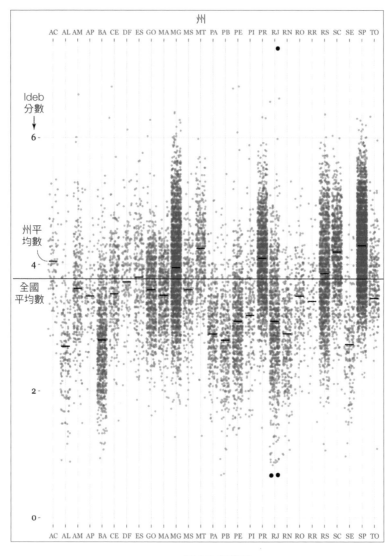

圖 6.9 細條圖。

所以我在**圖 6.10** 繪製了各州的直方圖和**小提琴圖**（violin plot，又稱**豆形圖**（bean plot））。如果我們的目標不是將每一所學校視覺化，而是清楚瞭解頻率的話，這兩張圖表會比細條圖更派得上用場。

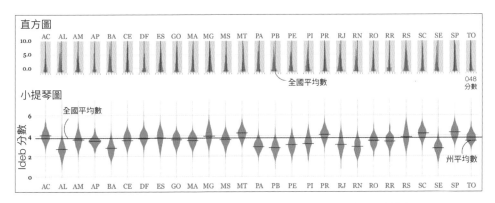

圖 6.10 兩種將分佈視覺化的方法：直方圖和小提琴圖。小提琴圖就像把直方圖旋轉九十度，然後讓兩邊對稱，色塊越寬代表數量越多。

哪一種圖表比較好？其實圖表沒有優劣之分，一切取決於我們的目標為何。舉例來說，如果我要以視覺呈現各州高於或低於全國平均數的學校數量，我會選擇使用直方圖，只是尺寸必須放大很多。但我認為小提琴圖很適合用來提供概觀（而且很美觀！），較平等的州的分佈中段會比較寬，因為許多學校集中在州平均數附近，而比較不平等的州會有較窄的分佈，因為中間的學校較少，極端的學校較多。

最後，我純粹出於好奇使用 R 繪製了第二張細條圖，包括巴西所有城市中的每一間學校。這張圖完全無法解讀，但看起來非常奇特（**圖 6.11**）。如果只包括幾座城市，並比較這些城市和所屬的州平均數或全國平均數，這張圖會實用許多。但在這一片混亂中，我還是注意到一些有趣的事實，因此我在圖表上做了筆記，作為提醒。也許這些事實值得進一步探究，誰知道呢？

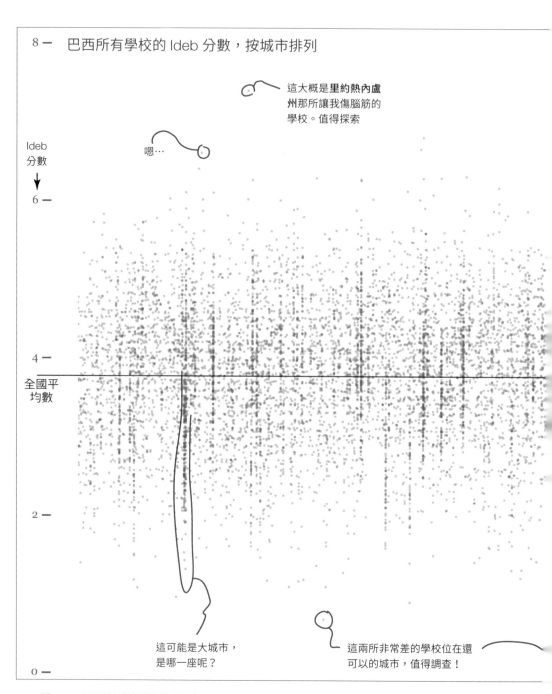

圖 6.11　**巴西**所有學校的細條圖。每一點都代表一所學校，由點排列成的直行代表一座城市。
我模仿進行真正研究計劃時做的筆記，就是記下資料中看起來值得探究的事情。

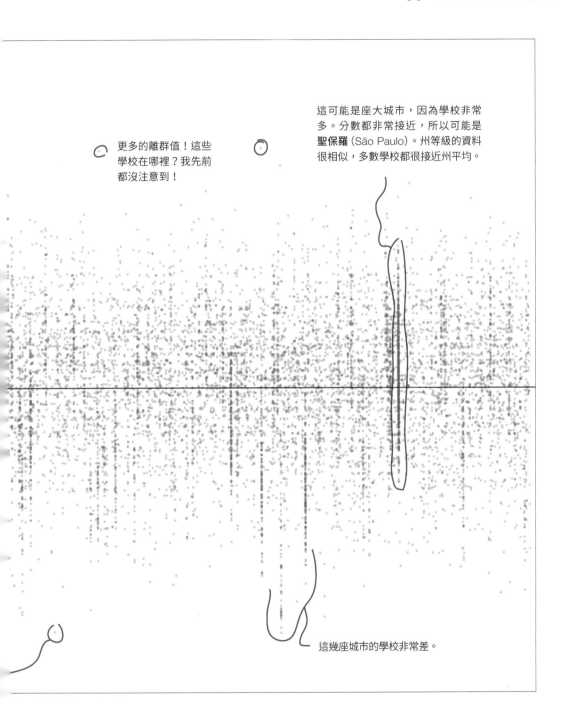

更多的離群值！這些
學校在哪裡？我先前
都沒注意到！

這可能是座大城市，因為學校非常
多。分數都非常接近，所以可能是
聖保羅（São Paulo）。州等級的資料
很相似，多數學校都很接近州平均。

這幾座城市的學校非常差。

瞭解更多

- Caldwell, Sally. Statistics Unplugged, 4th ed. New York, NY: Cengage Learning, 2013. 如果只能推薦一本統計學導論書籍，就是這一本了。

- Hartwig, Frederick, and Brian E. Dearing. Exploratory Data Analysis. Newbury Park, CA: SAGE Publications, 1979. 這本書簡短介紹了約翰・圖基偏好的方法。

- Wheelan, Charles. Naked Statistics: Stripping the Dread from the Data. New York, NY: W. W. Norton & Company, 2013. 這本書以輕鬆的方式概述統計學的核心原則。

第 7 章
分佈的視覺化

我不能宣稱自己比其他 65 個人聰明──
但我絕對比其他 65 個人的平均聰明！

── 理查・費曼（Richard P. Feynman）──
《別鬧了，費曼先生：科學頑童的故事》
（Surely You're Joking, Mr. Feynman!:
Adventures of a Curious Character）

在根據資料做決策的故事中，我最喜歡的幾個故事都透露出人類處境的趣味之處。**克里斯汀・魯德**（Christian Rudder）是約會網站 **OKCupid** 的創始人之一，也是《我們是誰？大數據下的人類行為觀察》（Dataclysm: Who We Are（When We Think No One's Looking）） 的作者，他就有不少這樣的故事。

在 OKCupid 上建立個人簡介時，需要填寫一些問卷調查來給予網站線索，讓網站找到你可能最有興趣與之約會的人。根據你的答案，OKCupid 很快就會開始傳給你建議人選。OKCupid 的資料分析人員透過分析你的瀏覽模式（觀看照片、點擊照片、花一些時間閱讀個人簡介），就能估測網站用戶的偏好。在**圖 7.1**，我放了我覺得魯德書中最有趣的兩張圖。

第一張圖顯示女性年齡相對於她們覺得最有魅力的男性平均年齡。20 歲的女性喜歡 23 歲的男性，30 歲的女性喜歡與她們同齡的男性，40 歲的女性喜歡 38 歲的男性。對角線是年齡均等線。

第二張圖顯示，所有年齡的男性始終如一地覺得二十歲出頭的女性很有魅力。這件事並不是那麼令人訝異，對吧？我猜我們都已經知道，即使大多數男性最終是跟年齡相近的女性約會和結婚，但他們都喜歡年輕女性的長相[註1]。現在你有資料來證明這種預感了。

我喜歡在課堂上展示魯德的優美圖表，我的學生通常都會很興奮。他們說，這些圖表真的很有說服力，也很清晰。但我回答，它們也很危險。正如我們在前一章看到的，單一一個統計量，眾數、平均數、中位數等等，可能不是正確代表整個資料集的模型。魯德在他的書中也承認這個問題，並解釋他的資料帶有的限制。

註 1　如果直接詢問，男性與女性都會說他們想要跟年齡相近的人約會。

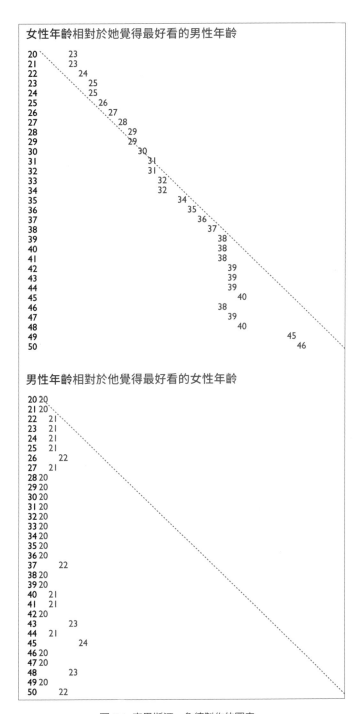

圖 7.1 克里斯汀‧魯德製作的圖表。

我希望記者和設計師也像他那麼謹慎。你有多少次讀到新聞報導只報導平均值，完全沒提範圍、分佈、頻率或離群值？有時只提一個簡單的平均值或許是恰當的，但這種事並不常發生。大多數跟我同齡（40 歲）的男性覺得最好看的女性年齡是 21 歲。現在，請想像我們給讀者看的不只是那個數據而已，而是在一張直方圖上標出所有 40 歲男性的所有偏好。

　　我設計了五張假想的直方圖（**圖 7.2**），它們都有相同的眾數：21。每個紅色小方塊代表 1% 的 40 歲男性，所以每張圖上都有 100 個方塊。請你問問自己，在哪種狀況下，你會只報導一個平均值。

　　我會說，只有在第一種狀況才適合這麼做（而且我還是會有疑慮），因為所有分數都集中在眾數周圍，位於分佈上數值較低的那端，而且分佈範圍相對狹窄。其他分佈會強迫你不僅向讀者展示平均值，還會展示分佈背後的相關細節。

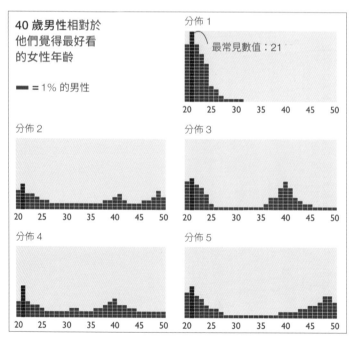

圖 7.2 40 歲男性的偏好資料所顯示的五種可能（且假想）的分佈。
所有分佈都有相同的眾數：21。

舉例來說，在分佈 3 和 4 上，不少 40 歲男性喜歡與他們同齡的女性。在分佈 5 上，許多 40 歲男性發現比他們年長的女性很有魅力。

這個例子再次證明了為什麼我們每次都應該要設計資料的視覺化圖表。為了幫這些圖表做補充，我們也可以計算一些數字，來呈現資料分散的情形。我們會在本章學到兩種方法：第一種是**標準差**（standard deviation），第二種是常用於探索式資料分析的**百分位數**（percentile）。

變異數（Variance）與標準差（Standard Deviation）

任何資料分析軟體都能為你計算標準差，計算速度比青蛙用舌頭攻擊蒼蠅還快，但你應該要知道這個統計量是從哪來的。因此，讓我們來看看幾個簡單的公式吧。

要計算標準差，我們首先必須找到**變異數**（variance），這是一種在**確認試驗**（confirmatory test）中相當有用的統計量 [註2]。**圖 7.3** 顯示了變異數的計算公式，並附上一些說明來解釋公式的組成。

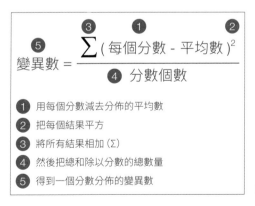

圖 7.3 如何計算變異數。

註 2　你可能聽過 **ANOVA**，意思就是**變異數分析**（analysis of variance）。這項試驗適合分析幾組分數（比如幾間學校的考試成績）的平均數之間的差異是否足夠明顯。

要計算變異數，首先你需要有分佈的**平均數** (mean)。請記住，將所有分數或數值相加，然後把總和除以分數數量，就會得出平均數。只要你有了平均數，你就能列出所有分數，用每個分數減去平均數得到差值，並把每個差值平方，接著把所有結果加起來。

然後，將這個總和除以分數的總數量。

這裡有兩個重點要注意：第一，為什麼公式裡有需要平方的部分？理由是有分數／數值比平均數小，所以你把兩者相減時，有些結果會是負數。如果你不先將它們平方就把所有相減的結果加總，負值會抵消正值，最後的總和就會是零。如果你不相信我，請看**圖 7.4** 的小型資料集，並比較與平均數相減之後的未平方差值及平方差值 (這裡的差值指每個分數減去平均數的值)。

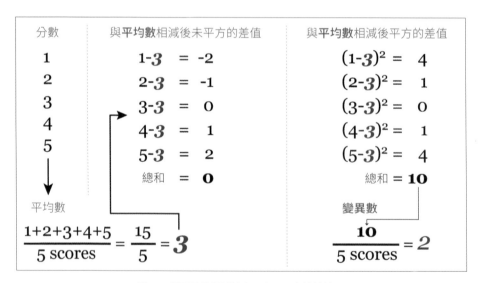

圖 7.4 與平均數相減後未平方及平方的差值。

第二：在公式的結尾，我們會除以分數數量。不過，大多數統計學和資料分析的書籍都建議，最好只有在計算一個母體的變異數時才這麼做。如果你分析的是來自母體的一個樣本，這些書籍建議應該除以分數數量減一。

為什麼要減一？答案有點複雜，所以我直接給你一個簡短的答案：這是為了消除可能的失真而做的修正。你在處理略小的樣本時，如果你只是把平方差的總和除以樣本的數量，變異數可能會與**母體** (population) 的實際變異數有很大的不同。若是把平方差的總和除以樣本數減 1，會得出一個可能更接近母體變異數的變異數，而我們的**樣本** (sample) 就是想要呈現出母體的狀況。好了，就講到這裡吧。

既然我們知道如何計算變異數了，標準差就會像一加一那麼簡單。以下是標準差的公式：

標準差 = 變異數的平方根

這個公式的完整版在**圖 7.5**。如果你把它跟圖 7.3 比較，會發現唯一增加的就是那個平方根符號。現在，讓我們來瞭解標準差的用途吧。

$$標準差 = \sqrt{\frac{\sum(每個分數 - 平均數)^2}{分數個數}}$$

圖 7.5 如何計算母體標準差或母體中某一樣本的標準差。

★ 標準差與標準分數 (Standard Score)

假設你在研究一間公司的資訊科技職員拿到的總年薪，這間公司在美國和奈及利亞兩國營運，每個國家分別有 100 名資訊科技員工。**圖 7.6** 顯示我們資料集的前幾行，對應的是最高薪。

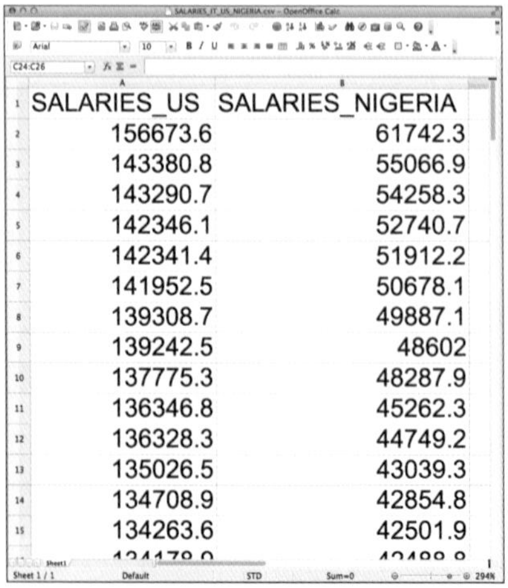

SALARIES_US	SALARIES_NIGERIA
156673.6	61742.3
143380.8	55066.9
143290.7	54258.3
142346.1	52740.7
142341.4	51912.2
141952.5	50678.1
139308.7	49887.1
139242.5	48602
137775.3	48287.9
136346.8	45262.3
136328.3	44749.2
135026.5	43039.3
134708.9	42854.8
134263.6	42501.9

圖 7.6 如有需要，請到 www.thefunction-alart.com 查看完整資料集。

我們想要根據這些分佈進行一些比較。舉例來說，我們可能希望大致瞭解哪個國家的薪資更加平等或更不平等，或者兩國薪資互相比較的結果。首先，我們來計算平均數和標準差。我不會用之前解釋的公式，而是讓軟體為我做這些計算工作：

美國薪資，平均數：**122,400**；標準差：**10,746**

奈及利亞薪資，平均數：**29,170**；標準差：**12,589**

在美國，標準差大約是平均薪資的 8.8%（10,746 除以 122,400 大約等於 0.088，也就是 8.8%）。在奈及利亞，標準差居然高達平均薪資的 43.2%！這個結果可能暗示美國的薪資具有合理範圍，而奈及利亞的薪資大幅偏離平均數。我們先把這點記下來，繼續研究。

請看**圖 7.7** 的直方圖。我為每個分佈設計兩張圖，並改變組距，以免被任何一張圖表誤導。我也在圖上加了**密度曲線**（density curve）。軟體可以為你計算密度曲線，這種曲線在分佈非常雜亂時可能有助於看出模式。

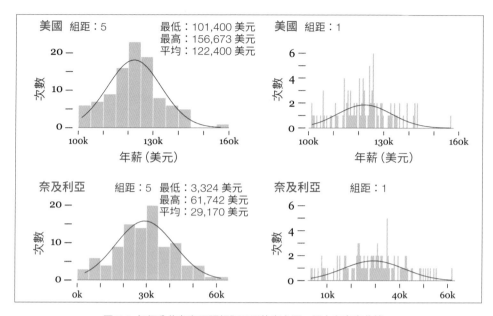

圖 7.7 每個分佈各有兩張組距不同的直方圖,圖中有密度曲線。

接著,假設我們想知道美國與奈及利亞薪資之間的對等為何。如果一名資訊科技員工在美國一年賺 125,335 美元,在奈及利亞的對等薪資會是多少?

當我們在討論某個特定分數處於分佈中的哪個位置,以及它跟其他分數的比較結果時,我們可以把它換算成**標準分數**(standard score),又稱 **z 分數**(z-score)。標準分數是用來顯示原始分數距離平均數多遠,單位是以幾個標準差來計算的。

為了讓你更瞭解這個概念,我在我們的**直方圖**(histogram)上標出標準差(**圖 7.8**)。美國的最高薪資(156,673 美元)離平均數多遠?差不多是 3.2 個標準差。這個數字就是該薪資的標準分數。那最低薪資 101,400 美元呢?它離平均數大約 -2.0 個標準差,那就是對應到該原始分數的標準分數。

你有注意到奈及利亞薪資分佈中有什麼有趣的事嗎？最低薪 3,324 美元在離平均數 -2.0 個標準差略低的位置，就跟美國的狀況類似。那奈及利亞的最高薪 61,742 美元呢？它離平均數 2.6 個標準差。另一方面，美國的最高薪 (156,673 美元) 則是在其分佈上離平均數 3.2 個標準差。

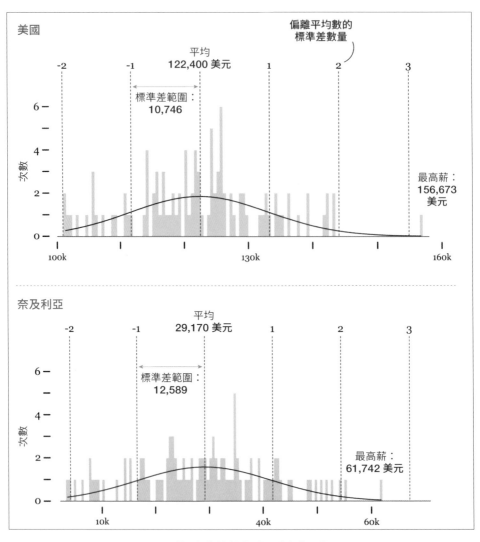

圖 7.8 使用標準差來測量與平均數的距離。

　　這是否代表我們突然就證明美國薪資比奈及利亞薪資更不平等呢？別這麼快下結論，請再讀一次這些圖表。在美國的分佈中，如果我們忽略最高薪（它是罕見狀況），那麼其他薪資都坐落在離平均數 2 個及 -2 個標準差之間。而在奈及利亞的分佈中，有三個數值超過 -2 個標準差與 2 個標準差的範圍：一個最低薪和兩個最高薪。

　　這讓我們再度學了一課：永遠不要只信任一個統計量，每次都要把你的資料繪製成圖。

　　讓我們回到標準分數吧。以下是計算標準分數的方法：

$$標準分數 (z 分數) = \frac{原始分數 - 平均數}{標準差}$$

　　我們來把這道公式應用在某些美國薪資上。請記得，平均數是 122,400 美元，標準差是 10,746 美元：

156,673 美元 -> z 分數 = (156,673-122,400)/10,746 = **3.2**
（我做了四捨五入）

125,335 美元 -> z 分數 = (125,335-122,400)/10,746 = **0.3**

101,400 美元 -> z 分數 = (101,400-122,400)/10,746 = **-2.0**

現在換成奈及利亞，平均數是 29,170 美元，標準差是 12,589 美元：

61,742 美元 -> z 分數 = ($61,742-29,170)/12,589 = **2.6**

31,074 美元 -> z 分數 = ($31,074-29,170)/12,589 = **0.2**

4,879 美元 -> z 分數 = ($4,879-29,170)/12,589 = **-1.9**

回到我之前提出的問題：如果一名資訊科技員工在美國賺 125,335 美元，類似職位的人在奈及利亞會賺多少？我們知道 125,335 美元的 z 分數是 0.3（見前文），奈及利亞的多少薪資具有 0.3 的 z 分數呢？

要知道答案，我們需要反轉之前的公式。

$$標準分數 (z 分數) = \frac{原始分數 - 平均數}{標準差}$$

$$\Rightarrow 原始分數 = 標準分數 (z 分數) \times 標準差 + 平均數$$

因此：

$$原始分數 = (0.3 \times 12,589) + 29,170 = 32,947 美元$$

在這些分佈為**常態分佈**（normal distribution，我很快會進一步討論這個），比較不同分佈時，標準分數就能派上用場。假設你是一名學生，已經考完兩場期末考，分數範圍是從 0 到 100 分。你在數學考試拿了 68 分，在英文考試達到 83 分。

你可以說你在英文的表現比在數學好嗎？不可以。要確認這件事，你需要同學的分數來計算兩場考試的平均數和標準差。假如數學考試的平均分是 59，英文考試的平均分是 79，而標準差在數學考試是 5，在英文考試是 7，那麼：

你在數學考試的分數：**68** -> z 分數 = (68-59)/5 = **1.8**

你在英文考試的分數：**83** -> z 分數 = (68-59)/5 = **0.6**

所以你在數學考試的表現比較好，因為你的分數是平均數之上的 1.8 個標準差！

用標準分數一詞指稱 z 分數或許有點誤導人，因為這暗示了 z 分數是唯一一種標準化原始分數的方法。**事實上，你為一個變數或因子來控制另一個變數時，你也在標準化原始變數。畢竟，「標準化」一詞的意思就是「與一項標準比較」。**

我在前面某一章曾比較兩座城市的汽機車輛死亡率，這兩座城市人口懸殊，分別是**伊利諾州**（Illinois）的**芝加哥**（Chicago）和**內布拉斯加州**（Nebraska）的**林肯**（Lincoln）。你絕對不能只比較總車禍數，也需要比較比率，亦即標準化的分數，比如每十萬輛車的死亡人數。同樣地，你在分析數年來的薪資或產品價格時，也必須根據通貨膨脹來調整。這種調整就是標準化的一種形式。

我們能以不同方式把分數標準化，來探索美國與奈及利亞的資訊科技員工薪資資料集。舉例來說，我們知道美國總部的最低薪是 101,400 美元，而奈及利亞的最低薪是 3,324 美元，兩者都離各自分佈的平均數大約 -2.0 個標準差。但這無法告訴我們，相較於兩國人口的收入，這些薪資有多高或多低。

我們可以嘗試把所有薪資表示為國內平均薪資的函數，或是每人**國民所得毛額**（gross national income, GNI）的函數。2013 年的每人國民所得毛額在美國是 54,470 美元，在奈及利亞是 2,710 元。我們可以進行下列計算：

公司裡每名資訊科技員工的薪資 / 該員工國家的每人國民所得毛額

因此，在美國：

資訊科技員工的最低薪：101,400 美元 /54,470 美元 = **1.9 倍**的美國每人國民所得毛額。

最高薪：156,673 美元 /54,470 美元 = **2.9 倍**的美國每人國民所得毛額。

而在奈及利亞：

資訊科技員工的最低薪：3,324 美元 /2,710 美元 = **1.2 倍**的奈及利亞每人國民所得毛額。

最高薪：61,742 美元 /2,710 美元 = **22.8 倍**的奈及利亞每人國民所得毛額。

接著我們可以重新製作直方圖（**圖 7.9**）。你讀了直方圖之後，再問問自己：相對而言，哪裡的資訊科技員工確實獲得比較好的薪資。

★ 用次數圖呈現故事

看了一堆數學後，讓我們喘口氣吧。**次數圖**（frequency chart）的用途不僅能探索資料的形狀，也能把資料形狀展示給讀者。此外，直方圖並不是唯一一種你能使用的次數圖表類型。

以**圖 7.10** 為例，這是《華盛頓郵報》製作的總統認可度圖表。色調愈深，就代表該總統在**蓋洛普民意調查**（Gallup poll）的某一認可度評分愈普遍。

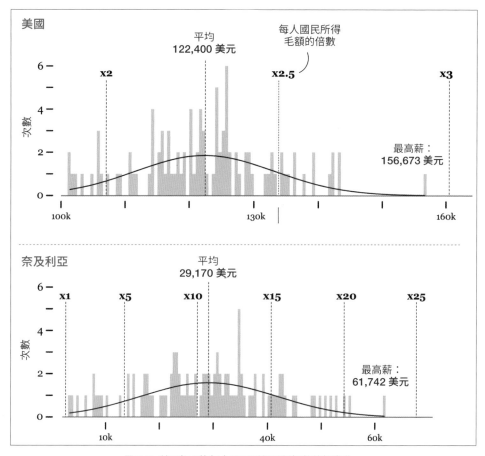

圖 7.9 利用各國的每人國民所得毛額把數值標準化。

下圖這張精美的小圖表顯示，**歐巴馬**（Obama）及**柯林頓**（Clinton）等總統的認可度評分範圍相當狹窄，尤其是與**小布希**（George W. Bush）和**老布希**（George H. W. Bush）比較的時候。不過，歐巴馬的認可度評分傾向於集中在範圍的較下端，而柯林頓的認可度評分則略為接近較上端。

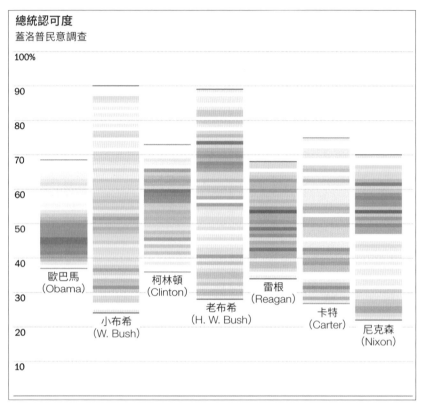

圖 7.10 《華盛頓郵報》製作的圖表，請見 https://www.washingtonpost.com/ news/the-fix/wp/2015/01/02/barack-obamas-presidency-has- been-remarkably-steady-at-least-in-his-approval-rating/。

　　圖 **7.11** 來自西班牙的新聞網站《西班牙報》(El Español)，該網站在 2015 年總統大選之前開始運作，所以剛開始的大部分報導都與那次大選 有關。每張直方圖都在比較兩種意識形態，一種是打算投給各政黨的選民 意識形態，另一種是全體西班牙人民的意識形態。這些直方圖的資料來自 **西班牙社會學研究中心** (Centro de Investigaciones Sociológicas) 的政府 組織。

　　宣稱自己投給**人民黨**（Partido Popular, PP）的公民往往傾向右派，而**我們可以黨**（Podemos）和**左翼聯盟**（Izquierda Unida, IU）的支持者是最左派的，**公民黨**（Ciudadanos）的支持者則大多是中間派。

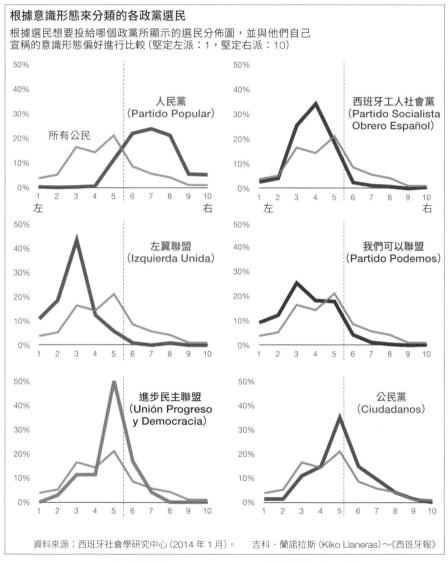

圖 7.11　**吉科・蘭諾拉斯**（Kiko Llaneras）為《西班牙報》製作的圖表，https://www.elespanol.com/elecciones/elecciones-generales/20151215/86991343_0.html。

除了直方圖之外，《西班牙報》的吉科・蘭諾拉斯也設計了顯示不同分佈的垂直向圖表（**圖 7.12**）。在這系列圖表中，調查人員不是請潛在選民在從 0（堅定左派）到 10（堅定右派）的量尺上為自己定位，而是請他們選擇較能定義自身意識形態立場的標籤，共產主義派、保守主義派、生態主義派等等（請注意：在歐洲，「自由派人士」指的是中間右派的人，通常在文化議題上屬於改革派，但在經濟議題上屬於保守派。）

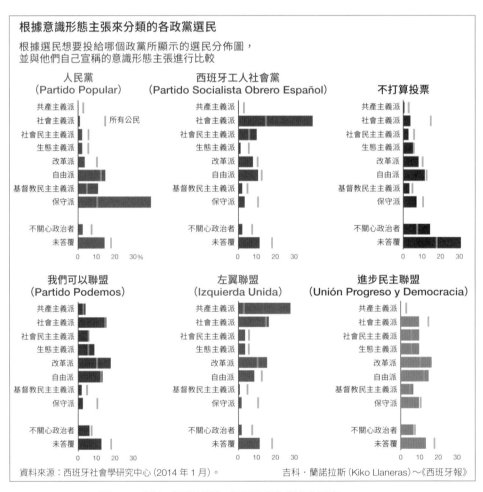

圖 7.12 吉科・蘭諾拉斯為《西班牙報》製作的圖表，
https://www.elespanol.com/elecciones/elecciones-
generales/20151215/86991343_0.html。

　　探索與呈現資料時，可能需要多種圖表形式同時顯示在螢幕上。2013年，烏克蘭的 Texty.org.ua 發表了一張互動式視覺化圖表，顯示大都市裡的學生表現（**圖 7.13**）。每間學校的**成績評分積點**（grade point average, GPA）分數顯示在**細條圖**（strip chart）以及六角格地圖上，下拉式選單讓讀者能選擇科目，比如數學、英文等等。這張圖有一項協助探索的重要特色，就是圖表和地圖是連結在一起的：當你停留在某個六角格上，該區的學校就會在細條圖上凸顯出來。

　　最後，請看**圖 7.14** 的一系列直方圖和**網絡圖**（network diagram）。這些圖表把成對國會代表的合作模式視覺化，顯示出美國在 1949 年到 2011年之間日益擴大的黨派分歧。這些圖表背後的數學需要一些說明，但我認為它們清楚顯示，自 1949 年起，黨內合作已經變得遠遠比跨黨合作更加普遍[註3]。

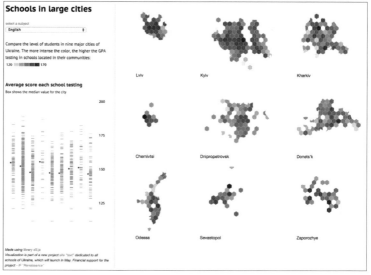

圖 7.13 Texty.org.ua 製作的圖表；見 http://texty.org.ua/mod/datavis/apps/schools2013/。如果你不懂烏克蘭語，就用翻譯工具吧，我就是這麼做的！

註 3　請閱讀這篇論文：Andris C, Lee D, Hamilton MJ, Martino M, Gunning CE, et al. (2015) The Rise of Partisanship and Super-Cooperators in the U.S. House of Representatives. PLOS ONE 10(4): e0123507. https://doi.org/10.1371/journal.pone.0123507。

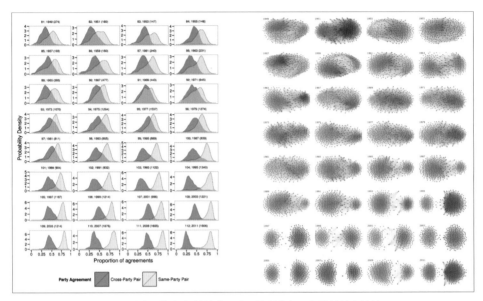

圖 7.14 想知道如何解讀這些圖表，請見註解 3 提供的論文連結。

★ 標準化分數是如何誤導我們

稱讚了各式各樣的標準化分數之後，讓我告訴你一個神秘事件：如果你得到一組美國罹癌率的資料集，你可能會發現鄉下、人煙稀少的郡有最低的數字。

如果你跟大多數我認識的記者（也包括我）一樣，你會很快開始猜測原因：這一定跟環境因素有關，例如無汙染、大量運動、以自家種植蔬菜和無抗生素肉類為基礎的健康飲食。這會成為一則很棒的報導！我們趕快寫下來！我甚至可以建議一條標題：「想要防癌？搬去**愛達荷州**（Idaho）的**克拉克郡**（Clark）（人口：867 人）吧！」[註4]

註 4　我是從這張清單中選擇該郡的：http://tinyurl.com/jru6xjw。

抱歉，我要來潑冷水了，但我建議我們先把所有資料繪製成圖。**圖 7.15** 的地圖顯示出擁有最低與最高腎臟癌死亡率的郡。最高死亡率的郡具有什麼樣的主要特徵呢？它們同樣也在鄉下，而且人煙稀少。這下糟了。

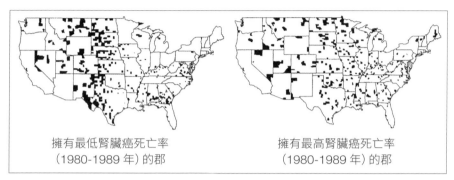

擁有最低腎臟癌死亡率　　　　　擁有最高腎臟癌死亡率
（1980-1989 年）的郡　　　　　（1980-1989 年）的郡

圖 7.15 黛博拉‧諾蘭 (Deborah Nolan) 和安德魯‧格爾曼 (Andrew Gelman)
製作的地圖。請見本章最後的「瞭解更多」。

到底是怎麼回事呢？人口年齡是否可能與這種現象有關？那可能是一項潛在因素。假設你要比較**加州** (California) 的 2 個郡**聖塔克拉拉** (Santa Clara) 與**拉古納伍茲** (Laguna Woods) 的罹癌死亡率，聖塔克拉拉是**矽谷** (Silicon Valley) 所在地，有大量年輕人，而拉古納伍茲超過半數的人口大於 65 歲，那麼後者的癌症病例比前者多，也不會令人意外了（我還沒確認這些數據）。

不過，這裡的問題並不是年齡，我們的數據事先已經按年齡調整過了。這裡的問題其實是人口大小，它將會粉碎我精心設計的標題。請時刻牢記於心：**比起根據大型母體所做的估計，根據小型母體（或樣本）所做的估計往往會顯示出更多變異**，極端分數的比例會比接近平均數的數量更多（編註：稍後會有範例說明）。

這是在機率作用下出現的一項不幸的結果，你可以在**圖 7.16** 看到這種結果。X 軸是人口，以對數刻度顯示；每個刻度代表比前一個刻度大 10 倍的數值。Y 軸是按年齡調整過的罹癌率。

每個點代表一個郡。請注意，許多人口較少的郡（位於左側的郡）顯示出非常高和非常低的罹癌率。我們愈往右移動，每個郡的人口就愈多，而罹癌死亡率的變動就愈小。這種圖表會標出一項與母體或樣本大小有關的變數，稱為**漏斗圖**（funnel plot）。

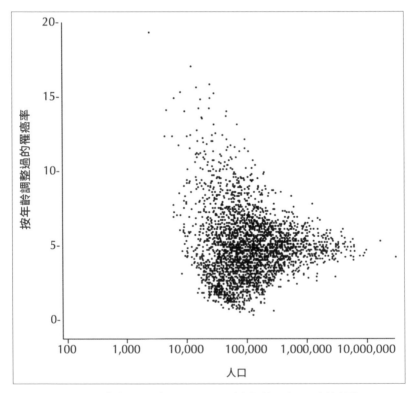

圖 7.16 霍華德・韋納（Howard Wainer）製作的漏斗圖。資料來源：http://press.princeton.edu/chapters/s8863.pdf。

　　要瞭解這種狀況為何發生，你可以在家嘗試一項木工活動。你需要一個堅固的箱子、幾塊木板或硬紙板，以及許多大頭針和彈珠，做出一個類似**圖 7.17** 的裝置。這個裝置稱為**高爾頓機率箱**（Galton probability box）或**高爾頓梅花機**（Galton quincunx），以紀念**法蘭西斯・高爾頓**（Francis Galton）爵士，也就是我們在幾章前提過的那位著名博學家[註5]。

　　即使你沒有造出這個箱子，你或許也能想像：如果我們讓一顆彈珠從頂端開口滾進去，會發生什麼事。

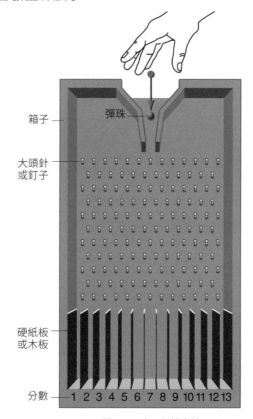

箱子 —

彈珠

大頭針
或釘子 —

硬紙板
或木板 —

分數 — 1 2 3 4 5 6 7 8 9 10 11 12 13

圖 7.17 高爾頓機率箱。

註 5　2013 年，我在統計學家**史蒂芬・史蒂格勒**（Stephen Stigler）的課堂上學到高爾頓機率箱。史蒂格勒探討統計學歷史的著作寫得很精采，我說這件事只是怕你沒有足夠的閱讀材料而已。

請看**圖 7.18** 的 A 圖。每當彈珠碰到一根大頭針，它就有一半的機率會繼續往下滾到左右任一側。如果我們精心製作高爾頓箱，使大頭針的間隔很平均，那麼彈珠落在左側或右側的機率都相同。我們的第一顆彈珠最後可能會落到箱子底部的任一空格內，不論是接近中央或在最旁邊的空格。

現在想像一下，這顆彈珠是從母體中抽取出來的一個樣本，該母體的平均數為 7(編註：機率箱正中間也是 7 分)。因為我們的樣本大小為 1(一顆彈珠)，所以我們釋放彈珠後得到的分數也會是樣本的平均數。正如**圖 7.18** 的 A 圖所示，我們的彈珠落到 12 分的空格。這離真正的平均數相當遠，對吧？

現在，假設我們抽出兩組樣本，每組樣本各有三個分數。也就是我們只丟三顆彈珠，重複兩次 (B 圖和 C 圖)，剛巧得到兩個非常不一樣的平均數。在 B 圖的平均數是 (5+7+12) / 3 = 8，C 圖的平均數是 (2+3+7)/3 = 4，這兩個數字比 A 圖更接近真正的平均數 7。

神奇的事出現了：**你丟進去的彈珠愈多，就有愈多彈珠最終落在箱子的中間部分**，如 D、E、F 圖所示。而我們的樣本愈大，樣本的平均數就愈有可能接近母體的平均數[6]。為什麼？因為累積機率與個別機率不同。

請思考一下：落在大頭釘任一側的機率是 50%。如果要落在對應到 1 分的底部空格，彈珠需要持續彈到左邊好多次。一顆彈珠出現這樣的結果是有可能的，但當你丟進大量彈珠，例如 F 圖的 122 顆彈珠，就更有可能出現接近 50%、左右對半分的組合。

註 6　我應該補充一下：在實際的實驗中，這種狀況只有在樣本是隨機時才會成真。這是很重要的前提

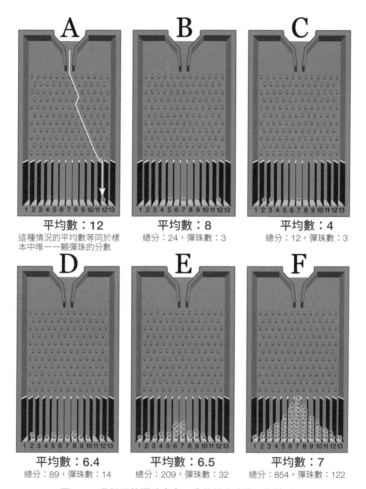

圖 7.18 我們丟的彈珠愈多，分佈就會愈像一個鐘形。

　　這是累積機率的作用：彈珠會開始形成一個非常特殊的鐘形，而平均數會愈來愈逼近 7。如果我們能丟數百萬顆彈珠，這條曲線就會非常平滑，平均數兩側的彈珠數也會一模一樣。恭喜你，你用彈珠做了一個**常態分佈**（normal distribution）。

高爾頓機率箱幫助我們瞭解前文中不穩定的腎臟癌死亡率是怎麼回事：人口少的郡就像是圖 7.18 的 A、B、C 圖 註7。這些郡的人口少，所以比率差異很大，其中有很多都位於最高和最低的極端值。**如果一個郡的人口為 10 人，有一人死於腎臟癌（這有可能只是因為運氣不好），該郡的罹癌死亡率突然就會高於一個人口為 10,000 人且有 900 人死於相同死因的郡。在第一個郡，10% 的人口死於癌症，而在第二個郡則是 9%。**

高爾頓機率箱也解釋了為什麼進行任何研究（調查、實驗等等）的研究人員，總是試圖增加他們的**隨機樣本**（random sample）大小。根據隨機選擇 10 個樣本所做的研究，不會像另一個樣本大小為 1,000 的研究那樣可靠。**非常小的樣本就好像是在吸引機率惡魔捉弄你。**

★ 常態分佈的特點

沒有一種自然現象遵循完美的常態分佈，但許多自然現象足夠近似常態分佈，使其成為統計學的主要工具之一：身高、體重、出生時的預期壽命、考試成績等等的分佈通常都接近常態分佈。

常態分佈可以比**圖 7.19** 描繪的更寬或更窄，但圖 7.19 是一種普遍的常態分佈，稱為**標準常態分佈**（standard normal distribution），它具有以下特性：

1. 它的平均數、**中位數**（median）和**眾數**（mode）是一樣的。

2. 分佈是對稱的：50% 的分數在平均數之上，50% 的分數在平均數之下。

註 7　Youtube 上有一些很酷的高爾頓機率箱模擬實驗，比如這支影片：https://www.youtube.com/watch?v=3m4bxse2JEQ。

3.　我們知道多少百分比的分數位於特定範圍之間：68.2% 的資料落在離平均數一個標準差之內，95.4% 在兩個標準差內，而 99.8% 在三個標準差內。

4.　我們可以用這些數據進行一些計算。舉例來說，這些數據可以計算多少百分比的資料位於平均數及其之上的一個標準差之間：34.1%。這些數據也可以進行加減來計算在任何範圍內的百分比。比如，有多少百分比的分數介於平均數之上的一個標準差和兩個標準差之間，以及介於平均數之下的一個標準差和兩個標準差之間呢？答案是 27.2%（13.6+13.6）。

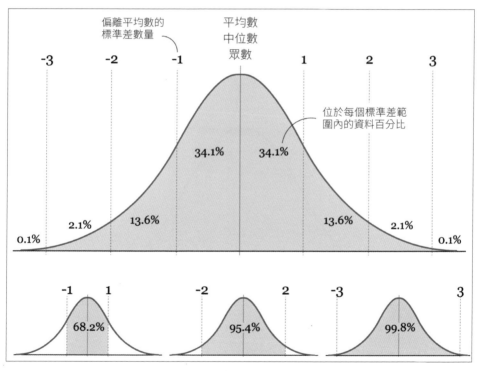

圖 7.19 標準常態分佈。

如果你知道你在研究的現象是常態分佈，那麼即使估計不是完美，你依然能以相當高的準確度來推測任何情況或分數的機率。

舉例來說，假設你在分析一大群學生的數理考試成績，而且你知道成績接近常態分佈，平均數是 54，標準差是 14。那麼如果我們隨機選擇，有多大可能會找到一個成績是 82 分以上的學生？

我已經在**圖 7.20** 幫你算好了。這個例子很簡單，因為 82 正好在平均數以上兩個標準差的位置。任何資料分析軟體工具應該都能幫你計算，成績出現在某個數值之上或之下的機率，或是成績出現在其他兩個分數之間的機率。

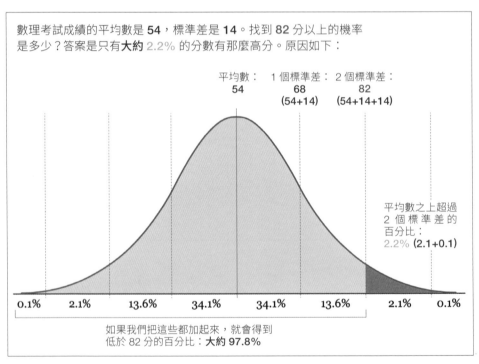

圖 7.20 一些簡單的計算就能讓你收穫頗豐。

百分位數 (Percentiles)、四分位數 (Quartiles) 與箱型圖 (Box Plot)

到目前為止，我們已經使用**非抗拒統計量** (non-resistant statistics) 來探索分佈，例如平均數和標準差，這類統計量對於極端值非常敏感。按照**約翰・圖基** (John W. Tukey) 的建議，我們也應該利用**抗拒統計量** (resistant statistics) 對我們的資料進行總結和視覺化，而抗拒統計量並不會被離群值扭曲。我們在前幾頁見到的美國與奈及利亞薪資的假想案例，就是一個必須計算抗拒統計量的例子。

我們已經知道中位數，也就是把分佈對半分的統計量。如果你的分數是 1、4、7、9、11、13、15、16、19，中位數就是 11。中位數是抗拒統計量，因為如果位於分佈低端及高端的分數是 0.1 及 10,000，而不是 1 及 19，中位數依然會像埃及的獅身人面像一樣巍然不動。

我們可以先使用百分位數來測量從中位數開始的資料分散情況。百分位數 (我們就稱它為 p 吧) 是一種把分佈分開的數值，顯示有多少百分比的其他數值位於該值之下。中位數永遠是第 50 百分位數，因為它是位於分佈中央的分數。

百分位數把分佈分成一百份，它們的作用就像位階一樣：只要你發現你在某個測量或檢驗中位於第 90 百分位數，你就能確定你比其他 90% 的人更好，或至少一樣好。

特定的百分位數有特別的名稱。舉例來說，第 10、20、30 百分位數，直到第 90 百分位數都稱為**十分位數** (decile)，它們把分佈分成十份。第 20、40、60、80 百分位數稱為**五分位數** (quintile)，它們把分佈分成五份。

在探索資料時，圖基建議使用**四分位數**（quartile）。四分位數是第 25、50（中位數）、75 百分位數，它們把分佈分成四份！是的，你猜對了！

我們把這些都視覺化吧。假如你在分析一片住宅區的家庭年所得，你隨機選擇 100 個家庭當作樣本，把它們在一張細條圖上視覺化（**圖 7.21**）。

我們可以用**箱型圖**（box plot）來呈現四分位數，這種圖表形式是由約翰·圖基本人設計的。要學會如何解讀最常見的箱型圖類型，請注意**圖 7.22** 中間的圖。這種圖表有時也稱為**盒鬚圖**（box-and-whisker plot），是分佈的一種簡化表現形式，比直方圖或細條圖等其他圖表顯示的細節更少。

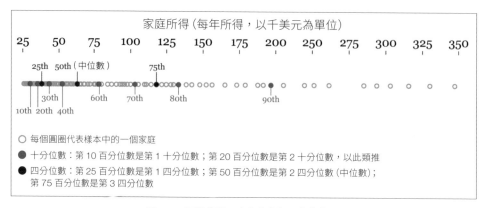

圖 7.21 百分位數，十分位數與四分位數。

請注意，我計算了**四分位距**（interquartile range, IQR），這是第 1 四分位數和第 3 四分位數之間的差值。因為對應到這兩個四分位數的分數是 38,000 美元和 118,000 美元，所以四分位距是 80,000（118,000-38,000）。

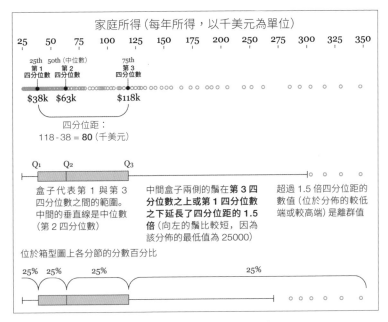

圖 7.22 如何解讀箱型圖（或盒鬚圖）。

　　鬚代表了位於四分位距 1.5 倍之內，低於第 1 四分位數或高於第 3 四分位數的分數範圍。超過這些閾值的分數就算是離群值，以個別的點來顯示。為什麼是四分位距的 1.5 倍？我的一位朋友**迪耶戈‧庫奧涅**（Diego Kuonen）是瑞士**斯塔圖管理顧問公司**（Statoo Consulting）的統計學家，根據他的說法，曾有一名學生問圖基這個問題，而圖基回答：「因為 1 太小，2 太大！」下一次有人說統計學是精密科學時，請記得圖基說的這句話。

　　為什麼我們會在直方圖和細條圖旁邊使用箱型圖？有幾個原因：第一，直方圖和細條圖有時會顯示出太多細節（細條圖尤其如此），重要資訊可能會因此變得模糊不清。第二，箱型圖著重於分佈中相同數量的資料的界限（畢竟這就是百分位數的用途），而且會強調出離群值。要在直方圖上清楚看到離群值需要一點運氣，如果分佈有非常明顯的尖頭和非常平的尾巴時尤其如此。而在箱型圖上，離群值總是會凸顯出來。

第三，你在分析不只一個分佈，而是比較幾個分佈的時候，很適合使用箱型圖。**圖 7.23** 顯示 Ideb 分數的分佈，我在第六章描述過這種指數。請把這張圖跟第六章的任何直方圖或細條圖做比較。

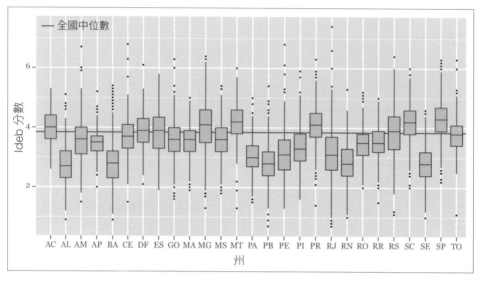

圖 7.23 盒鬚圖的一個例子。請記住，我們在第六章討論過的 Ideb 分數是一個測量巴西學校品質的指數（1–10 分）。

★ 轉換資料

你應該記得，進行探索式資料分析包含觀察趨勢及模式（基準或平滑），然後從中找出偏差或例外。你才剛學過這方面的基礎知識。

我們目前學到的操作方法能創造出抽象化模型，這類模型概述了資料集的基本性質。所謂的「基本性質」就是基準，由三種主要特徵組成：資料的大小（集中趨勢測量數，例如平均數）、分佈及形狀。不過，我們的模型總是會存在偏差，總是會有數值無法完全吻合我們的密度曲線，或者離平均數或中位數太遠而可以算作離群值，就跟我們剛才見到的一樣。探索基準與例外非常重要，有助於我們深刻理解資料，然後設計出視覺化圖表來向讀者說明這些見解。

　　探索例外時往往包括了轉換資料，透過轉換我們可以先不管剛剛提到的基準（大小、分佈、形狀），目的是尋找某些原本可能無法發現的特徵。我們會在下一章回頭探討這個概念，所以我們直接來看一個簡單的例子。

　　我們在計算標準分數（z 分數）來比較兩個具有迥異範圍的分佈時，已經稍微轉換了資料。將原始資料集轉換成標準分數，即是暫時先不管資料的「分佈」，以標準化的測量數取而代之，而標準化的依據就是距離平均數的標準差個數。

　　如果用先前圖 7.23 的箱型圖當作起點，我們可以暫時不管基準的另一個要素：「大小」。要做到這件事相當簡單，只需要進行一系列減法即可：

$$新分數 = 各原始分數 - 任何集中趨勢測量數$$

　　請見**圖 7.24** 的例子。為了製作出那張圖表，我做了以下計算：

　　一間學校的 Ideb 分數與該校所在州的平均分數之間的差 **= 每間學校的 Ideb 分數 - 該州的平均 Ideb 分數**。

　　為什麼選擇州平均數而不是全國平均數呢？沒什麼特別原因，我可以選擇其中一個或兩個都選，我也可以使用中位數。盡可能透過更多視覺化圖表，從多重角度觀察資料，在我們探索的初期階段可說是最明智的選擇。你永遠不知道能夠發現什麼。

　　在圖 7.23，我們看到所有學校都與同一基線比較，也就是全國平均數。圖 7.24 能稍微幫助我們找到那些跟同州其他學校相比，特別好或特別差的幾間學校，或許遵循相同政策及規定。

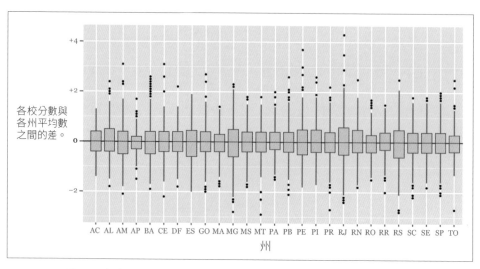

圖 7.24 標出與州平均數之間的偏差，也就是個別數值減去州平均數的差值。

★ 隨時間變化的次數

　　為了讓這章有個精彩的結尾，請看**圖 7.25** 這張由《洛杉磯時報》(Los Angeles Times) 製作的細條圖。這些點是在 1960 年到 2010 年之間登上美國告示牌百大單曲榜的 17,000 首歌曲。《洛杉磯時報》的資料視覺化主任**蘭恩‧迪格魯特**（Len DeGroot）告訴我，這項專案是在僅僅一天內就製作出來的，他們使用了一種原本用來製作互動式地圖的工具，稱為 CartoDB。這是一張超乎預期的新聞視覺化圖表。

　　X 軸是時間，Y 軸是音樂的特定特質盛行率，所謂的特定特質包括了節奏、和聲、樂器、風格等等。如果一首歌在 Y 軸的位置愈高，代表它的該項特質愈明顯。綠色泡泡等於或高於年度平均數，灰色泡泡則低於平均數。

　　泡泡大小代表與平均數的遠近。

　　你在線上查看這系列視覺化圖表時，請注意它們經過了多麼縝密地設計。它們不僅顯示年度分佈，也能讓你尋找特定樂團。我選擇了**范海倫合唱團**（Van Halen），因為我是個老派的搖滾樂迷。

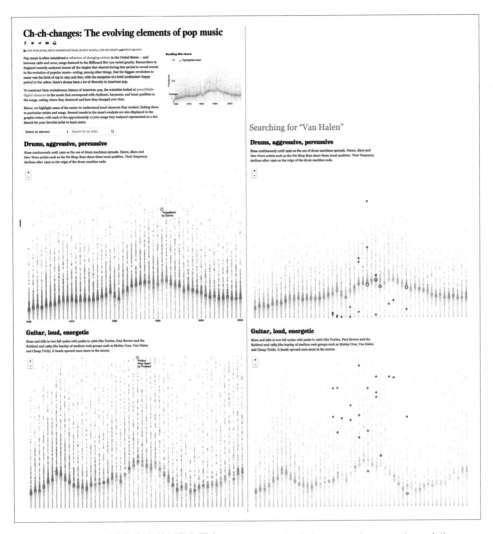

圖 7.25 《洛杉磯時報》製作的視覺化圖表：http://graphics.latimes.com/pop-music-evolution。

　　這些圖表插入的頁面包括 Youtube 歌曲影片連結，是每個類別中位於高或低排名的歌曲影片，這對讀者來說很有幫助。此外，每個小節的標題都琅琅上口，某些標題甚至很好笑：「**曼尼洛**（譯註：指**巴瑞・曼尼洛**（Barry Manilow））**無法讓交響樂團保持活力**」。可憐的巴瑞！

瞭解更多

- Behrens, John. T. "Principles and Procedures of Exploratory Data Analysis." Psychological Methods, 1997, Vol. 2, No. 2, 131–160. 可在線上閱讀：https://citeseerx.ist.psu.edu/viewdoc/download?doi=10.1.1.362.8937&rep=rep1&type=pdf。

- Erickson, B.H. and Nosanchuk, T.A. Understanding Data, 2nd ed. Toronto, Canada: University of Toronto Press, 1992. 這本書介紹了探索式分析的原則，可讀性很高。

- Gelman, Andrew, and Ann Nolan, Deborah. Teaching Statistics: A Bag of Tricks. Oxford: Oxford UP, 2002.

- Wainer, Howard. Picturing the Uncertain World: How to Understand, Communicate, and Control Uncertainty through Graphical Display. Princeton: Princeton UP, 2009.

第 8 章
展示資料
隨時間的變化

—

在統計學中，訴諸真相無法贏得爭論⋯⋯
如果真相是可以確知的，統計學家全部都
會失業。

—— 馮啟思（Kaiser Fung）——
「數覺與真實的謊言」
（Numbersense and true lies）

2013 年 8 月一個慵懶的下午，西班牙的公共電視頻道**西班牙電視**（Televisión Española, TVE）宣佈了一則令人振奮的消息：在歷經五年的經濟危機之後，西班牙國內的失業率出現顯著下降，從 5 百萬人降到 4 百70 萬人。在幾秒鐘的時間內，TVE 的觀眾在電視上看到了類似**圖 8.1** 的畫面。可以開香檳慶祝了！

圖 8.1　西班牙的失業勞工。你有注意到可疑的地方嗎？

TVE 的批評者認為，這個電視台播出的內容受到西班牙當權者的「指點」，他們很快就指出這張圖表存在缺陷。除了下滑的趨勢過於誇飾之外，更重要的是圖表橫軸截取的方法不誠實。

旅遊業佔了西班牙將近百分之 12 的工作，因此可以說，我母國的失業率具有高度的季節性：通常在秋冬上升（除了 12 月以外），在夏季下滑。要瞭解失業率變化的真實情況，我們必須回溯至少 12 個月。

回溯的結果（請見**圖 8.2** 的上圖）發現，失業率並沒有在 2013 年 8 月改善，事實上，2013 年 8 月的失業人口比 2012 年 8 月還要來的更多。這一點在把兩個月份的數字與年平均比較時更加明顯（**圖 8.2** 的下圖）。我把香檳的瓶塞放哪去了？香檳的氣都要跑掉了。

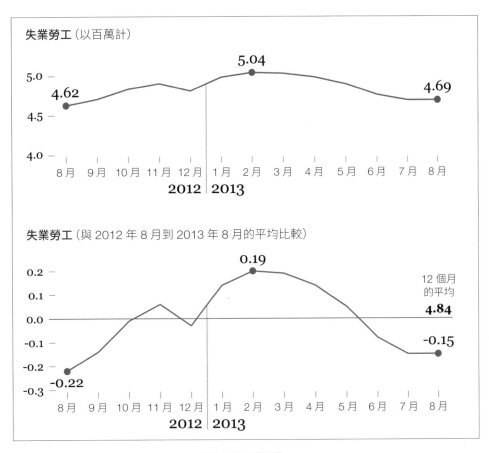

圖 8.2 往過去回溯。

　　經濟學家**寇斯**（Ronald H. Coase）說過一句話：「對資料刑求夠久的話，即使是大自然也會招供的」。在這個案例中，要得到「招供」甚至不需要非常徹底或聰明的方法，只要適當的地方修剪圖表的座標軸，就可以得到令政府高官們滿意的結果。即使情況沒有任何改變，我們也能捏造出改變。

趨勢、季節性和雜訊

一個或更多連續變數的變化通常（但不是一定）以**時間序列折線圖**（time series line chart）呈現，這種圖表的 X 軸（橫軸）代表同等的時間間隔，Y 軸（縱軸）對應我們要探索或呈現的變數。多虧剛才那個棘手的案例，我們得知在閱讀時間序列圖時有兩個特徵必須特別注意：

- 趨勢：在我們選擇探索的時間區段中，變數的走向是往上、往下，還是維持不變？

- 季節性：是否存在可能扭曲我們理解變數的一致且週期性的波動？

除此之外還有第三個特徵：雜訊。我們觀察到的某些變異，是否純屬隨機變動？

通常，這三種特徵很難藉由一張圖表同時呈現，必須區分開來。就像西班牙出版人**哈哥布・席瑞拉**（Jacobo Siruela）2015 年接受《國家報》（El País）採訪時說的：「**我們必須遠離雜音（雜訊），才能聽見旋律**」。雖然當時他是對人生整體發表看法，但這句話同樣適用於我們的主題，因為資料的真相時常會被隱藏。

分解時間序列

我在這章的開頭談到西班牙的失業率，TVE 的圖表讓我對長期趨勢產生好奇。失業率只是我們用來分析國家勞動力是否健全的其中一種變數。我們使用的另外一種變數（至少在西班牙會使用），是繳納**社會安全**（Social Security, SS）金以在未來獲得失業和退休福利的人數。

圖 8.3 是從**西班牙國家統計局**（Instituto Nacional de Estadística, INE）下載的資料集的一小部分。第二欄是 2002 年 1 月到 2014 年 12 月間社會安全參與人的總數。

圖 8.3 西班牙社會安全參與人資料集的前幾欄。

月份	SS 參與人數	16 到 64 歲人口	百分比
Jan2002	15727566	27649100	56.9
Feb2002	15822158	27649100	57.2
Mar2002	15912352	27649100	57.6
Apr2002	16023487	27794900	57.6
May2002	16154714	27794900	58.1
Jun2002	16290434	27794900	58.6
Jul2002	16326631	27929200	58.5
Aug2002	16276570	27929200	58.3
Sep2002	16187368	27929200	58.0
Oct2002	16236870	28073200	57.8
Nov2002	16369029	28073200	58.3
Dec2002	16188390	28073200	57.7
Jan2003	16215761	28211300	57.5
Feb2003	16335717	28211300	57.9
Mar2003	16455090	28211300	58.3

這個變數可見於**圖 8.4** 上方的圖表。跟 2002 年年初相比，2014 年年底的社會安全參與人多了 100 萬，這似乎是個好消息。但如果我們使用分析軟體繪製一條趨勢直線，就能看到令人憂慮的事實：趨勢線是往下走的註1。西班牙在 2008 年初遇到一場大危機，到了 2014 年都還沒有完全恢復過來。

還有另一個挑戰：我們並未將人口規模納入考量。失業數字最令人迷惑的矛盾之處就是，在未經正確調整的情況下，它們能告訴你有多少人想工作，但沒辦法工作，卻不能告訴你有多少人可以工作，但已經放棄找工作。這很難衡量，因此，我們在練習中會使用一個不完美的**代理變數**（proxy variable）。

註 1 多數案例中，在時間序列圖中繪製趨勢線不是很正統的作法，你很快就會看到，平滑曲線相較之下實用多了。以下的圖表以 R 繪製，但用 Excel 或其他資料分析工具也能獲得相似的結果。

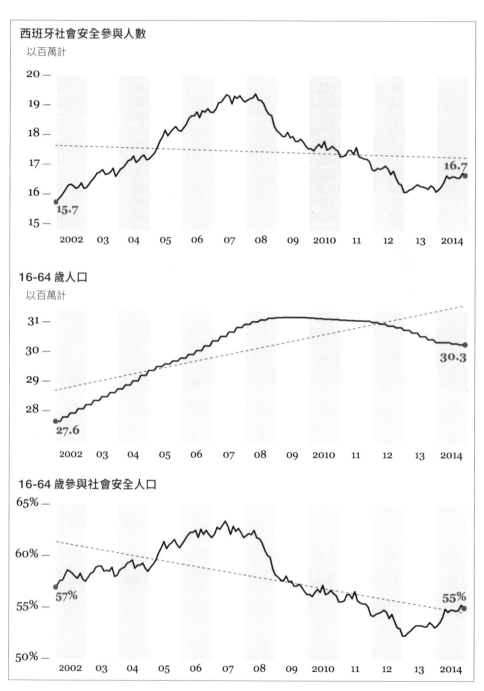

西班牙社會安全參與人數

以百萬計

16-64 歲人口

以百萬計

16-64 歲參與社會安全人口

圖 8.4 2002 到 2014 年間，西班牙參與社會安全的實際人數增加了（雖然趨勢線顯示下滑）（上圖），但因為 16 到 64 歲的人口快速增加（中圖），可以工作並實際上有工作的人口百分比確實下降了（下圖）。

　　圖 8.3 的第三欄是西班牙的勞動年齡人口，也就是介於 16 到 64 歲之間的人 註2。我們在圖 8.4 的第二張圖將這欄的數據視覺化，顯示西班牙的勞動年齡人口在 2008 年之前持續增加，在那年危機發生後開始減少。西班牙的人口逐漸老化，而大量拉丁美洲移民因為找不到工作而返鄉。此外，許多教育程度高的年輕西班牙人也前往海外。

　　圖 8.3 的第四欄是計算社會安全參與人佔勞動年齡人口百分比的結果，以數學式呈現就是：

（社會安全參與人數／16 到 64 歲人口）×100

　　圖 8.4 的第三張圖呈現了這個結果，將之與第一張圖比較，可以發現實際人數增加了（2014 年有 16.7 百萬，2002 年有 15.7 百萬），但是百分比卻下跌了。這個例子再度證明了以不同方式繪製相同資料的視覺化圖表有多重要。

　　接下來我要拿各百分比數字，與 2002 年 1 月到 2014 年 12 月之間社會安全參與人的平均百分比 (57.9%) 做比較。

每個值－平均 (57.9%) ＝ 每個差值

　　結果如 **圖 8.5** 所示。這張圖表除了尺度以外，與圖 8.4 的第三張圖一模一樣。此外，直線沒辦法良好描述我們的變數，原始資料的形狀並非呈現直線，比較像是起起伏伏的海浪。因此，在這個案例使用線性模型是不恰當的，它並無法幫我們暫時不管趨勢（或平滑），去探索資料中其他重要的特徵，像是季節性和雜訊。

註 2　這是 INE 官方建議使用的變數，我會說它不完美，是因為很可能這個變數的波動在很大的程度上來自潛在因素，例如這個年齡層有許多人仍在就學。

圖 8.5 比較各個百分比數字與 2002 年 1 月到 2014 年 12 月的平均，結果並沒有什麼發現。

　　我們可以使用軟體繪製新的、更適合我們資料的趨勢線，如**圖 8.6**。這條曲線是以**移動平均**（moving average）為基礎，簡單來說，電腦將時間序列分成小單位（例如每四個月、六個月或八個月，可以自己決定），並計算每一單位的平均，而非整個期間的平均[註3]。

圖 8.6 紅色曲線以移動平均為基礎，更符合我們的資料。

註 3　移動平均有很多種類（簡單、算術、加權、指數等等），但解釋各種移動平均並非本書的任務。如果你感興趣，請參考本章結尾的參考資料。

我們可以將各值減去移動平均百分比，得到**殘差**（Residual），繪製出**圖 8.7**，得到移動平均與實際原始數字之間的比較圖。

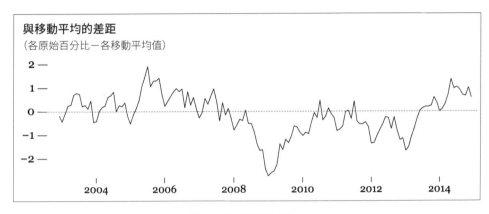

與移動平均的差距
（各原始百分比－各移動平均值）

圖 8.7 將殘差繪製成圖。

拿原始數字和預期或平滑數字做比較的策略有許多用途。想像你在分析公司的資料，你想要比較每天實際的銷售額和目標銷售額，你可以繪製實際的數字，如**圖 8.8** 第一張圖所示，也可以繪製兩者的差，如第二張圖所示。哪一張圖比較好？一如往常，答案取決於你想要強調什麼：是要將銷售額和目標額分開來談；還是要談兩者之間的差，那第一張圖可能有誤導之虞，因為兩條線都在變動。

回到我們西班牙社會安全的練習。我們有了一張像樣的平滑圖，但還不知道變異有多少來自**週期振盪**（periodic oscillation）或隨機變異。我們可以手動進行計算，但用電腦速度會快得多。有了資料分析軟體，只要幾行程式碼、按幾下滑鼠就能得出類似**圖 8.9** 的結果：觀測值、趨勢、季節性，以及前幾張圖未揭露的隨機雜訊。

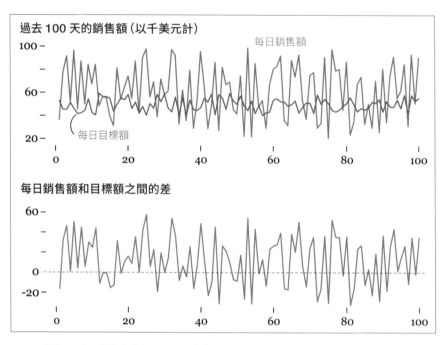

圖 8.8 每日銷售額與每日目標額的比較。這些圖表根據隨機產生的數字繪製。

　　仔細觀察圖 8.9 的第三張季節性圖表，你會發現社會安全參與人的數量在每年的年中激升，然後在秋冬減少。這在圖 8.9 第一張記錄原始數字的圖表中是看不出這個規律。

　　季節性的變動約在 -0.6 到 0.6 之間，而資料隨機雜訊（也就是圖 8.9 中標示「隨機」的圖表）最小低於 -0.4，最高超過 0.4。只要電腦能從原始資料集中擷取出這 2 種特徵，我們就能直接繪圖。**圖 8.10** 資料中合併季節性與隨機雜訊的每月變異圖表，這些成分可能會掩蓋資料真實的情形，你在探索過程中可能會希望將這些成分從原始數字中減去，如**圖 8.11**，看起來與圖 8.9 的趨勢圖很相似。

　　調整後＝各原始數字－（季節性圖表中各數字＋隨機圖表中各數字）

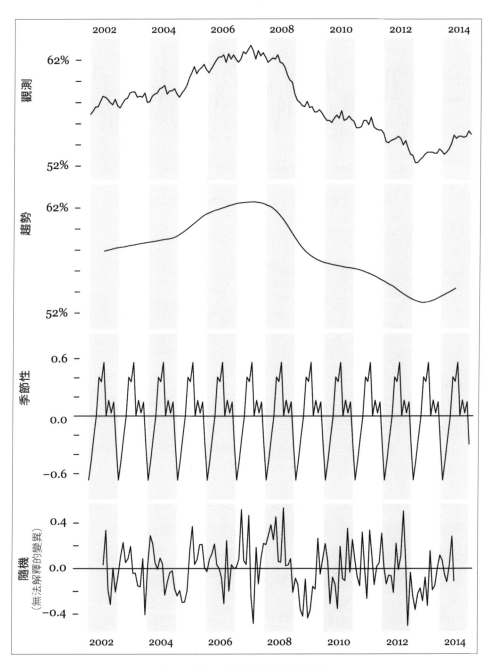

圖 8.9 藉由 R 語言分解後的時間序列。

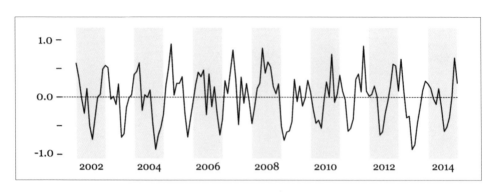

圖 8.10 這張圖是由圖 8.9 的季節性數字和隨機數字相加得出。

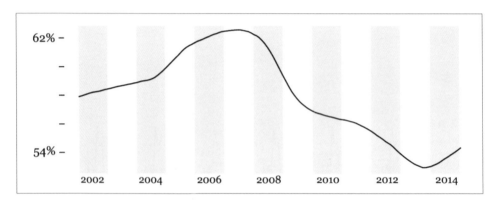

圖 8.11 這是從西班牙社會安全參與人的原始資料減去圖 8.10 中的數字得到的結果。

在繼續往下談之前，我們來對社會安全資料進行更多的操作。假設你想知道的不是各年度的變異情形，而是各月份的變異情形，也就是說，你想在 2002 年到 2014 年之間，針對一月、二月、三月等等進行比較。你可以設計類似**圖 8.12** 的圖表，將觀測值和每年平均數字相疊。

這張圖中的差異小到幾乎看不到，因此，我們必須採取更直接的繪圖方式，如**圖 8.13** 所示。我們可以馬上發現許多有趣的事實，舉例來說，每年的 6 月和 7 月變化很小，而 11 月、12 月和 1 月變化的程度最大，7 月是距離年平均最遠的月份，這些現在都是在上一張圖表中看不到的。

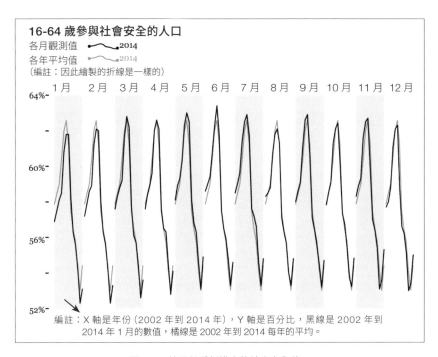

圖 8.12 按月份重新排序的社會安全值。

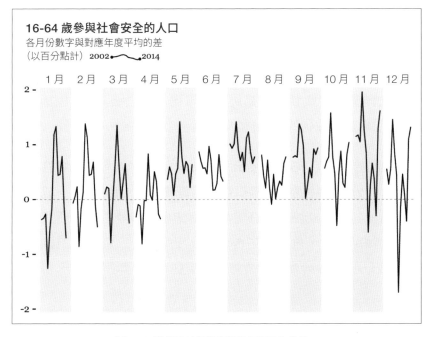

圖 8.13 強調各月份數字與各年度平均的差。

這種**季節性子序列圖**（seasonal subseries chart）功能強大，舉例來說，氣候科學可以應用**圖 8.14** 將二氧化碳和其他溫室氣體的濃度視覺化，而公司行號可以使用這種圖表將各月份績效與月平均和年平均做比較。

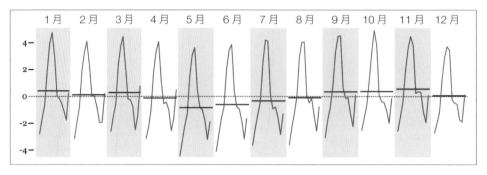

圖 8.14　季節性子序列圖的範例，可比較所有年度的平均（虛線）、
　　　　每年該月份的平均（水平黑線），以及每個月份的變異狀況
　　　　（紅線）。

★　將指數（Index）視覺化

要探索並向讀者呈現時間序列資料有另一種方式，那就是計算**指數**（index，編註：不是數學的 exponential）。我最近在**邁阿密**（Miami）買了一棟獨立式洋房，因此我對這類房屋的市場在過去幾年間（包括 2006 到 2008 年間房地產泡沫化的前後）的變化產生了興趣。

我從**美國普查局**（U.S. Census Bureau）下載了資料集，將售出房屋總數視覺化，並分解出經通貨膨脹調整後的售價範圍（**圖 8.15**）。我們馬上就能看出值得探討的模式變化：在房地產泡沫化危機發生前，便宜房屋的銷售量就開始穩定下降，危機發生後也完全沒有回升。價格較昂貴的房屋銷售量在 2006 到 2008 年間也大受打擊，但在 2013 年稍有回升。

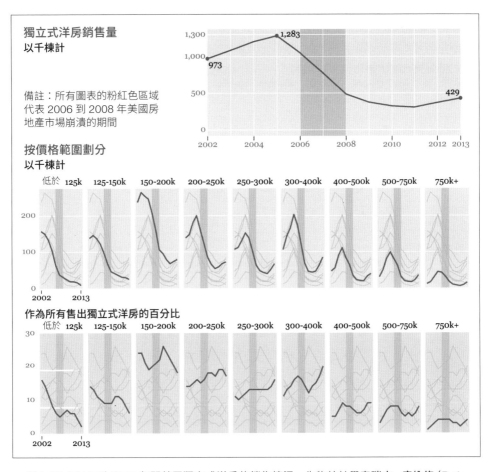

圖 8.15 2002 到 2013 年間美國獨立式洋房的銷售情況。生物統計學家**瑞夫・唐納修**（Rafe Donahue）稱這種繪製所有值（灰線）與一組特定值的子集（紅線）比較的方法為**你在這裡圖**（You-are-here plot）。他的免費書籍裡描述了這種方法和其他許多種方法：https://biostat.app.vumc.org/wiki/pub/Main/RafeDonahue/fscipdpfcbg_currentversion.pdf。

　　使用以 0 為基礎的指數更能呈現相對變化。**圖 8.16** 中，上排圖表是比較「獨立式洋房銷售量」與「2006 到 2008 年期間經濟危機發生時的平均銷售量」，圖表中的 0% 稱為**指數原點**（index origin）。下排圖表是比較「獨立式洋房銷售量」與「2002 年的銷售量」，也就是指數原點為 2002 年的銷售量，因此 Y 軸代表各年度銷售量與 2002 年的銷售量的差值。

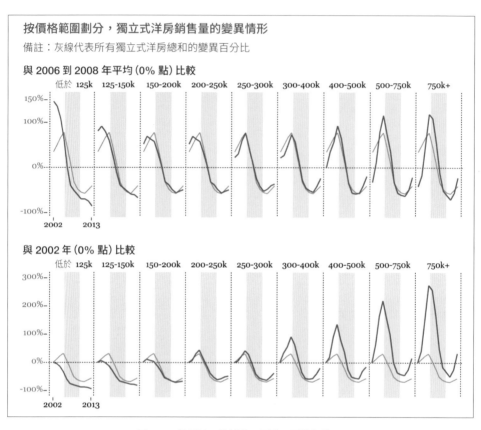

按價格範圍劃分，獨立式洋房銷售量的變異情形
備註：灰線代表所有獨立式洋房總和的變異百分比

與 2006 到 2008 年平均（0% 點）比較

與 2002 年（0% 點）比較

圖 8.16 使用以 0 為基礎、原點不同的指數。

計算以 0 為基礎的指數很容易，只要使用你喜歡的軟體工具，按照這條通用的公式取得百分比變動即可：

百分比變化＝（（各數字－指數原點）／指數原點）×100

以圖 8.16 上排為例，在 2006 到 2008 年間，以低於 125,000 美元出售的平均房屋數量有 63,750 棟，這就是我們的原點。我知道 2002 年售出的便宜房屋有 157,000 棟，百分比變動是多少？代入公式！

((157,000 − 63,750) / 63,750) x 100 = 146.3

所以，2002 年出售的房屋比 2002 到 2013 年間平均銷售量要高出了 146.3%。回頭看圖 8.16 上排左邊的第一張圖 (低於 125,000 美元)，就可以看到這個數字，即為紅線的第一個資料點，接近 150%。

讓我們再看一個範例，這次用圖 8.16 下排為例，也就是用 2002 年的銷售量當原點。如我們剛才所見，2002 年有 157,000 棟低於 125,000 美元的房屋售出，2013 年售出的只有 14,100 棟，我們來計算百分比變動：

$$((14,100 - 157,000) / 157,000) \times 100 = -94.3$$

數字顯示下達的幅度達 94.3%，這代表非常便宜的獨立式洋房銷售在美國幾乎消失了。同樣地，我們可以在圖 8.16 下排左邊第一張圖看到這個數字，即紅線的最後一點。

順帶一提，我第一次設計這些圖表時，結果並不是很好看 (**圖 8.17**)。如果每張圖只有三、四條線，結果應該還可以，但如果你的圖表和這些圖表一樣複雜，最好是選擇**組圖** (small multiple)。

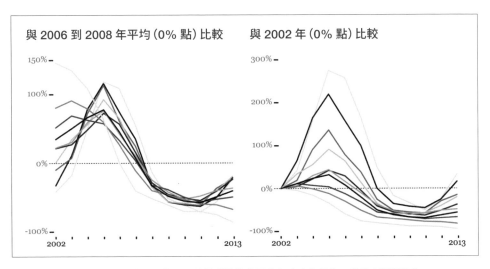

圖 8.17 我繪製第一版的以 0 為基礎的指數圖表包含太多線條，我根本懶得修飾。

從比率到對數

我們學會如何將時間序列中所有的值與單一的指數值做比較，指數值可能是資料集裡的一個資料點，像是 2002 年的銷售量，也可能是好幾年的平均。但如果我們感興趣的是每一個時期與前一個時期比較之下的變動率呢？

圖 8.18 的第一張圖顯示了美國人口在 1776 年和 2010 年之間的成長狀況。這條看似規律上升的曲線建立在不同**誤差範圍**（margin of error）的估計值上，表面上很好看，但可能藏匿了重要的事實。比如說，特定歷史時期是否出現顯著的變化？如果有，也很難靠這張圖找出來，所以讓我們稍微改造一下資料。

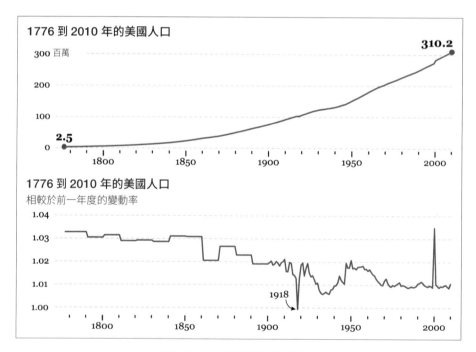

圖 8.18 來自美國普查局的資料。

要計算兩個時期之間（在這個案例中是連續的兩個年度）的變動率，並繪製圖 8.18 的第二張圖表，請使用這個公式：

變動率＝新時期／前一時期

舉例來說，1800 年美國人口估計有 5,308,483 人，1801 年則有 5,475,787 人，因此：

1800 到 1801 年的變動率＝ 5,475,787／5,308,483 ＝ 1.03

1.03 也可以記為 103%，也就是說，1801 年的人口大約（數字經過簡化）是 1800 年人口的 103%。換句話說，1800 年的每 100 人到了 1801 年就多出了 3 個人。從圖 8.18 的第二張圖可以看到，只有一個年度估計的美國人口有些微縮減：1918 年。1917 到 1918 年的變動率是 0.9994，而這個數字可以簡化為 1，也就是說 1918 年的人口與 1917 年大致上相同，或可能少了極小的一部分，我們沒辦法判斷是哪一種情況，因為我們不曉得誤差範圍是多少，誤差範圍很可能大於 0.0006（1 - 0.9994）。

另一種以視覺化呈現變動率的方法是使用**對數尺度**（logarithmic scale）。假設你要觀察 5,000 個細菌在 50 天內的成長模式。大多數的細菌都是透過**二分裂**（binary fission）生殖：一個細菌在成長一段時間後，尺寸足以讓它一分為二，變成兩個細菌。

每天，有某個比例（介於 0% 到 100%）的細菌會進行分裂生殖。我們有每一天的資料，因此可以得到每天的百分比變動，如**圖 8.19** 所示。

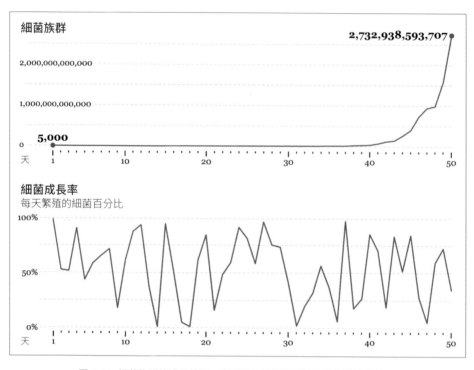

圖 8.19 細菌族群的成長情形：實際增加量和每天繁殖的細菌百分比。

　　然而，這兩張圖表都沒辦法讓我們清楚瞭解整體的變動率。事實上，第一張圖表幾乎毫無用處，因為我們培養的細菌呈現**指數** (exponential) 成長，整個族群可能在一天或幾天內就翻倍：一開始的樣本有 5,000 個細菌，50 天後暴增為 2,732,938,593,707 個，因此折線圖的變化只在第 40 天左右後才比較明顯。

　　該怎麼辦呢？**對數變換** (log transformation) 也許派得上用場。所有對數計算都從決定**底數** (base) 開始，在視覺化設計中，底數通常為 10，但也可以是任何數字。在 $\log_{10}$ 尺度中，每增加一單位並不代表增加 1，而是代表增加十倍。同理，$\log_2$ 尺度中每增加一單位代表「前一個數字的兩倍」[註4]。

註 4　對數比你想像的還要常見，芮氏地震規模即是一個 $\log_{10}$ 尺度，也就是說：8.0 級地震比 7.0 級要強 10 倍。

下面這句可能不好懂：原始數字的對數，等於底數（我們選的是10）幾次方才能得到原始數字。這聽起來很複雜，讓我們以資料集裡的兩個值說明就不難懂了。第 20 天：14,193,517 個細菌；第 50 天：2,732,938,593,707 個細菌 14,193,517 和 2,732,938,593,707 以 10 為底的對數，就是 10 的幾次方可以變成這兩個數字。我們可用以下式子表示：

$\log_{10}14{,}193{,}517=7.15$。這表示。$10^{7.15}=14{,}193{,}517$

$\log_{10}2{,}732{,}938{,}593{,}707=12.44$。這表示。$10^{12.44}=2{,}732{,}938{,}593{,}707$

（備註：別以為我是天才，Google 的線上計算機是你的好朋友。）

現在請看**圖 8.20**，並注意曲線在第 20 天對應到 Y 軸比 7.0 高出一點點（第 20 天的對數是 7.15），在第 50 天，曲線對應到 Y 軸 12.0 的上方（當天的對數是 12.44）。

這張新圖表讓我們觀察到過去隱而未現的事實，像是我們細菌族群的成長率幾乎是固定的，大約 5 到 7 天就會成長為原本的 10 倍。

如果解說後閱讀還是有困難，可以這樣思考：以 10 為底的對數尺度，其 Y 軸上的數字代表的是 1 之後有幾個 0，也就是說，在 Y 軸上看到 8，就要想成 1 後面有 8 個 0，也就是 100,000,000。

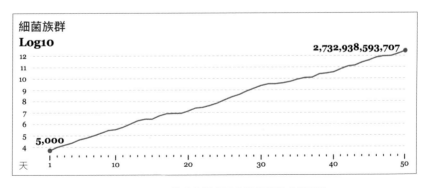

圖 8.20 用以 10 為底的對數尺度描繪細菌成長情形。

時間序列圖如何誤導我們

跟任何種類的視覺化圖表一樣，時間序列折線圖只要設計不良就可能會誤導我們。**圖 8.21** 的第一張圖設計得不好，因為這張圖無視資料中的空缺（我們沒有 4 月和 5 月的數據），因此 X 軸上的時間間隔沒有平均劃分。第二和第三張圖設計得好多了。

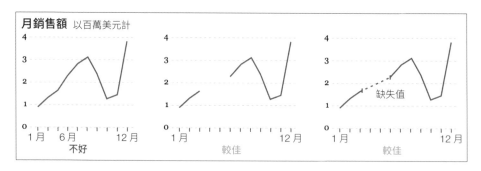

圖 8.21 X 軸間隔必須平均劃分，強調空缺的數據。

折線圖另一種「騙人」的方式，是沒有呈現適當程度的細節或深度。2015 年 4 月 24 日，知名經濟學家暨諾貝爾獎得主**克魯曼**（Paul Krugman），抨擊爭取共和黨總統候選人提名的保守派候選人，因為他們提議將享有社會安全和醫療保險的年齡提升到 69 歲[註5]。

「現代美國人的壽命變長了，這個提議難道不合理嗎？」克魯曼反問，然後自行回答：「一點都不合理（……）下層的勞工是美國最仰賴社會安全的一群人，他們在 65 歲時的**平均餘命**（life expectancy）只比 1970 年代增加了一年多。」

註 5 「2016年的喪屍」（Zombies of 2016）。http://www.nytimes.com/2015/04/24/opinion/paul-krugman-zombies-of-2016.html。

克魯曼引用的是 2007 年的**美國社會安全局**（Social Security Administration）報告，其中包含類似**圖 8.22** 的圖表 [註6]。根據這份報告，一個 1941 年出生的男性活到 65 歲時如果在所得分配的上半部分，平均預計可以再活將近 22 年，而同樣 1941 出生的男性如果在所得分配的下半部分，平均預計只能再活 16 年。

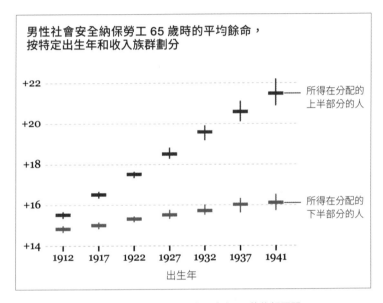

圖 8.22 細細的垂直線代表百分之 95 的信賴區間。

不同政治傾向的人會對這些資料的詮釋方式有不同看法，但我認為，這張圖表比起只呈現平均餘命的圖更能為討論增加深度。當然，我們可以進一步將資料細分，像是所得五分位數或十分位數。

註6 「男性社會安全納保勞工死亡率差異與平均餘命的趨勢，按平均相對所得劃分」（Trends in Mortality Differentials and Life Expectancy for Male Social Security—Covered Workers, by Average Relative Earnings）。http://www.ssa.gov/policy/docs/workingpapers/wp108.html。

探索資料加總的不同層次不只在處理時間序列資料時很重要，也能幫助我們避免**謬論**（paradox）和**混合效應**（mix effect）。**阿姆斯壯**（Zan Armstrong）和**馬丁・華頓伯格**（Martin Wattenberg）2015 年一篇有關如何將混合效應視覺化的論文是這麼定義混合效應的：「加總的數字可能同時受到子族群相對規模變化，以及子族群內相對值變化的影響」[註7]。我們在有關如何計算加權平均的章節曾稍微談過混合效應（但沒有使用這個術語）。

混合效應當中，最知名的莫過於統計學家**辛普森**（E. H. Simpson）在 1951 年首度描述的**辛普森謬論**（Simpson's Paradox），以下是阿姆斯壯和華頓伯格的解說：

> 混合效應無所不在。有經驗的分析師經常碰到（謬論與混合效應），在不同的領域都很容易找到例子。有一個知名的例子與辛普森當時描述的狀況類似：一項對**加州大學柏克萊分校**（University of Californian, Berkeley）研究生入學狀況做的研究發現，男性的錄取率為百分之 44，但女性只有百分之 35。男女錄取率之間的差距似乎證明了歧視的存在，但差距在我們按照系所進一步分析時消失了：原來錄取率較低的系所，女性申請者的比例比較高。

混合效應不只會在檢視時間序列資料時出現，也會大幅影響圖表中顯示的變化。**圖 8.23** 是阿姆斯壯和華頓伯格提及的一個謎團：2000 到 2013 年間，美國經通貨膨脹調整後的薪資中位數成長了 0.9%，但是如果你將資料按照教育程度劃分就會發現：所有族群賺的錢竟然都比以前來的少！

註 7　出自「將統計中的混合效應與辛普森悖論視覺化」（Visualizing Statistical Mix Effects and Simpson's Paradox）。http://static.googleusercontent.com/media/research.google.com/en/us/pubs/archive/42901.pdf。

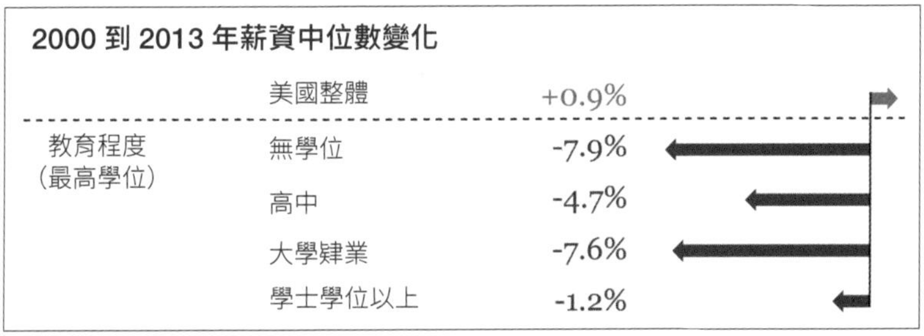

2000 到 2013 年薪資中位數變化

	美國整體	+0.9%
教育程度 （最高學位）	無學位	-7.9%
	高中	-4.7%
	大學肄業	-7.6%
	學士學位以上	-1.2%

圖 8.23 這張圖表不是自相矛盾嗎？

阿姆斯壯和華頓伯格解釋：「雖然各族群的薪資中位數都下跌，實際上還發生了另一件事：高教育水準的人工作機會變多，而低教育水準的人工作機會變少了。因此，教育水準較高、薪資較高的族群在 2013 年資料中的權重增加了。+0.9% 這個數字不僅是來自各族群內的變化，也是來自各族群相對規模的變化。」

這類違反直覺的情況很常見，所以我必須再強調一次，千萬不要輕信加總各種變化的數字，要看見數字背後的意義。

★ 傳達改變

截至目前為止本章討論了許多艱深的內容，現在發揮創意的時候到了。首先我們要認識**喬治・卡莫伊斯**（Jorge Camões），他是《資訊圖表的技術：從實例學 Excel 圖表製作術》（Data at Work: Best practices for creating effective charts and information graphics in Microsoft Excel，2016）的作者以及 www.excelcharts.com 的創辦人。喬治使用 Excel 的技術高超，有辦法創造出軟體本身沒有設計的圖表，例如**水平線圖**（horizon chart）。

水平線圖是 Panopticon 軟體公司的**漢斯・萊納**（Hannes Reijner）所發明的新型圖表[註8]，這種圖表後來經過**希爾**（Jeffrey Heer）、**孔**（Nicholas Kong）及**阿格瓦拉**（Maneesh Agrawala）的試驗[註9]。

水平線圖的設計與閱讀方法如下：假設你需要同時呈現很多張像**圖 8.24** 最左邊的折線圖，為了節省空間，我們可以（1）平均劃分縱軸（Y）的尺度，並以不同顏色標示正負值；（2）將負值對應的色塊向上折；（3）將色塊折疊起來。經過這三個步驟處理，圖表變得精簡許多。

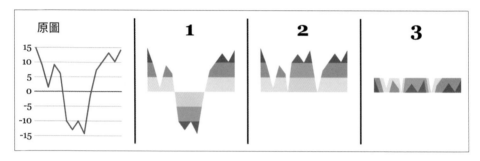

圖 8.24 如何設計與閱讀水平線圖。

圖 8.25 是喬治設計的圖表，準備好大吃一驚吧（編註：由於圖 8.25 採跨頁呈現，後續要請您多翻兩頁才能參照內文提及的圖表）。

喬治設計的圖表證明了，並不是所有商業圖表都是沉悶無趣的，即使是預設選項不佳的工具（Excel 雖然好用，但它提供的基本圖表是出名的

註 8 「水平線圖的開發過程」（The Development of the Horizon Graph）。http://citeseerx.ist.psu.edu/viewdoc/download;jsessionid=3556C47AD33B157706 0EEA3F409ECD32?doi=10.1.1.363.5396&rep=rep1&type=pdf。

註 9 「測試水平線：圖表大小和分層對時間序列視覺化圖表圖像感知的影響」（Sizing the Horizon: The Effects of Chart Size and Layering on the Graphical Perception of Time Series Visualizations）。http://vis.berkeley.edu/papers/horizon/2009-TimeSeries-CHI.pdf。

醜）也能創造出美觀的圖表。**在視覺化設計這門藝術中，美感、樂趣，以及對字體、色彩和構圖的仔細講究，與分析結果的呈現同樣舉足輕重。**

　　圖 8.26 的設計簡約又具說服力，讓讀者的眼睛能不費力地閱讀各球隊的勝負情況，此外，圖表根據表現將球隊排序，表現最好的球隊置於頂端，表現最糟的置於底端。我寫到這裡時正好在聽蕭邦的《夜曲》，突然間靈機一動：我們可以將這張圖表想像成鋼琴譜，勝場是高音，敗場是低音，不分勝負則保持寂靜（silences for gaps）。也許**資料聽覺化**（data sonification）會是資料傳達的下一個發展領域。

　　圖 8.27 顯示冬季月份生產的嬰兒人數較少，這代表我們人類偏好在夏季和早秋受孕，這點只要找出生產比例最高的月份再往前回溯九個月就能知道了。如果圖中描繪的不是北半球國家，而是南半球國家，不知道會不會呈現相反的模式？

　　第 5 章提到，**克里夫蘭**（William Cleveland）和**麥吉爾**（Robert McGill）將色調與明暗列為視覺編碼的最下方，但**圖 8.28** 證明了，在展示普遍的模式、趨勢比精準性更重要的情況之下，色調和陰影能成為非常有力的工具。這張刺繡般的**熱力圖**（heat map）能傳達哪些國家出口佔比高、哪些國家少的訊息，相較之下，各個國家出口佔比的高低變化就不是那麼重要。

　　圖 8.29 和**圖 8.30** 也是類似的情形，這兩張圖同時出現時能強化彼此的訊息，產生一加一大於二的效果。

　　將資料呈現給大眾的圖表形式中，最罕見的是**連結散布圖**（connected

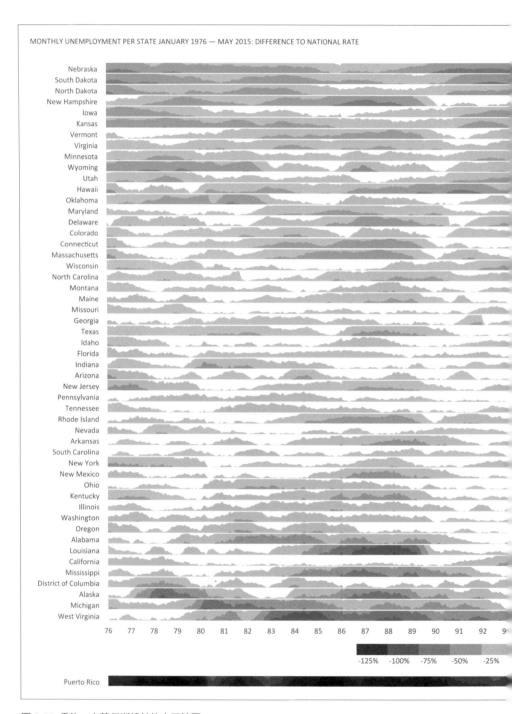

圖 8.25 喬治・卡莫伊斯設計的水平線圖。

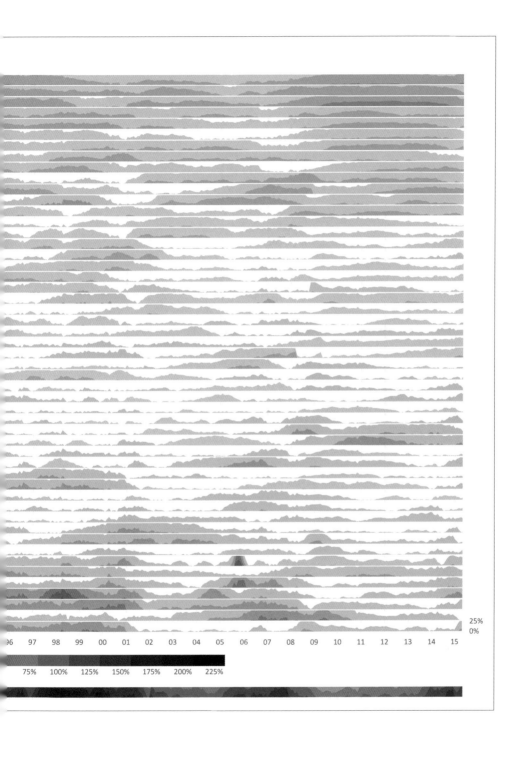

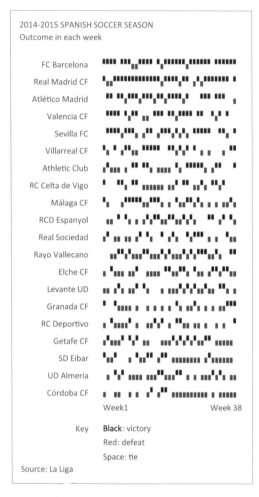

圖 8.26 喬治・卡莫伊斯設計的圖表。

scatter plot），這種圖最適合用在線條轉折不會讓資料產生混淆的情況，如**圖 8.31**。每一個點都代表一個年份，Y 軸代表美國國防預算，X 軸代表軍人數。這張圖要從右下角開始讀起，隨著線往左延伸，軍隊規模逐漸縮減，但軍事支出在**小布希**（George W. Bush）和**歐巴馬**（Barack Obama）總統任內大幅增加。

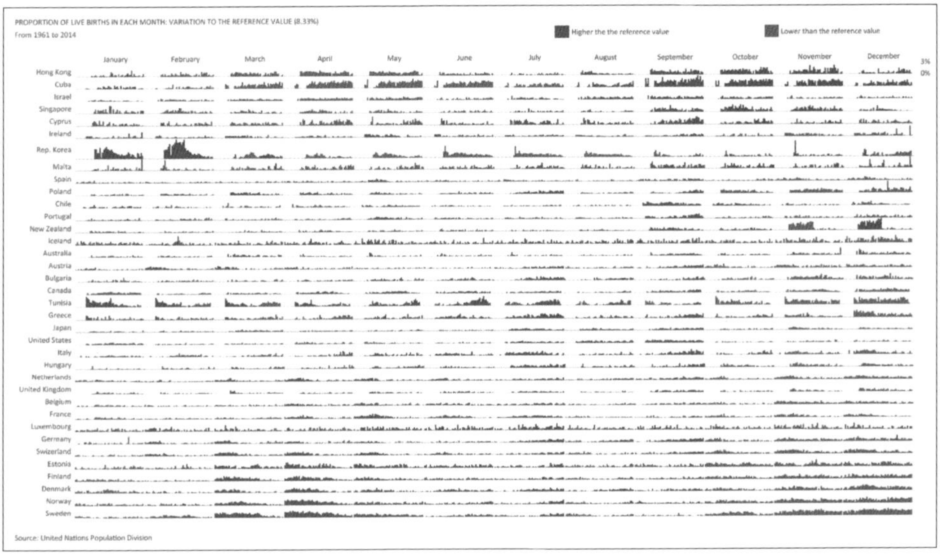

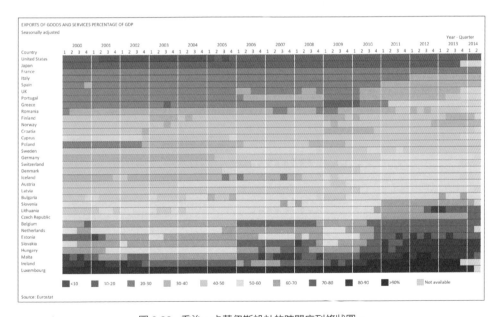

圖 8.27　喬治・卡莫伊斯設計的時間序列條狀圖。

圖 8.28　喬治・卡莫伊斯設計的時間序列條狀圖。

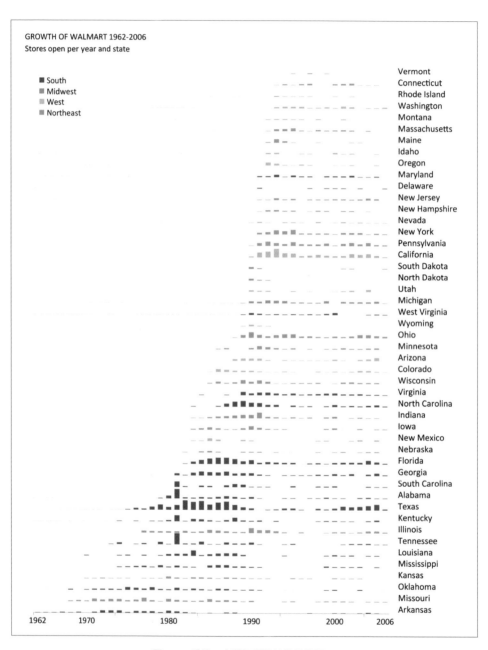

圖 8.29 喬治・卡莫伊斯設計的長條圖。

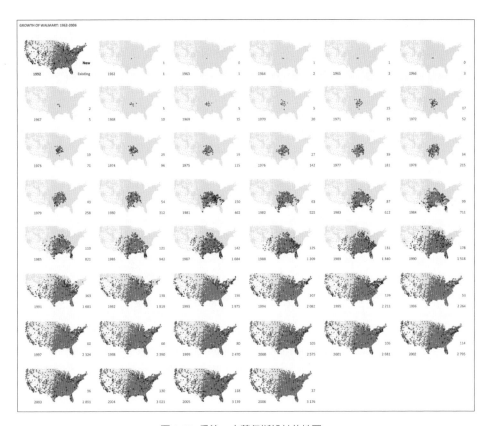

圖 8.30 喬治・卡莫伊斯設計的地圖。

　　麥斯・羅瑟（Max Roser）很喜歡使用連結散布圖，羅瑟是**牛津大學新經濟思維研究所**（University of Oxford, Institute of New Economic Thinking）的經濟學家，他發起了 www.ourworldindata.org 這項廣受歡迎的計劃，這項計劃致力於將大眾可以取得的資料（包括生活水準、健康、貧窮和其他主題）視覺化。

OurWorldInData 展示了許多傳統的時間序列折線圖（**圖 8.32**），但也嘗試描繪人均 GDP 和出生時平均餘命（**圖 8.33**），或是嬰兒存活率對比出生率（**圖 8.34**）等等因素的歷史變化。這些圖表也能引出我們即將探討的主題：關係的視覺化。

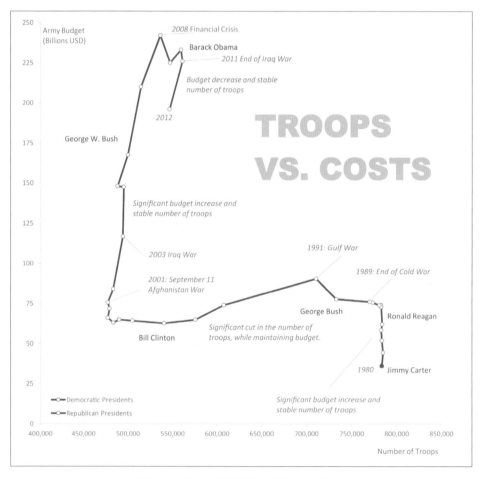

圖 8.31 喬治・卡莫伊斯設計的連結散布圖。

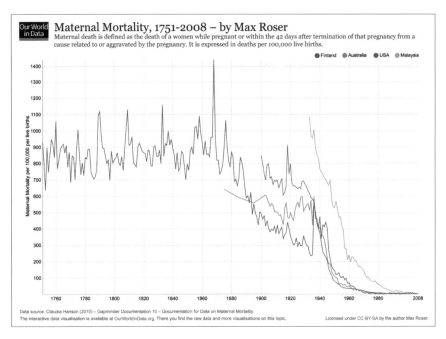

圖 8.32　羅瑟設計的時間序列折線圖，http://ourworldindata.org/。

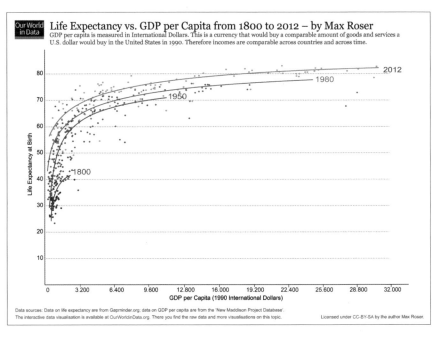

圖 8.33　羅瑟設計的散布圖，http://ourworldindata.org/。

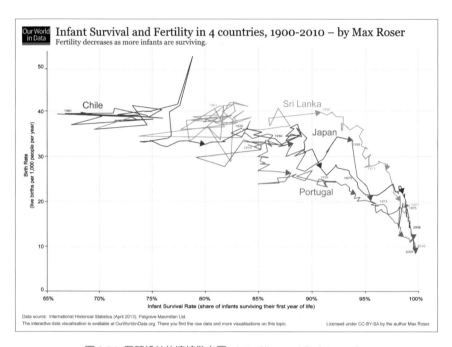

圖 8.34 羅瑟設計的連接散布圖，http://ourworldindata.org/。

瞭解更多

- Behrens, John. T. "Principles and Procedures of Exploratory Data Analysis." Psychological Methods, 1997, Vol. 2, No. 2, 131-160. 可於線上取得：https://citeseerx.ist.psu.edu/viewdoc/download?doi=10.1.1.362.8937&rep=rep1&type=pdf。

- Camões, Jorge. Data at Work: Creating effective charts and information graphics. Berkeley, CA: Peachpit Press, 2016. 市面上最棒的商用視覺化設計書籍之一。

- Coghlan, Avril. T. A Little Book of R For Time Series. 可於線上取得：https://a-little-book-of-r-for-time-series.readthedocs.org/en/latest/。

- Donahue, Rafe M.J. Fundamental Statistical Concepts in Presenting Data: Principles for Constructing Better Graphics. 本書可於線上免費取得：https://byuistats.github.io/CSE150/files/FSCPD_Donahue_callcenter.pdf。

MEMO

第9章
看出關係

一

男孩：「我從前認為相關性暗示著因果關係，
　　　然後我上了一門統計學課，現在我不
　　　這麼認為了。」

女孩：「聽起來這門課很有幫助。」

男孩：「這個嘛，或許吧。」

—— XKCD.com 上一篇漫畫的對話：https://xkcd.com/552/ ——

9

有些標題是任何記者都無法拒絕的，我舉個例子：「吃愈多巧克力，就變得愈聰明！」你可能以為我在開玩笑，但**路透社**（Reuters）在 2012 年真有一條標題是這樣的：「吃巧克力，得諾貝爾獎？」

這則報導是以半開玩笑的語氣寫的，或者至少看起來是如此，其依據是**弗朗茲．梅塞利**（Franz H. Messerli）醫生發表在備受敬重的《新英格蘭醫學期刊》（New England Journal of Medicine）上的一項「研究」，梅塞利醫生是**紐約市聖路加－羅斯福醫院**（St. Luke's-Roosevelt Hospital）的高血壓計畫主持人。路透社不是唯一一間報導梅塞利醫生研究結果的新聞機構[註1]。

梅塞利醫生的「研究」並不是真正的研究論文，只是在**偶然筆記**（Occasional Notes）的專欄上刊登的短文而已。該文依據的是從《維基百科》下載的資料：各國的每人巧克力消費量（以每年公斤數計算）與每一千萬人中的諾貝爾獎得主人數。

把這兩個變數一起丟進一張散佈圖，就會得到**圖 9.1**。你可以在圖中看到一個 $r = 0.79$，後面很快會說明這數字代表的意義。現在你只要記得，r 測量兩個定量變數之間的線性關係強度。r 能到達的最大值是 1.0，所以 0.79 代表了相當強的線性關係。

梅塞利醫生告訴路透社：「我是在**加德滿都**（Kathmandu）的一間飯店房間裡開始繪製這張圖的，因為我當時無事可做，而這張圖的結果讓我無法相信自己的眼睛。」嗯，最好還是相信自己的眼睛吧。**圖 9.2** 顯示了美

註 1　梅塞利醫生的文章是「Chocolate Consumption, Cognitive Function, and Nobel Laureates」，http://tinyurl.com/bh3eeea，路透社的報導則在以下網址：https://www.reuters.com/article/us-eat-chocolate-win-the-nobel-prize-idUSBRE8991MS20121010。想知道關於這個案例的評論，請閱讀「Chocolate consumption and Nobel Prizes: A bizarre juxtaposition if there ever was one」，http://tinyurl.com/pzlbuf6。

國小姐的年齡與美國當地以蒸汽、熱氣等高熱物品致死的謀殺案件數量之間的關係，這種線性關係又更強了（$r = 0.87$）。我可能剛剛證明了美國小姐的評審身負降低謀殺率的重責大任，只要他們盡可能讓年輕小姐獲勝的話。

正如這個範例的來源網站**虛假相關**（Spurious Correlations）（http://tylervigen.com/spurious-correlations）所顯示的，你不需要仔細檢查資料，就能找到截然不同的變數之間存在著振奮人心卻極端荒謬的關聯。

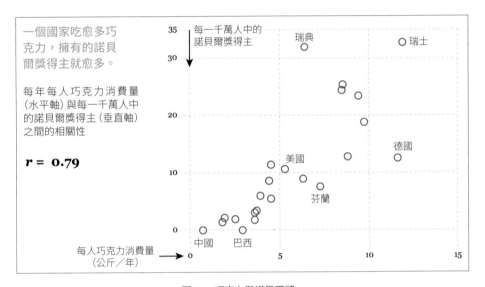

圖 9.1 巧克力與諾貝爾獎。

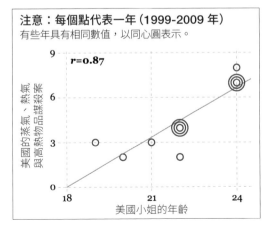

圖 9.2 美國小姐的年紀愈大，就有愈多人被兇手以蒸汽、熱氣或高熱物品謀殺。誰說我們很難在數字中找到樂趣呢？

雖然這些例子看起來很蠢，但我們每天都會在媒體上看到它們，我們都會在某個時刻認真看待這樣的報導。我打賭你會否認。

有些研究人員還花時間寫文章來反駁梅塞利醫生的想法[註2]。其中最有意思的文章發表在《營養學期刊》(The Journal of Nutrition)[註3]，這篇文章寫出了眾所周知的事情：巧克力消費確實與一個國家的諾貝爾獎得主數相關。但酒類消費也是如此，還有 IKEA 店鋪數量也不例外 (**圖9.3**)。

這些變數的共通點就是它們都與各國財富有關聯，那才是我們忽略的潛在變數。一國的所得中位數愈高，國民就有愈多錢投資在教育、酒及巧克力，或是超難組裝的 IKEA 家具。

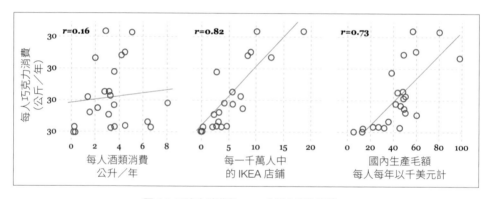

圖 9.3 巧克力消費與 IKEA 店鋪之間的關係。

註2　平心而論，梅塞利醫生的文章有幾個前提：該文依據的是一項已知事實：巧克力會促進認知功能，而且是以一種半玩笑半嚴肅的語氣書寫的。梅塞利醫生發現瑞典是個離群值時，他寫道：「要嘛是**斯德哥爾摩**(Stockholm)的諾貝爾委員會在評估獎項候選人時有某種與生俱來的愛國偏見，要嘛是瑞典人或許對巧克力特別敏感，即使是極少量的巧克力都能大幅提升他們的認知能力。」在該文結尾，他補充說：「梅塞利醫生報告自己每日固定攝取巧克力，大多為**瑞士蓮**(Lindt)黑巧克力的形式，但不限於此。」

註3　"Does Chocolate Consumption Really Boost Nobel Award Chances? The Peril of Over-Interpreting Correlations in Health Studies," http://jn.nutrition.org/content/143/6/931.full。

如果處理單一一個變數就很棘手，那麼探索不同變數如何互相影響就更困難了。我們在本章將會進入定量關係、相關、迴歸的世界，並瞭解我們能用來展示它們的多種視覺化方式。我們也會談到一個問題，它就像是一頭住在小客廳（擺滿了 IKEA 家具，這是一定的）裡頭的大象那麼麻煩：我們有可能直接從相關關係跳到因果關係嗎？

從關聯到相關

一個變數的改變會伴隨另一個變數的變化時，我們說這兩個變數是有關聯的。以圖 9.4 上的學生成績小型資料集為例，你可以用一張**散佈圖**（scatter plot）及一條趨勢線來表示變數之間的正線性關係。

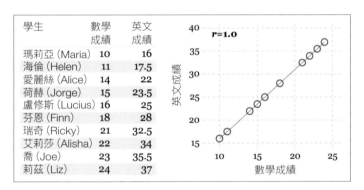

圖 9.4 一個完美的相關。

在散佈圖上，資料分佈愈接近這條趨勢線，變數之間的關聯就愈強。在我們目前的資料集裡，所有資料點都坐落在線上，代表關聯非常強，而這條線是我們資料的極佳模型。我們可以用一個方程式或函數來表達這條線，姑且把數學成績稱為 X，英文成績稱為 Y 吧。以下是這條線的函數：

$$Y = (X \times 1.5) + 1$$

你可以自行重複驗算這個函數。數學成績是 14 分的時候，英文成績是 22 分，也就是 (14 × 1.5) + 1 的結果。

我們的函數不只考慮到實際數值，也能預測缺失或不存在的數值。舉例來說，在數學考試中，沒有一個學生拿到 20 分。如果有人的數學成績是 20 分，我們就能預測他的英文成績：(20 × 1.5) + 1 = 31。我們只要稍微花點力氣回推之前的方程式，就能根據英文成績來估算數學成績了。

遺憾的是，這個世界遠遠比虛構的例子要混亂得多，變數之間的相關性很少是完美的。你可以再看一遍圖 9.3 中 IKEA 店舖與巧克力消費之間的關係，圖中也有一條趨勢線，但它沒有完美符合資料。資料點沒有坐落在趨勢線上，而是在它附近聚集。

如果兩個定量變數之間的關係是線性，我們就能討論兩個變數之間的相關性。相關性的強度可以用我們之前見過的 r 來表示，那就是**相關係數**（correlation coefficient）註 4。計算 r 的公式很直接，不過與此處要討論的內容無關 註 5。以下是關於 r 的一些需要記得的重點：

- r 可以是 –1.0 與 1.0 之間的任何數值。

- 相關性具有方向。如果 r 是負數，X 的每次增長都會導致 Y 減少。如果 r 是正數，X 和 Y 就會一起增減。在這兩種情況下，變化的比率都是固定的（編註：因為 r 值一樣，只是正負號不同）。

註 4　就跟本書的前幾章一樣，我只是給你一段概述，所以請參閱本章結尾的建議書目來取得更多資訊。

註 5　要是你對如何計算 r 很感興趣，過程是這樣的：首先，還記得我們在前幾章討論的 z 分數嗎？你需要計算所有 X 與 Y 值的 z 分數，然後把每個 X 的 z 分數乘以每個 Y 的 z 分數，並把所有乘積加總。接著，把總和除以 X-Y 配對數。

- r 愈接近 1.0，X 和 Y 之間的正相關就愈強。r 愈接近 −1.0，X 和 Y 之間的負相關就愈強。

- 相關性的強弱定義，各個作者並沒有一致的看法，不過以下是一種實用的分級：0.1–0.3 是輕微；0.3–0.5 是中等；0.5–0.8 是強烈；0.8–0.9 是非常強烈。同樣規則也適用於負相關，只要在這些數字前面放一個負號即可。

- 為了以防萬一，我在這裡再說一次：在任何散佈圖中，大多數資料點離趨勢線愈近，r 就會愈大，反之亦然。

- 相關性對**離群值**（outlier）非常敏感，它是一個**非抗拒統計量**（non-resistant statistics），光是一個離群值就可能嚴重扭曲 r。有一些方法能用來對付這個問題。舉例來說，你可以參考**斯皮爾曼抗拒相關係數**（Spearman's resistant correlation coefficient）或**肯德爾等級相關係數**（Kendall rank correlation coefficient）的文獻。

> 編註 假設 X={1, 3}，Y={2, 4}，X 的平均是 2、標準差是 1，Y 的平均是 3、標準差是 1，X 的 z 分數為 {-1, 1}，Y 的 z 分數為 {-1, 1}，每個 X 的 z 分數乘以每個 Y 的 z 分數為 {1, 1}，加總除以配對數得到 $r = 1$。

　　我要重申一遍，相關性只適用在變數之間的關係是線性的時候。變數之間的關係不一定是線性，有時用一條曲線來描述兩個變數之間的關聯會更好。

　　我有一組年代久遠的**燃料效率**（fuel efficiency）資料集，裡面有兩個變數：速度和 1984 年測試的 15 台車的每加侖汽油英里數。我計算速度與平均里程數之間的相關，得到：$r = -0.27$。我該繼續探索嗎？首先，我們在一張連結散佈圖上觀察資料。**圖 9.5** 顯示 1984 年汽車的平均值，並與 1997 年測試的九輛車平均值進行比較。

我能清楚看到，這個案例中的簡單線性關係並不適合：1984 年與 1997 年的車在低速及高速的燃料效率都很低，兩者要在中速才會達到燃料效率的高峰。

我發現了一個有趣的模式，就是 1997 年汽車的曲線形狀有兩個分開的高峰，而且這條曲線比 1984 年汽車的曲線更平。較新的車在低速和高速的效率較高，但在中速的效率稍低。這或許沒什麼意義，因為我不知道 1984 年與 1997 年測試的車款是否相同。我們無法評估這樣的比較是否合理。

出於好奇心，我決定為 1997 年測試的九個車款都繪製出燃料效率圖表，看看雙峰模式是否很普遍。確實如此（**圖 9.6**），好幾個車款都在曲線中間出現效率陡降的現象，這樣的結果真令我吃驚（我對車子的無知程度就跟我對體育的無知程度一樣可怕，而且我也不以此為傲，你可以叫我笨蛋）。我一直以為，燃料效率總是會遵循一條先上後下的平滑曲線，就跟 1984 年汽車的曲線一樣。我（又）因為一張圖表而學到新知了。

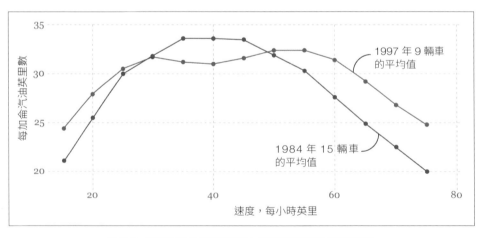

圖 9.5　非線性關係（資料來源：《運輸能源資料冊第三版》(Transportation Energy Data Book Edition 3)）。

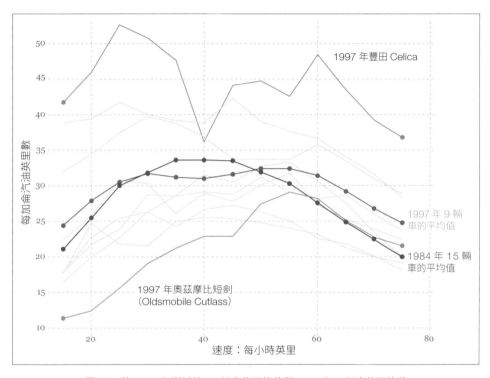

圖 9.6 將 1984 年測試的 15 輛車的平均值與 1997 年 9 輛車的平均值
進行比較，還有與 1997 年測試的各車款（淡藍色）進行比較。

★ 平滑法（Smoothers）

資料中的疑雲往往是發現潛在故事的最佳起點，所以接下來是另一個
例子：我曾讀到美國在**學業性向測驗**（Scholastic Aptitude Test, SAT）表
現最好的州是**北達科他州**（North Dakota）。這聽起來很有趣。統計學家**大
衛・摩爾**（David S. Moore）與**喬治・麥卡比**（George P. McCabe）設計的
活動給了我啟發，我開始搜尋網路，下載 2014 年州級學業性向測驗平均
成績及應試率，並設計一張有一條直線趨勢的散佈圖（**圖 9.7** 的左圖）。

這張圖表中有幾個有意思的模式，我至少可以看到三個資料分群還有一些例外（圖 9.7 的右圖）：

1.　極低應試率和極高平均分數的州，

2.　高應試率和較低分數的州，

3.　全員應試和更低分數的州。

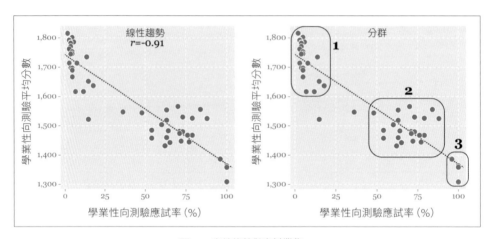

圖 9.7　直線趨勢與資料叢集。

因此，單一一條線性關係無法充分總結這些資料，而且只有 r 也會誤導我們，即使 r 很高也一樣。有個解決方法是把資料分成相同大小的群組，然後計算每個群組的趨勢線。

大致來說，這就是**局部加權迴歸散點平滑法**（locally weighted scatter plot smoothing）背後的概念。這個詞有點拗口，所以我們改成簡稱 LOWESS 吧。許多用於視覺化的工具和程式語言都能為我們計算 LOWESS 模型和曲線。接著，我們可以根據地區用不同顏色標記各州（**圖 9.8**）。

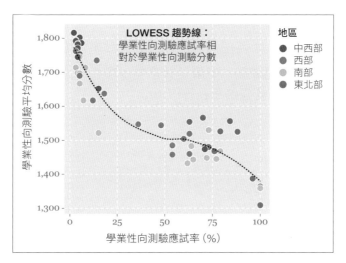

圖 9.8 以一條 LOWESS 線表示學業性向測驗應試率相對於平均分數

假設有人只顯示學業性向測驗平均成績，根據成績繪製的長條圖就會被一個因素扭曲：在低應試率的州，或許只有優秀的高中生參與學業性向測驗 註6。舉例來說，北達科他州的應試率只有 2%，平均成績為 1816 分，但在**華盛頓特區**（Washington D.C.），所有學生都有參與測驗，平均成績只有 1309 分。因此，我們的散佈圖更適合描述這種狀況。

我第一次得知這種應試率與分數不匹配的狀況時覺得非常好奇，所以做了一些研究。如果高中生不參加學業性向測驗，那他們會做什麼呢？我讀到中西部州的大多數學生會參加**美國大學入學測驗**（American College Testing, ACT），所以我決定看看應試率跟平均成績之間的逆向關係是否依然存在。

註 6 這只是猜測而已，請閱讀「Why The Midwest Dominates the SAT」，http://
www.forbes.com/sites/bentaylor/2014/07/17/why-the-midwest-dominates-
the-sat/。

我從 www.act.org 下載資料，並設計圖 **9.9**。這張圖類似圖 9.8 的鏡像，不過有一些例外：中西部州有比較高的應試率，但他們的平均分數沒有像我預期的那樣大幅降低。如果沒有這些以顏色標記的散佈圖，我們就很難發現這些資訊在中西部州的特殊之處。

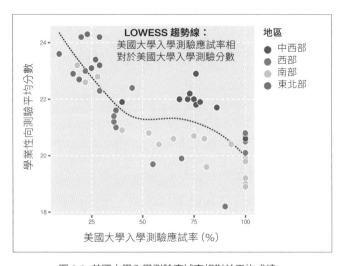

圖 9.9 美國大學入學測驗應試率相對於平均成績。

★ 矩陣與平行座標圖

一張散佈圖能顯示兩個變數之間的關係，但要是我們想比較更多變數呢？

我剛才處理的學業性向測驗成績資料集不僅包含了州平均分數，也包含每項考試的分數：批判性閱讀、數學與寫作。圖 **9.10** 是一系列散佈圖，它們有相同 Y 軸（分數）及 X 軸（應試率）。如果這系列圖表是互動式的，那麼只要讀者在其中一張散佈圖上選擇一個州或一組州，其他散佈圖也會標示出這些州，使讀者能發現相似性及相異性的模式。數學分數似乎比寫作分數高，很有趣吧！

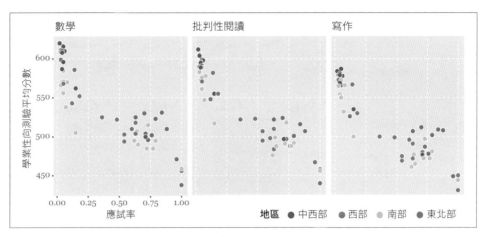

圖 9.10 比較不同分數和應試率。

這類圖表的侷限是你可以比較應試率和其他任何分數，但是你無法看到各科考試之間的相關（例如數學相對於寫作）。

我們可以使用**散佈圖矩陣**（scatter plot matrix）（**圖 9.11**），這是一個在科學研究很常見的工具，可惜沒有受到新聞機構太多關注。散佈圖矩陣的功用是探索多變數資料，能在多變數之間的關係上提供非常豐富的全局觀點。

如果你之前從未見過這樣的矩陣，你會需要花點時間學習如何解讀，所以我設計了一張小小的資訊圖表指南（**圖 9.12**）。你應該能注意到，散佈圖矩陣可以根據相關強度以顏色標記，甚至可以簡化成熱力圖（**圖 9.13**）。

我的學業性向測驗成績資料集不是特別有趣，因為相關係數幾乎都是1.0（編註：代表各科分數彼此間都是非常高度相關），所以我設計了另一個散佈圖矩陣和熱力圖的例子（**圖 9.14**），比較幾個州級指標，例如貧窮程度、領取食物券人數、肥胖率、教育程度等等。

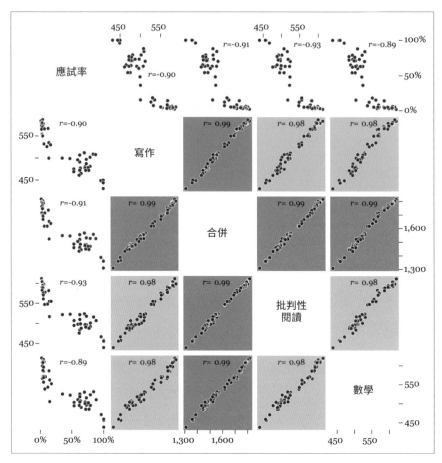

圖 9.11　散佈圖矩陣。即使我計算了每一格的 r，但請牢記，
離群值能大幅影響這個統計量。

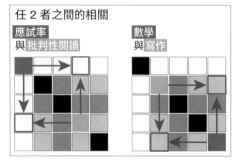

圖 9.12　如何解讀散佈圖矩陣。

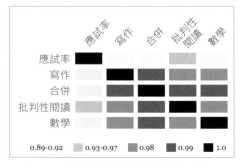

圖 9.13　根據相關矩陣繪製的簡單熱力圖。

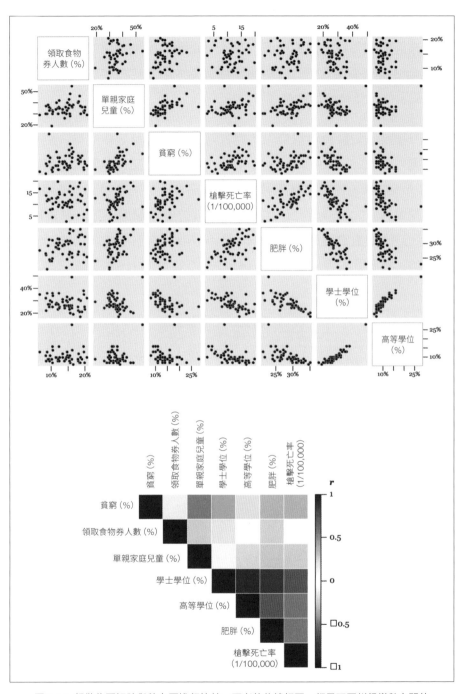

圖 9.14 根散佈圖矩陣與熱力圖進行比較，兩者的依據相同，都是不同州級變數之間的
相關性。散佈圖上的每個點代表美國的一個州。

要決定使用散佈圖矩陣還是熱力圖，取決於許多因素。舉例來說，假如變數之間的關係跟之前的例子一樣，不是明顯線性的時候，只使用熱力圖就不太恰當。不過，熱力圖能簡要地總結大型資料集。當你不確定時，一定要先製作一張詳細的散佈圖。

另一種將多變數資料視覺化的好方法是我們在第五章簡單介紹過的**平行座標圖**（parallel coordinates chart），由數學家**艾爾弗雷德・英瑟伯格**（Alfred Inselberg）在 1959 年發明。平行座標圖的一項優點是能用於展示任何類型資料（不論是類別資料或定量資料）之間的關係，正如**圖 9.15** 顯示的一樣，該圖是由**史蒂芬・費夫**（Stephen Few）在其著作《信號》（Signal）中設計的。這張圖表顯示四個不同區域內 10 種產品（分成三組）的表現。

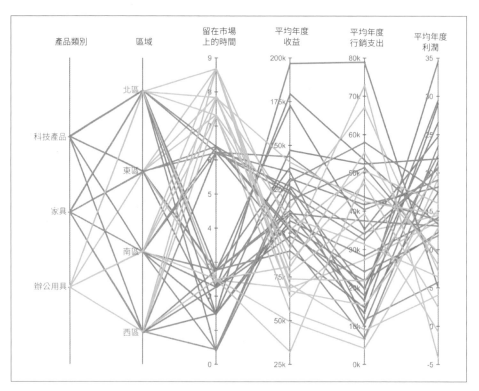

圖 9.15 史蒂芬・費夫繪製的平行座標圖。

史蒂芬寫道：

> 　　起初我們看到的就像一團亂麻，但請先暫停你對該圖潛力的懷疑，等我稍微多解釋一點，就能獲得的線索。以下是一些比較明顯的發現：
>
> - 沒有一項科技產品留在市場上超過三年。
>
> - 所有產品留在市場上的時間要嘛不到三年，要嘛超過六年。
>
> - 收益最高的前四大產品全是科技產品。
>
> - 收益最高的產品之所以有優異表現，或許是因為在特定區域的行銷上有重大投資，導致相當低的利潤率。
>
> - 收益最低的產品全是辦公用品。
>
> - 在市場上最短時間的產品全都是收益比平均年度收益高的家具產品。
>
> - 前五大利潤率中有四個與科技產品有關。
>
> - 有兩種辦公用品在特定區域虧損，其中一種似乎跟昂貴的行銷活動有關[註7]。

　　我得說，比起我們一開始覺得這張圖表很凌亂圖表，其實這張圖表還不算太糟。

註 7　Few, Stephen. Signal: Understanding What Matters in a World of Noise. Analytics Press, 2015.

設計平行座標圖時有兩個重點。第一，以不同方式排列變數有助於找出相關模式。第二，添加互動性能幫助讀者。以具有許多線的平行座標而言，當人們可以標示出自己感興趣的部分，同時讓其餘部分變成灰色時，這樣的平行座標圖通常會更有效果。

用於溝通的相關性

我之前探索的學業性向測驗資料令我想起我與同事**傑拉多·羅德里格茲**（Gerardo Rodríguez）、**卡蜜拉·吉瑪萊斯**（Camila Guimarães）製作的一張互動式視覺化圖表，當時我還在《巴西時代週刊》（Época）雜誌擔任資訊圖表與視覺化總監。2010 年 9 月，巴西教育部公布了巴西**全國高中考試**（ENEM）的結果，這項考試就等於巴西的學業性向測驗。

我們設計了一個線上工具，起初是讓家長搜尋整個資料庫來尋找巴西國內的任何學校。不過，我們也想加入一點視覺化。我們的資料來源之一是一位專精於教育資料的統計學家，他建議我們研究平均學校成績與應試率之間的關係。

他給的理由是巴西全國高中考試成績並不準確，因為好學校的應考學生比例很大，但壞學校的應考學生比例卻低得多。據說有些壞學校為了讓成績好看一點，會阻止學業表現低落的學生參加考試。

我們的資料來源人也建議我們以顏色標記公立學校和私立學校。巴西的教育體系非常不公平：多數公立學校遠遠比多數私立學校差勁。你對結果感到好奇嗎？請看**圖 9.16**。每個點代表一間學校。X 軸是平均巴西全國高中考試分數，Y 軸是應試率（以百分比顯示）。垂直線和水平線是這些變數的平均值，它們把這張圖表分成四個象限。多數公立學校位於左下象限（成績差、應試率低），而多數私立學校則位於右上象限（成績好、應試率高）。雖然有一些例外，但這個模式清晰可見。

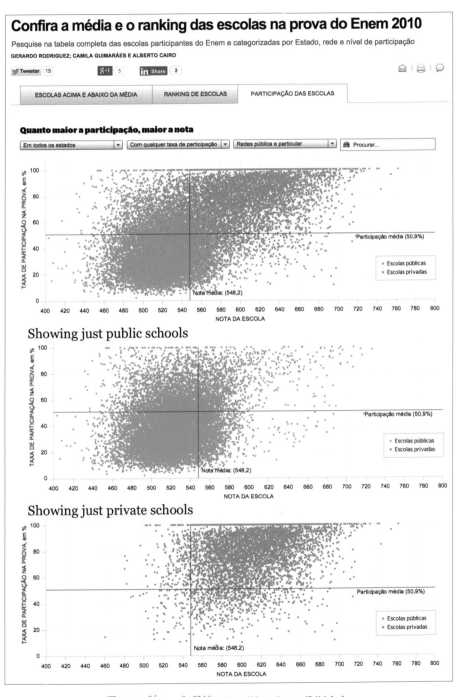

圖 9.16 《Época》雜誌，http://tinyurl.com/64kbfwf。

過去五年內，資料團隊已經在巴西媒體界蓬勃發展。最活躍的團隊是 Estadão Dados，來自巴西主流全國報紙之一的《聖保羅州報》(O Estado de S. Paulo)。在我看來，**圖 9.17** 是該團隊最好的專案之一。它的標題是：**家庭津貼** (Bolsa Família) 如何影響了**迪爾瑪・羅賽夫** (Dilma Rousseff) 的選票。這張圖表是由**羅德里戈・伯達雷利** (Rodrigo Burdarelli) 與**荷西・羅伯托・德・托萊多** (José Roberto de Toledo) 設計。

家庭津貼是一項福利計畫，旨在幫助貧困家庭換取他們的孩子求學及接種疫苗的權利。迪爾瑪・羅賽夫曾選上巴西總統兩次，分別是在 2010 年和 2014 年，而這張圖表便是在 2014 年刊登的。

羅賽夫屬於左派的政黨：**勞工黨** (Partido dos Trabalhadores, PT)。Estadão Dados 的目標是顯示，接受家庭津貼幫助的家庭百分比 (X 軸) 和投給羅賽夫的選票 (Y 軸) 之間有清晰的關係。

在這張圖表中，每個圓圈代表一個市轄區，泡泡大小代表人口。兩個變數的關聯清晰可見，而且當你只有顯示東北部市轄區或南部市轄區時又更加清晰了。平均而言，巴西的東北部非常貧困，南部都市與城鎮則富裕得多。

我第一次見到這張視覺化圖表就很喜歡，但它的標題讓我覺得不太對勁。散佈圖可能具有欺騙性：家庭津貼與投給羅賽夫選票之間的關係確實存在，但這真的代表從這項福利計畫中獲益就會導致左派候選人獲得更多選票嗎？有沒有可能我們搞錯事情的發生順序了：或許在 2003 年家庭津貼開始推動時，貧困地區對左派候選人的支持率就已經很高了。**縱剖面分析** (longitudinal analysis，編註：不同時間的分析) 一直都比**橫剖面分析** (cross-sectional analysis，編註：同一時間的分析) 更有啟發性。

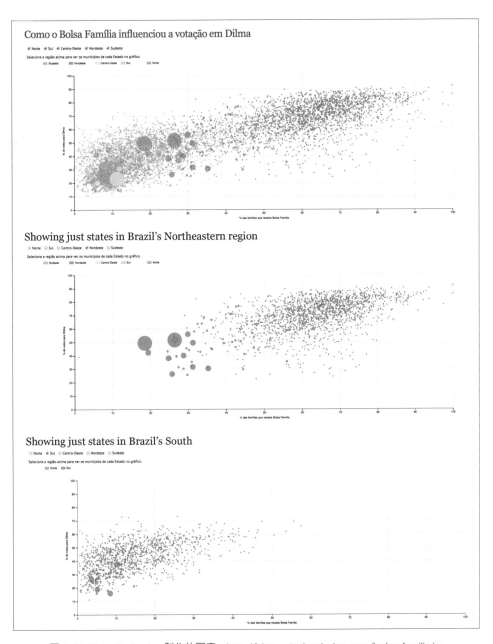

圖 9.17 Estadão Dados 製作的圖表，http://blog.estadaodados.com/bolsa-familia/。

我告訴 Estadão Dados 我的疑慮，而該團隊的成員告訴我，那則標題是根據 1989 年、1994 年及 1998 年發表的研究而寫的，這些研究顯示，家庭津貼推動之前，較貧困的地區對於勞工黨候選人的支持度沒有很高。此外，**巴西民意與統計研究所**（Brazilian Institute of Public Opinion and Statistics, IBOPE）在 2010 年進行的一項分析顯示，家庭津貼這項因素能較好地解釋民眾為何投票給勞工黨總統候選人。

墨西哥的《金融時報》（El Financiero）刊登了互動式散佈圖的一個漂亮範例（**圖 9.18**）。設計師兼開發人員**雨果・羅培茲**（Hugo López）與**約書亞・拉佐**（Jhasua Razo）想要分析**墨西哥市**（Mexico City）的房屋及公寓表面積是否與其價格成正比。這兩個變數之間的相關性很明顯，但有一些古怪的離群值。

這張視覺化圖表讓讀者能選擇要顯示哪個街區，而 X 軸和 Y 軸也會相應改變。觀察這張圖表時，請注意這裡的動畫效果用得多麼美妙，不只是讓圖表呈現更華麗，也讓讀者更容易理解。

圖 9.18 《金融時報》製作的圖表，http://tinyurl.com/of4p6mu。

　　我是從 2012 年開始訂閱《紐約時報》的，在我訂閱的這些年裡，該報龐大的圖表部門（截至我寫到這裡為止大約有 30 人）已經製作出許多精緻的關係圖表。直到今天，其中兩張圖表仍令我記憶猶新。第一張圖是由**漢娜・費爾菲爾德**（Hannah Fairfield）與**格雷姆・羅勃茲**（Graham Roberts）製作的（**圖 9.19**），該圖是視覺化專家**羅伯特・柯薩拉**（Robert Kosara）最愛的圖表：

> 　　它顯示出男性與女性的週薪，男性在水平軸上，女性在垂直軸上。一條粗黑對角線顯示平等的薪資，三條附加的線顯示比男性少 10%、20%、30% 的女性薪資。線的右下方任何一點都代表女性賺的錢比男性少。這條粗黑線以及三條附加線真的是神來一筆。你在散佈圖上見到一條線時，它通常是一條模擬資料的迴歸線，也就是按照資料點分佈的線。不過，這種線只會增加讀者判斷兩軸之間差異的困難而已，而我們本來就不擅長判斷兩軸之間的差異，在解讀散佈圖時通常也不會這麼做。反觀對角線，儘管它非常簡單，卻讓我們能輕而易舉地判斷兩軸之間的差異（編註：都代表線上的 Y 值比 X 值低多少比例）。這項工具是如此簡單，卻又如此清晰有效。對角線上的所有點代表了男女薪資相同的職業。線的左上方是女性薪資高於男性的區域，右下方則是女性薪資低於男性的區域[註8]。

　　寫得真好。我個人很喜歡的另一張圖表是**圖 9.20** 的**熱力圖**（heat map），由**喬恩・黃**（Jon Huang）與**艾隆・菲爾霍夫**（Aron Pilhofer）設計，並在**賓拉登**（Osama bin Laden）於巴基斯坦死亡後當天發表。《紐約時報》（The New York Times）請讀者發送他們對於該事件的意見：這起事件重不重要？他們的看法是正面還是負面？《紐約時報》也促使讀者把自己的反應標在這張圖表上。結果能讓你瞭解將近一萬四千名《紐約時報》讀者對這則新聞有什麼樣的反應：多數讀者位於右上象限，也就是正面且重要。

註 8 「My Favorite Charts」，https://eagereyes.org/blog/2014/my-favorite-charts。

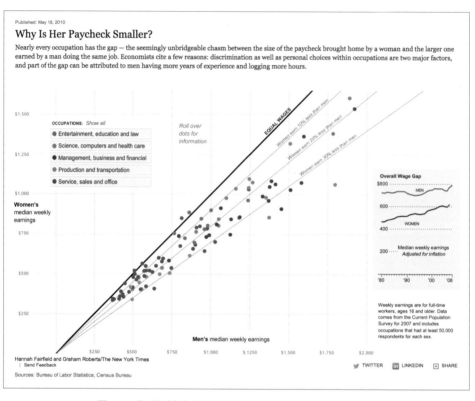

圖 9.19《紐約時報》製作的圖表，http://tinyurl.com/cnrj2f。

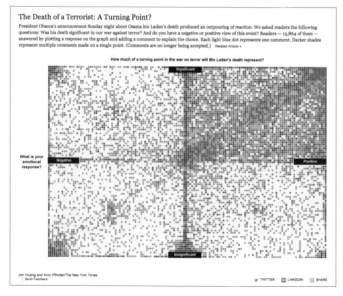

圖 9.20《紐約時報》製作的
圖表，http://tinyurl.
com/43skv8s。

2014 年 10 月 27 日週一，**莊德利**（John Tory）以 6 個百分點的較大優勢當選**多倫多**（Toroto）市長。他的主要對手**道格・福特**（Doug Ford）是前市長**羅布・福特**（Rob Ford）的哥哥，兄弟倆一個比一個更不堪，而羅布・福特因為確診癌症而無法尋求連任。由於屢屢發生跟物質濫用有關的事件（從酗酒到吸食古柯鹼），羅布・福特的市長任期遭到中斷。

在《環球新聞》（Global News）發布的一則長篇報導中，調查新聞記者**派翠克・凱恩**（Patrick Cain）問道：「誰支持福特？」註 9 正如他在報導的調查方法段落解釋的一樣，他首先收集了數次民調的結果。然後他利用一個製圖程式，找到舉行各次民調的中央地理點。他把那個點放進（或盡可能接近）對應的選舉紀錄，這樣一來，他就能把民調估計結果跟失業率、所得等指標做比較。

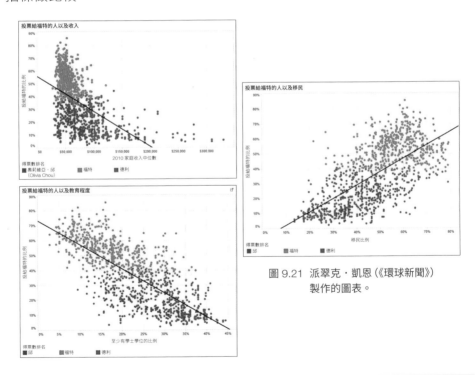

圖 9.21 派翠克・凱恩（《環球新聞》）製作的圖表。

註 9　「Ford Nation 2014: 14 things demographics tell us about Toronto voters」，http://tinyurl.com/qeeezoj。

他製作出的圖表令人驚奇。**圖 9.21** 顯示了其中三張圖：儘管福特兄弟是右翼分子，但他們在多倫多的舊城區有大量支持，那些區域的公民所得很低、只有高中學歷、沒有在加拿大出生，英文也不是他們的母語。

貧窮與教育程度之間的連結是雙向的，而且受到許多因素影響，這種連結社會學家和記者探索數十年了。然而，我們很少能找到像 2005 年《每日先鋒報》(Daily Herald) 的一系列文章與視覺化圖表那樣令人信服的敘事，《每日先鋒報》是一份與 WBEZ (**芝加哥公共廣播電台** (Chicago Public Radio)) 合作且為芝加哥城郊服務的報紙[註 10]。

《每日先鋒報》和 WBEZ 的記者及設計師檢視了十年時間的考試成績及街區級貧困率，發現低收入與學童在校表現之間有非常強烈的連結。請看**圖 9.22** 的散佈圖，是由**提姆・布羅德里克** (Tim Broderick) 製作的。

記者也研究了過往資料，發現校內貧困學生比例的變化非常適合用來預測接下來一段時間內的考試成績。他們也探索了芝加哥市各區的資料，同樣的關係依然存在。在某些位於芝加哥都市周邊的郡裡，相關係數則非常接近 1.0。

此外，《每日先鋒報》與 WBEZ 撰寫的報導是展示如何呈現複雜資料的優秀範例：不是只放圖表 (這可能會導致錯誤解讀)，這些報導也透過訪問專家、學校官員、政治人物、家長、兒童，把資料置入脈絡中，並在分析時解釋許多微妙變化、限制、例外與灰色地帶。

註 10 第一則報導：http://www.dailyherald.com/article/20150622news/150629873/。
所有資料及使用的方法：http://reportcards.dailyherald.com/lowincome/。

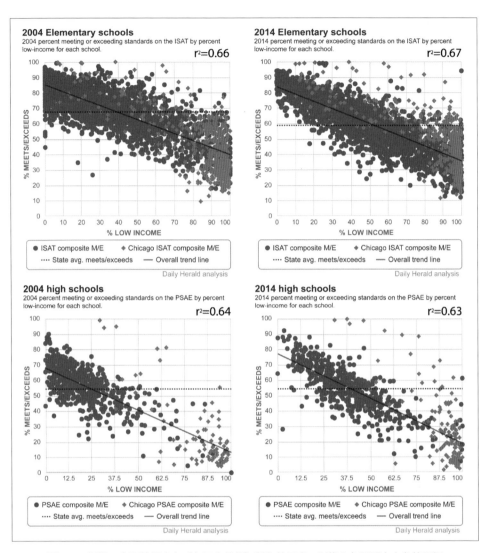

圖 9.22 提姆・布羅德里克在《每日先鋒報》製作的圖表。別擔心每張圖右上角的那個
r 平方，我們會在幾頁之後學到的。

★ 迴歸（Regression）

我在本章開頭設計的散佈圖（圖 9.1），跟《環球新聞》及《每日先鋒報》的散佈圖（圖 9.21 及圖 9.22）之間有一個不同之處。在我用來解釋相關性的圖表中，哪個變數成為 X 軸或 Y 軸並不是很重要，它們是可以互換的。在《每日先鋒報》的圖表中卻不然：X（低收入）是解釋變數，Y（考試表現）是反應變數（低收入率的變化可以解釋考試成績的部分變化）[註11]。這不只是一張相關圖，而是所謂的迴歸模型。

在迴歸，X 有限制（編註：合理的資料範圍內）的數值。如果你猜測 X 的一個未來數值，你就能大致預測相應的 Y 值。為什麼呢？我將會解釋最簡單類型的迴歸：**單變數線性最小平方方法迴歸**（univariate linear least squares regression）。如果你想要瞭解其他類型的迴歸，如**邏輯斯迴歸**（logistic regression）、**貝氏迴歸**（Bayesian regression）等等單變數及多變數迴歸，請見本章結尾的建議閱讀文獻。

還記得我們在散佈圖學到的嗎？兩個定量變數之間的線性關係可以用一個方程式、一個函數來表達。

$$Y = 以某種方式修正的 X$$

簡單線性迴歸的公式會讓人困惑一下子，但不用擔心。我之所以把它放進來，只是為了讓你瞭解你在要求軟體工具計算時會得到的結果：

$$Y = 截距 + X \times 斜率$$

註 11　在許多書中，解釋變數被稱為「自」變數，反應變數被稱為「依」變數，我發現這種命名方式會造成不必要的混亂。有些統計學家則偏好使用「輸入」變數（input variable）和「輸出」變數（output variable）。

你在電腦上計算迴歸時，通常會得到至少四個估計值：**截距**（intercept）、**斜率**（slope）、一定程度的誤差、**信賴水準**（confidence level），我們很快就會談到後面兩個。截距和斜率是什麼呢？請看**圖 9.23**，該圖呈現了學業性向測驗應試率及成績之間的關係。

截距是迴歸線在 X 軸為 0 點時的 Y 值。

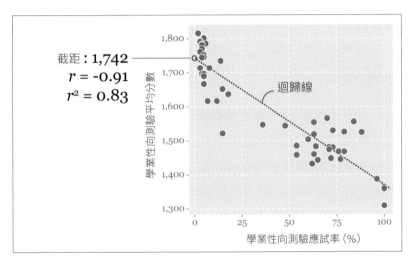

圖 9.23 截距。

斜率是 X 值改變時 Y 值變化的比率。在我們的資料集裡，斜率值是 -3.68。這代表應試率每增加 1，學業性向測驗平均成績大約就會降低 3.68。這個「大約」是必要的修飾語。在散佈圖中，許多州都離迴歸線很遠。儘管如此，我們仍然能預測平均分數在應試率 25% 時可能是多少：

截距 + X × 斜率 = Y

因此：

1,742 + 25 × (-3.68) = 平均分數 1,650

你可以在圖表上確認這個數值。只要把手指放在 X 軸的 25 點上,然後看垂直往上碰到迴歸線,接著水平往右看 Y 軸上點,正好就在 1,650 點。不過,這個過程沒有考慮到模型裡的誤差。正如你在圖表中可見的,實際有筆資料接近 25% 應試率的學業性向測驗分數稍微偏離了估計值。沒有模型是完美的。

此時有幾個警示訊息需要注意:第一,視覺化設計師和記者常常會處理**高層級群集資料** (high-level aggregated data),例如國家或州平均值。請注意,在這類資料中,變數之間的關聯通常比在較低層級的分析 (例如街區平均值) 要強得多。

第二,請一定要牢記,**從資料而來的推論應該只在相同層級的群集資料中進行**。群組層級的資料不能用來分析個體層級的現象[註 12]。以現在這個例子而言,我們處理的是州級資料。如果要根據單一學校的應試率來預測該校的學業性向測驗平均成績,我們的模型不會有很好的效果。

我們回到圖 9.23 吧。這張圖中除了有相關係數 r 之外,還有 r^2。r^2 是**決定係數** (coefficient of determination),也就是相關係數的平方。如果像這個例子一樣 r = -0.91,那麼 $r^2 = (0.91) \times (0.91) = 0.83$。

決定係數是一個相當有用的統計量。它是一種測度,表示反應變數 (Y) 的變化有多少是取決於解釋變數 (X),你可以把它當作是一種百分比。如果 r^2 = 0.83,你可以說學業性向測驗分數的變化有 83% 能以應試率來解釋。我們之前曾在《每日先鋒報》的圖表見過 r^2 (圖 9.22),其中一個 r^2 是 0.63。因此,低收入家庭的學生比例 (X 軸,解釋變數) 解釋了 63% 的學校考試結果變化。

註 12 這稱為**生態謬誤** (ecological fallacy)。請閱讀「Ecological Inference and the Ecological Fallacy」,http://web.stanford.edu/class/ed260/freedman549.pdf。

從相關到因果

使用一個以上的解釋變數來估計一個反應變數的變化，並不等於解釋變數是導致反應變數變化的原因。雖然相關性或迴歸足夠可信時，能用來當作最一開始的線索，但它們都不代表因果關係的存在（編註：請回想本章開頭幾個荒謬的案例）。

想要在相當程度上確定因果關係，唯一的方法終究還是要進行能夠排除額外因子的隨機對照實驗。然而在很多情況下，進行實驗是很困難的，或甚至根本沒辦法進行。如果你希望確定貧窮是否真的會造成較差的學業表現，可能需要測試一群中收入學童一年，然後讓他們貧窮幾年，再測試一遍，將他們跟另一組生活條件沒有改變的學生（這是控制組）做比較。學術倫理委員會根本不會核准這種事！

那麼，我們無法進行實驗時該怎麼辦呢？如果我們能滿足某些嚴格的條件，依然有可能確定因果連結。統計學家大衛・摩爾與喬治・麥卡比（請見建議閱讀文獻）建議以下條件：

- 你在研究的變數之間的關聯強度，比如很高的決定係數。

- 與其他替代解釋變數的關聯較弱。

- 幾項觀察性研究所使用的資料集與你的資料集不同，卻依然顯示變數之間持續存在強烈的關聯。

- 解釋變數出現在反應之前。舉例來說，為了從受教程度與貧窮程度之間的相關關係推論到因果關係，你需要檢查教育政策的改變是否一直發生在貧窮率的變化之前（編註：若先改善貧窮問題，才有教育政策改變，就很難判斷教育政策是否改善貧窮問題）。

- 原因符合邏輯且合理。請回想第四章的內容，特別是提出良好解釋的段落。

摩爾與麥卡比利用抽菸及肺癌之間的連結當作例子。我們掌握的證據非常多，但這些證據是觀察性的，而非實驗性的[註13]。沒有一個神智清醒的人會為了測試抽菸是肺癌的病因，就敢把別人置於罹患肺癌的風險之中[註14]。

★ 資料轉換

我們可以使用類似在其他章節探索時間序列及其他類型資料時的方式來轉換關係圖：我們能把優質資料跟劣質資料分開，然後研究殘差。或者我們可以轉換軸的大小來釐清關係。

註 13　有個更具爭議性的案例（至少在美國某些地區是如此）是槍枝法規與槍枝暴力之間的關聯，我認為這個案例滿足了摩爾及麥卡比的所有條件。想瞭解更多，請見**亞當·高普尼克**（Adam Gopnik）的「武裝的相關性」（Armed Correlations），http://www.newyorker.com/news/daily-comment/armed-correlations。

註 14　從前並不是如此。不道德人體醫學試驗的歷史既悠久又令人不忍卒睹，而且正如《黑暗醫學：合理化不道德醫學研究》（Dark Medicine: Rationalizing Unethical Medical Research）（2008 年）及《違童之願：冷戰時期美國兒童醫學實驗秘史》（Against Their Will: The Secret History of Medical Experimentation on Children in Cold War America）等書所證明的，這段歷史的主角通常神智相當清醒。關於使用不道德實驗產生的資料是否道德的討論，長久以來一直讓哲學家和生物倫理學家爭論不休。想閱讀良好的介紹文，請見**強納森·斯坦伯格**（Jonathan Steinberg）的「不道德人體研究的道德使用」（The Ethical Use of Unethical Human Research），https://www.semanticscholar.org/paper/The-Ethical-Use-of-Unethical-Human-Research-Steinberg/9b930723bd3f63deeac142fb2b930dbf3725dc77。

統計學與生物學課程中有個經典範例能說明這個概念，就是數種哺乳動物的體重及腦重之間的相關（**圖 9.24**）。你用原始分數設計一張右圖散佈圖時，大多數的點會因為那三個顯眼的離群值而坐落在左下角。相關非常強烈（$r = 0.93$），但我們的散佈圖難以閱讀。如果我們像左圖那樣取對數，資料間的落差就會消失，我們的模型也會變得更清楚、更有效率。

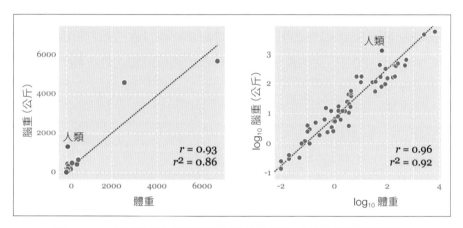

圖 9.24　62 種哺乳動物的體重與腦重之間的相關。原始資料與對數資料。資料來源為 Allison, T. and Cicchetti, D. V. (1976). Sleep in mammals: ecological and constitutional correlates," Science, v. 194, pp. 732–34。完整資料集請見 http://tinyurl.com/pbm9pzg。

瞭解更多

- Few, Stephen. Signal: Understanding What Matters in a World of Noise. Burlingame, CA, 2015. 史蒂芬的第四本書概述了探索式資料分析，簡明扼要且內容豐富。

- Moore, David S., and George P. McCabe. Introduction to the Practice of Statistics (5th edition). New York, NY: W.H. Freeman and Company, 2005. 這本書除了清楚解釋相關與迴歸之外，讀起來也讓人非常享受。

第 10 章
以地圖呈現資料

地圖不只是一張圖表,還能解鎖並形塑意義;
地圖可以搭造此處與彼處之間的橋樑,告訴我
們:原來看似迥異的想法其實曾經相互關聯。

—— 雷夫・拉森 (Reif Larsen) ——
《T.S. 史匹維特精選作品》
(The Selected Works of T. S. Spivet)

這整本書的內容其實都與廣義上的地圖有關，因為我們探討的是揭露空間資訊中未知的事物。但在本章中，我所指的「地圖」是指狹義上的地圖，也就是透過地理區域的圖片呈現特質或變數的視覺化圖表。

地圖跟我們目前學到的所有圖表一樣，可以用來傳達或是探索資訊。在從流行病學到氣候科學等重要的研究領域，地圖都扮演關鍵的角色。

地圖最重要的屬性包括比例尺、投影方式，以及用來描繪資訊的符號[1]。比例尺可以衡量地圖上的距離和大小與其現實中對應物體的比例，換句話說，比例尺可以告訴我們地圖相對於真實物體有多大。

比例尺的表示方式有很多：用文字說明，比如「這張地圖上的 1 英寸表示現實世界中的 100 英里」；用數字呈現，比如 1:1,000，意思是這張地圖上的 1 個單位相當於現實世界的 1,000 個相同單位；或是以橫條呈現，橫條的長度相當於一個現實中簡化的距離，如 10 英里、100 英里、1000 英里等。

地圖可以根據比例尺分類，**大比例尺地圖**（large-scale map），例如 1:10,000，呈現的區域跟**小比例尺地圖**（small-scale map）比較起來是小很多，但能包含更多細節。呈現整個地球時用的是小比例尺地圖，你家鄉的特寫地圖則是大比例尺地圖。

要選擇哪一種比例尺，必須根據你認為多數讀者對地圖呈現區域的瞭解程度決定。**圖 10.1** 的第一張標示馬來西亞**蘭腦**（Ranau）的地圖會比較適合美國大報社的國際新聞版（因此在左上角嵌入世界地圖），而第二張地圖會比較適合對這個緯度區域更熟悉的東南亞讀者。

註 1　在接下來的幾頁，我會使用馬克・蒙莫尼耶《如何用地圖說謊》（How to Lie With Maps，1996年第 2 版）的方法。完整的參考書單請見本章結尾的參考資料。

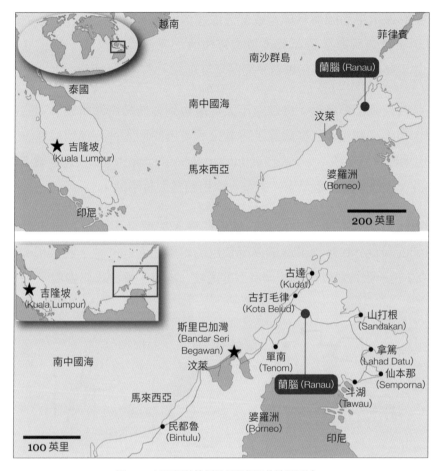

圖 10.1 以不同的比例尺呈現相同的地理區域。

投影

　　地球是一個球體，我想你應該早就知道了 ^{註2}。要將球體轉換為二次元圖形並不容易，你可以想像在不能剝開橘子的情況下把橘子皮攤開在平面上，製作地圖也是一樣的。

註2　有些人並不同意。請看 http://www.tfes.org/，這不是搞笑網站，這些人的層次比那些宣稱目前型態的人類是在六千年前出現的人要高端多了。

投影是用平面圖展示球體或部分球體的過程。有些特徵在轉換的時候會變形，某些距離、形狀和區域會被撐大，某些會被壓縮。除了球體本身，並不存在百分之百正確的平面圖呈現形式。

身為視覺化設計師，你應該不太可能碰到製作投影時所牽涉到的艱深數學，但你經常會（a）在網路上下載公開使用的地圖進行描繪與修改，或（b）用**地理資訊系統**（geographic information systems, GIS）等軟體工具產生地圖，不管是哪一種情況，瞭解一些術語是很有用的。

球體投影過去後成為地圖的地理物件，在專業術語上叫作**可展曲面**（developable surfaces）。最廣受使用的可展曲面是圓柱、圓錐和平面。圖 **10.2** 是一張資訊圖表，解釋基礎的圓柱、圓錐、平面投影如何運作。

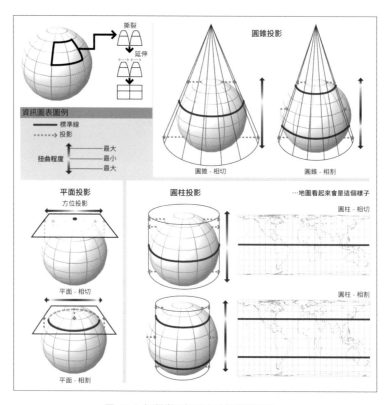

圖 10.2 解釋常見投影方法的資訊圖表。

投影過程中，可展曲面與球體相切的區域稱為**標準線**（standard line）。一般而言，地圖的比例尺只有在標準線上才準確，離標準線越遠，扭曲程度越大。許多製圖工具都能讓你自行選擇標準線，請確保標準線離你要探討的區域越近越好。

圖 **10.3** 是我用老舊的免費工具 Versalmap 繪製的西歐地圖，我使用的是圓錐投影。請注意，兩條標準線分別是北緯 65 度和 40 度線，這兩條線恰好框住我感興趣的區域。

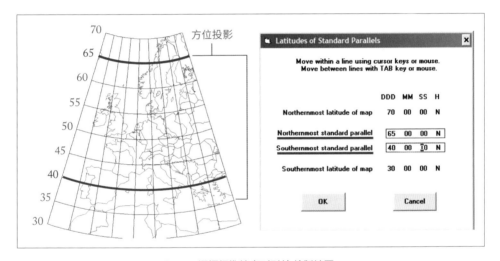

圖 10.3 選擇標準線（平行線）繪製地圖。

在平面上投影球體時，球體原有的五種特性可能（將會）扭曲：形狀、面積、角度、距離和方向。不管是哪一種投影方式都只能保有其中一到兩種特性，無論你選擇哪種投影方式，都至少必須犧牲三種特性，因此在繪製平面地圖時永遠必須進行取捨。

如果把這些特性當作分類標準，我們可以把地圖分成兩大類。有些地圖能保留大陸的形狀（也就是陸塊的整體外觀），以及各地的角度（兩條線相交形成的角度在地圖和球體上都會是一樣的）。軟體工具和製圖學書籍稱這類地圖的投影方式為**正形投影**（conformal projection）。最知名的例子是**麥卡托投影**（Mercator），如**圖 10.4** 的左上圖。

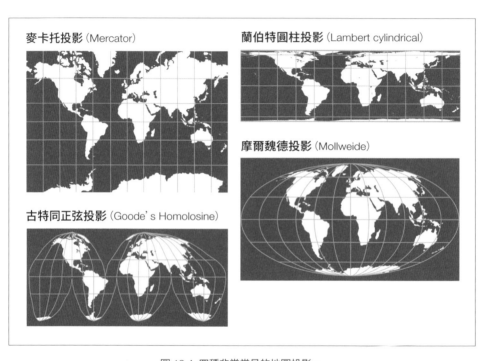

圖 10.4　四種非常常見的地圖投影。

　　麥卡托投影是為航海而發明的投影法，但是不適合當作世界地圖，因為大陸面積的比例失真情形很嚴重 註3。這種投影法的標準線在赤道，所以

註3　雖然經常遭到誤用，我還是喜歡麥卡托投影法。**馬克・蒙莫尼耶**（Mark Monmonier）的著作《恆向線與地圖戰爭：麥卡托投影的社會歷史》（Rhumb Lines and Map Wars: A Social History of the Mercator Projection，2004）為其提供了有力的辯護。

越往北或越往南，地圖上區域對應到現實就會大很多，像地圖中的阿拉斯加，看起來跟巴西一樣大。很可惜，麥卡托投影已經成為 Google 地圖等線上工具的標準投影法 註 4。

製圖軟體中可以使用的另一類投影方式是**等積投影**（equal-area projection），這種投影方式能保留面積比例，也就是說，地圖上區域的面積大小與地球上對應區域的面積大小成比例。圖 10.4 中的**蘭伯特圓柱投影**（Lambert cylindrical）就是一個良好的例子。等積投影經常會讓形狀大幅變形，距離標準線越遠，變形程度就越嚴重。

沒有任何地圖能同時保有正形和等積兩樣特徵，這兩種特徵是互斥的。然而有些投影法既不正形，也不等積，像是**古特同正弦投影**（Goode's Homolosine）。這類投影法的形狀或面積都不完全正確，但在兩者之間取得合理的平衡，因此稱為**取捨**（trade-off）或**折衷**（compromise）**投影**。**摩爾魏德投影**（Mollweide）是另一個折衷投影的例子。

最重要的問題來了：要怎麼選擇最好的投影法呢？我喜歡引用**愛倫‧盧普頓**（Ellen Lupton）優秀的著作《用字體思考》（Thinking With Type，2004）中關於字體選擇的見解：字體沒有好壞之分，只有適合與不適合的區別。這同樣適用於地圖對投影法的選擇。

假設你要畫一張資料地圖，描繪哪些地區在 2020 年有百分之 90 以上的時間都被冰雪覆蓋（**圖 10.5**）。麥卡托投影和古特同正弦投影得到的地圖會截然不同，極地地區在前者看起來非常的大，在後者看起來則小多了。

註 4　這是有原因的：麥卡托投影能保存形狀和角度，因此很適合用在小範圍的地圖，但不適合用在世界地圖上。線上地圖服務應該採用什麼解決方案呢？也許，根據讀者查看的地區和縮放程度改變投影法會是個好主意。

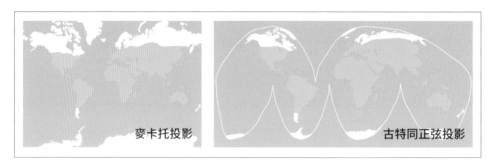

圖 10.5 選擇的投影法不同，得到的地圖也大不相同。

　　圖 10.6 整理了幾種非常常見的投影法，以及適合的使用情況。讀到這裡你應該要知道，如果你想描繪的是大型區域、國家、甚至是全世界，一般而言，你都應該使用能保留面積但變形程度不至於太嚴重的投影法。如果你要描繪的是很小的區域，像是你住的社區或城鎮，儘量使用可以保留形狀和角度的正形投影。

　　實驗各種不同的投影法可以讓我們繪製出美麗的視覺化圖表。地圖設計師**約翰·尼爾森**（John Nelson）在 2012 年將**美國國家海洋暨大氣總署**（National Oceanic and Atmospheric Administration）紀錄中所有暴風和熱帶風暴的路徑視覺化，他先是使用了一些常見的投影法（**圖 10.7** 是他其中一張草稿）。後來他嘗試一種以南極為中心的投影法，得出的地圖美得令人難忘，簡直是一幅藝術品（**圖 10.8**）。

地圖上的資料

　　在製圖學文獻中，資料地圖通常稱為**主題地圖**（thematic map）。以下是製圖與視覺化公司 Axis Maps 的定義：「主題地圖的功能不只是呈現地點，也呈現有關這些地點的特性和統計量、特性的空間模式，以及地點之間的關係」[5]。

註 5　Axis Maps 免費提供了有關主題地圖的良好介紹：https://github.com/axismaps/thematic-cartography。

地圖上的資料可以用點、線、區域和體積呈現，如**圖 10.9** 所示。符號可以代表定性資訊（像是地點、區域的邊界），也可以是定量資訊（某些地方某種變數或現象的數量或集中度）。

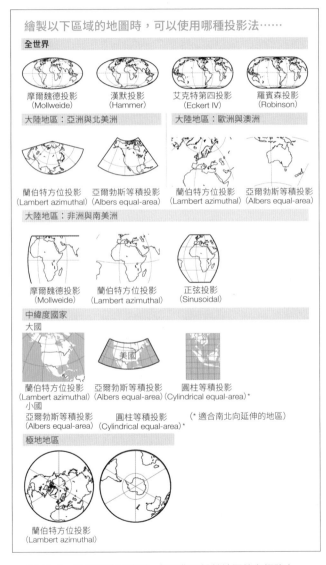

圖 10.6　投影法使用建議。如果你要設計地圖放在網路上，
　　　　　要記得麥卡托投影是許多線上工具預設的投影法。
　　　　　儘量根據上述建議改用別的投影法。

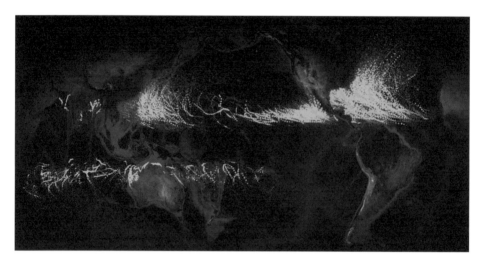

圖 10.7　圖 10.8 颶風地圖的一張草稿。

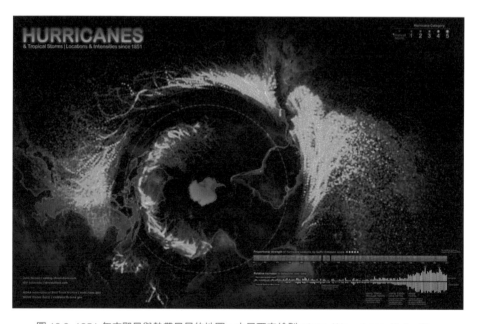

圖 10.8　1851 年來颶風與熱帶風暴的地圖，由尼爾森繪製：http://tinyurl.com/9y2axf4。

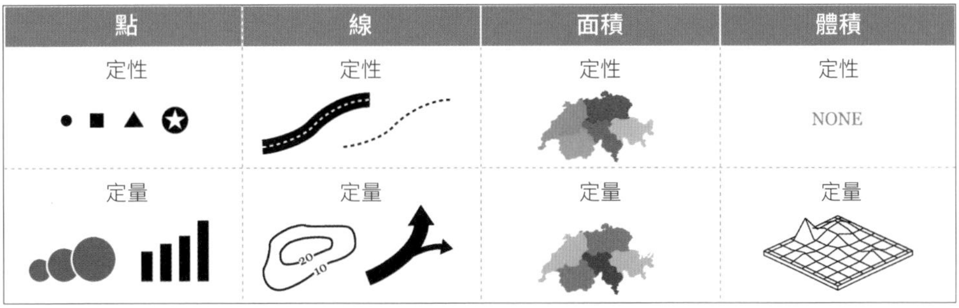

點	線	面積	體積
定性	定性	定性	定性
● ■ ▲ ★			NONE
定量	定量	定量	定量

圖 10.9 地圖上用來表示資訊的符號。

★ 點狀資料地圖（Point Data Map）

在地圖上標示資料最簡單的方式，就是用點代表固定大小的個體或族群。

圖 **10.10** 是常綠森林（綠色）與多樹濕地（藍色）的**點示地圖**（dot map）。這項計劃的資料和編碼來自**邱南森**（Nathan Yau），他經常在他的網站（flowingdata.com）上張貼教學，此外也是兩本資料視覺化書籍的作者。地圖上的每一點代表的不是一棵樹或植物，這只有在地圖範圍極小的情況下才有辦法做到，而是代表一塊主要由某一種植被覆蓋的土地。

圖 **10.11** 是另一個點示圖的良好範例，這張圖由《巴爾的摩太陽報》（The Baltimore Sun）的五人開發團隊設計，他們負責創作視覺化圖形、app 和資訊圖表。不同顏色的點代表不同種族，讓讀者馬上可以看出巴爾的摩種族隔離的狀況。不幸的是，在美國許多城市中，種族隔離依然存在。

在點示圖中，我們以點的多寡和集中度表示數量，但有另外一種點示圖是用符號的大小來表示數量：**比例符號地圖**（proportional symbol map）。這種圖表中的幾何符號（通常是圓形）或圖示的大小與數量成比例，如**圖 10.12** 由《華盛頓郵報》（The Washington Post）設計的圖表所示。

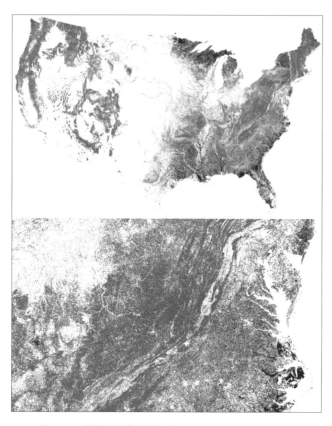

圖 10.10 常綠森林 (綠色) 與多樹濕地 (藍色) 的點示圖。
製作這張地圖使用的程式碼來自 www.
flowingdata.com。

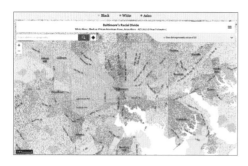 

圖 10.11 種族隔離在巴爾的摩遺留下的痕跡，這張點示圖由《巴爾的摩太陽報》
設計：https://www.baltimoresun.com/data/bal-baltimore-
segregation-map-20150710-htmlstory.html。

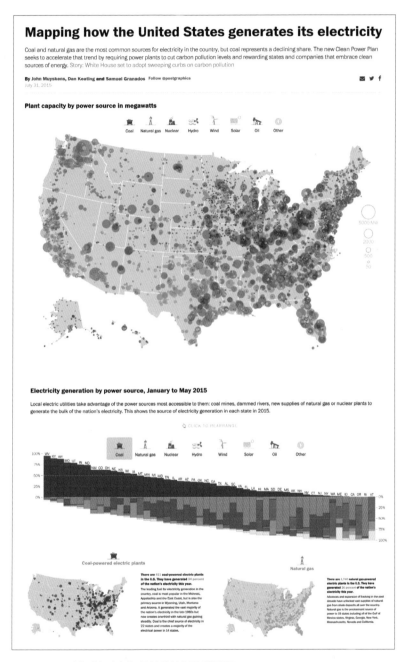

圖 10.12 《華盛頓郵報》設計的比例符號地圖：https://www.washingtonpost.com/graphics/national/power-plants/。

這張圖表的設計有許多優點。主要的地圖呈現美國所有的發電廠，圓形的大小與該電廠產生的百萬瓦數成正比。地圖下方的長條圖顯示各州產自各種來源的電力百分比，這張長條圖可以分類，按一下「核能」（Nuclear），長條圖會重新排序，將核能發電比例最高的州排在最左邊。最後，這張圖的設計師非常清楚比例符號地圖的主要缺陷，也就是符號過度重疊會造成資訊難以閱讀，因此他們在底部加了六張顯示各種電力來源的小地圖。

許多視覺化工具能讓你輕鬆設計比例符號地圖，但有時候你可能必須手動繪圖。假設我們要設計一張只有三個圓形的所得地圖，分別對應 100 美元、200 美元和 400 美元。很容易對吧？只要劃出代表 100 美元的圓形，複製，然後放大成兩倍，就能得到代表 200 美元的圓形，結果如**圖 10.13** 左側所示，這些圖形錯得離譜。

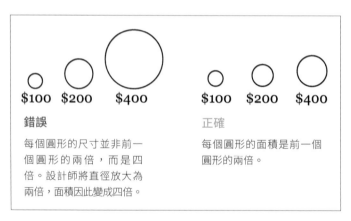

圖 10.13 錯誤和正確的圖形尺寸。

仔細想想：如果你要軟體工具把圖形放大成兩倍，它會把圖形的長和寬分別放大成兩倍，因此，你得到的新圖形尺寸會是原本圖形的四倍，而不是兩倍。這一點用看的就可以得到驗證，在左側的圖形中，200 美元的圓形中可以塞進四個 100 美元的圓形，而 400 美元的圓形中可以塞進四個 200 美元的圓形。

　　圖 10.13 右側的圓形尺寸才是正確的,要手動測量圓形正確的尺寸,請依照**圖 10.14** 中的公式。

假設最大的圓形代表月收入 2,600 美元的家庭。

這個最大圓形的半徑 (R1) 等於 1.1 英寸,如何計算代表 1,100 美元的圓形半徑 (R2)?

$$R2 = \sqrt{\frac{新值\ (1,100)}{最大值\ (2,600)}} \times R1 \longrightarrow R2 = \sqrt{0.42} \times 1.1 = 0.71\ 英吋$$

圖 10.14 如何計算比例符號地圖中的圓形半徑。

　　話雖如此,我們必須記得:地圖是提供資料概要的有效工具,但無法做為精準的判斷依據。就算比例符號地圖中的圖形尺寸都正確無誤,讀者依舊無法良好判斷各圖形的相對大小。請記得,在第 5 章介紹由**克里夫蘭**(William Cleveland) 和**麥吉爾** (Robert McGill) 提出的視覺編碼手段中,面積屬於排在後面的。

　　製圖師經常以**艾賓豪斯錯覺** (Ebbinghaus illusion) 等現象來說明地圖的缺陷。艾賓豪斯錯覺的一個例子是,如果兩個尺寸相同的圓形被更大或更小的圓形圍繞,你對這兩個圓形尺寸的感知也會改變請見**圖 10.15**。

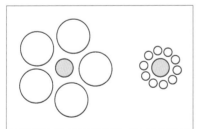

圖 10.15 艾賓豪斯錯覺。以德國心理學家**赫爾曼・艾賓豪斯** (Hermann Ebbinghaus) 命名。被較大的白色圓形圍繞的灰色圓形看似比被較小白色圓形圍繞的灰色圓形來得小,但其實兩個灰色圓形的大小相同。

符號位置也很重要，每個符號必須放在其對應觀測值出現的地方，如果地方是一個點（例如城鎮或城市），那很容易，只要把符號放在點的位置就行了。如果符號代表的是與一個區域（省、州、國家）相關的值，就必須將符號放在該區域的視覺中心。這個規則有一個例外，那就是符號重疊情形太嚴重時，可以將符號移到稍微偏離中心的地方。

　　符號重疊在比例符號地圖中可能造成很大的問題，有些區域的符號可能過度擁擠，讓讀者難以閱讀。這個問題有兩種解決方式，如**圖 10.16** 所示：確保將小符號放在大符號之上，或是把所有符號變成半透明。如果這兩個方法還不足以減輕混亂程度，就將所有符號縮小。

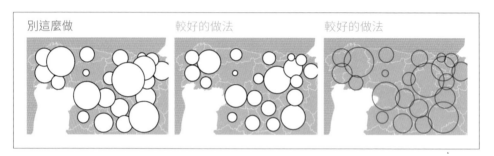

圖 10.16　如何讓比例符號地圖更一目瞭然。

　　雖然比例符號地圖的圖例設計沒有制式規定，有兩種形式廣為使用（**圖 10.17**）：**巢狀**（nested）圖例和**線狀**（linear）圖例，前者將較小的符號放在較大的符號中，後者則是將所有符號並列呈現。

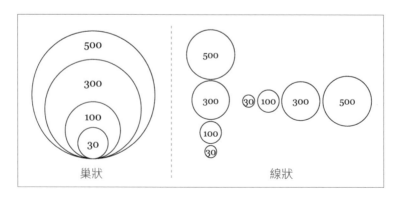

圖 10.17　比例符號地圖的圖例。

線狀圖例可以垂直或水平形式呈現。圓形的數量取決於你認為讀者需要多少細節才能讀懂比例符號地圖，但**一般而言盡量不要超過四個圓形。**

圖例中包含的數字取決於圖表的內容和目標，但一般而言，我們會先決定兩個圓形，分別代表資料集中四捨五入後的最大值和最小值，這麼做能幫助讀者掌握資料集的範圍。接著，再加入幾個四捨五入後介於最大值和最小值之間的等比例圓形。

比例符號地圖可以呈現的訊息很多元，只要加入另一種編碼方式（例如**圖 10.18** 中的色調深淺），就能讓讀者對資料有更進一步的認識。

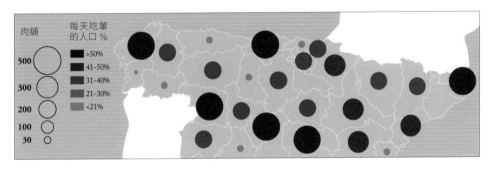

圖 10.18　西班牙北部的葷食情況（虛構）。

★ 線狀地圖（Line Map）

使用線條的資料地圖中最常見的是**流程地圖**（flow map），通常用來呈現物體在地理區域之間的移動。

圖 10.19 由西班牙視覺化公司 Bestiario 設計，這張圖是「**巴塞隆納**（Barcelona）73 鄰里的通勤與交通動態」這項大型計畫的一部分。Bestiario 根據交通公司提供的資料繪製多張地圖，以線條的粗細表示從住處通勤上學或上班的人數。

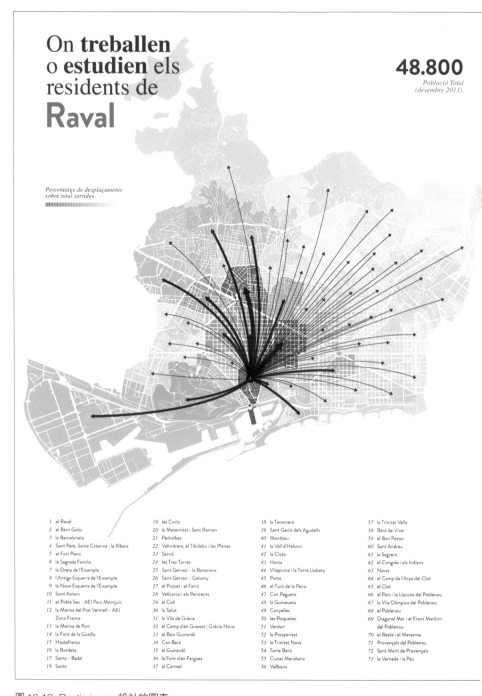

On **treballen**
o **estudien** els
residents de
Raval

48.800
*Població Total
(desembre 2013).*

*Percentatge de desplaçaments
sobre total sortides.*

1 el Raval	19 les Corts	38 la Teixonera	57 la Trinitat Vella
2 el Barri Gòtic	20 la Maternitat i Sant Ramon	39 Sant Genís dels Agudells	58 Baró de Viver
3 la Barceloneta	21 Pedralbes	40 Montbau	59 el Bon Pastor
4 Sant Pere, Santa Caterina i la Ribera	22 Vallvidrera, el Tibidabo i les Planes	41 la Vall d'Hebron	60 Sant Andreu
5 el Fort Pienc	23 Sarrià	42 la Clota	61 la Sagrera
6 la Sagrada Família	24 les Tres Torres	43 Horta	62 el Congrés i els Indians
7 la Dreta de l'Eixample	25 Sant Gervasi - la Bonanova	44 Vilapicina i la Torre Llobeta	63 Navas
8 l'Antiga Esquerra de l'Eixample	26 Sant Gervasi - Galvany	45 Porta	64 el Camp de l'Arpa del Clot
9 la Nova Esquerra de l'Eixample	27 el Putxet i el Farró	46 el Turó de la Peira	65 el Clot
10 Sant Antoni	28 Vallcarca i els Penitents	47 Can Peguera	66 el Parc i la Llacuna del Poblenou
11 el Poble Sec - AEI Parc Montjuïc	29 el Coll	48 la Guineueta	67 la Vila Olímpica del Poblenou
12 la Marina del Prat Vermell - AEI Zona Franca	30 la Salut	49 Canyelles	68 el Poblenou
	31 la Vila de Gràcia	50 les Roquetes	69 Diagonal Mar i el Front Marítim del Poblenou
13 la Marina de Port	32 el Camp d'en Grassot i Gràcia Nova	51 Verdun	70 el Besòs i el Maresme
14 la Font de la Guatlla	33 el Baix Guinardó	52 la Prosperitat	71 Provençals del Poblenou
15 Hostafrancs	34 Can Baró	53 la Trinitat Nova	72 Sant Martí de Provençals
16 la Bordeta	35 el Guinardó	54 Torre Baró	73 la Verneda i la Pau
17 Sants - Badal	36 la Font d'en Fargues	55 Ciutat Meridiana	
18 Sants	37 el Carmel	56 Vallbona	

圖 10.19 Bestiario.org 設計的圖表。

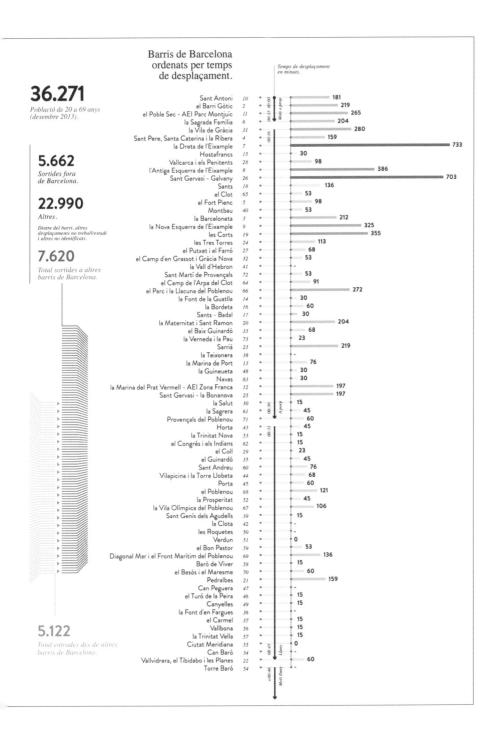

Barris de Barcelona
ordenats per temps
de desplaçament.

Temps de desplaçament
en minuts.

36.271

Població de 20 a 69 anys
(desembre 2013).

5.662

Sortides fora
de Barcelona.

22.990

Altres.

Dintre del barri, altres
desplaçaments no treball/estudi
i altres no identificats.

7.620

Total sortides a altres
barris de Barcelona.

5.122

Total entrades des de altres
barris de Barcelona.

Barri		min
Sant Antoni	10	181
el Barri Gòtic	2	219
el Poble Sec - AEI Parc Montjuïc	11	265
la Sagrada Família	6	204
la Vila de Gràcia	31	280
Sant Pere, Santa Caterina i la Ribera	4	159
la Dreta de l'Eixample	7	733
Hostafrancs	15	30
Vallcarca i els Penitents	28	98
l'Antiga Esquerra de l'Eixample	8	386
Sant Gervasi - Galvany	26	703
Sants	18	136
el Clot	65	53
el Fort Pienc	5	98
Montbau	40	53
la Barceloneta	3	212
la Nova Esquerra de l'Eixample	9	325
les Corts	19	355
les Tres Torres	24	113
el Putxet i el Farró	27	68
el Camp d'en Grassot i Gràcia Nova	32	53
la Vall d'Hebron	41	-
Sant Martí de Provençals	72	53
el Camp de l'Arpa del Clot	64	91
el Parc i la Llacuna del Poblenou	66	272
la Font de la Guatlla	14	30
la Bordeta	16	60
Sants - Badal	17	30
la Maternitat i Sant Ramon	20	204
el Baix Guinardó	33	68
la Verneda i la Pau	73	23
Sarrià	23	219
la Teixonera	38	-
la Marina de Port	13	76
la Guineueta	48	30
Navas	63	30
la Marina del Prat Vermell - AEI Zona Franca	12	197
Sant Gervasi - la Bonanova	25	197
la Salut	30	15
la Sagrera	61	45
Provençals del Poblenou	71	60
Horta	43	45
la Trinitat Nova	53	15
el Congrés i els Indians	62	15
el Coll	29	23
el Guinardó	35	45
Sant Andreu	60	76
Vilapicina i la Torre Llobeta	44	68
Porta	45	60
el Poblenou	68	121
la Prosperitat	52	45
la Vila Olímpica del Poblenou	67	106
Sant Genís dels Agudells	39	15
la Clota	42	-
les Roquetes	50	-
Verdun	51	0
el Bon Pastor	59	53
Diagonal Mar i el Front Marítim del Poblenou	69	136
Baró de Viver	58	15
el Besòs i el Maresme	70	60
Pedralbes	21	159
Can Peguera	47	-
el Turó de la Peira	46	15
Canyelles	49	15
la Font d'en Fargues	36	-
el Carmel	37	15
Vallbona	56	15
la Trinitat Vella	57	15
Ciutat Meridiana	55	0
Can Baró	34	-
Vallvidrera, el Tibidabo i les Planes	22	60
Torre Baró	54	-

地圖的右側還有長條圖作為補充說明。在這裡，鄰里根據與出發地的距離分類，黑色垂直線代表通勤時間，長條長度與通勤人數成比例。

面量圖（Choropleth Map）的基本介紹

面量圖透過為定義出的地區（如國家、省、州、郡縣等）分配深淺不同的顏色來傳達訊息，面量圖可以呈現的資料有很多種（次序、等距、等比等），如**圖 10.20** 所示。

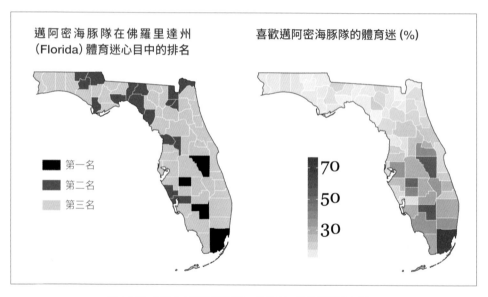

圖 10.20 如果你是海豚隊球迷，請注意：這些資料是虛構。

面量圖可以用來快速探索資料。**圖 10.21** 是我最近整理的地圖，用來比較佛羅里達州的種族族群、人均收入和年齡中位數。

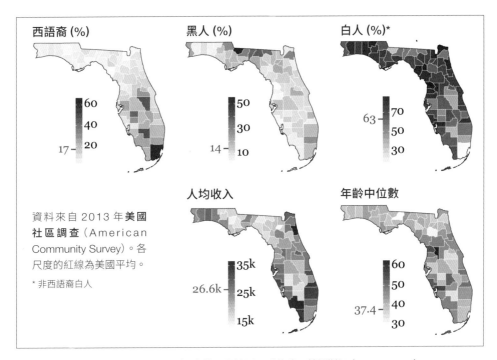

圖 10.21 透過面量圖探索佛羅里達州。受艾瑞・蘭姆斯汀 (Ari Lamstein)
(www.arilamstein.com) 啟發後的程式設計。

　　這些地圖就功能而言（讓我看見資料中有趣的地方）還算可以，但它們有許多缺陷。首先，上方三張地圖的色譜漸層應該要一致（編註：同樣深淺應代表相同百分比），但我放任軟體幫我選擇，忘記了自己的格言：永遠不要相信軟體預設選項（不只製圖軟體，這句格言適用所有工具）。

　　無條件地堅持使用軟體預設選項，會導致畫出類似**圖 10.22** 的地圖，請注意這兩張圖的圖例。原則上這兩張地圖並不差：美國全國平均有 17%是西語裔，這兩張圖能快速告訴我們哪些地區西語裔的人口高於或低於平均。但是，因為多數高於全國平均都分在圖例中同一個顏色（編註：最深的綠色圖例涵蓋了 18~98% 的比例），這會使我們高估美國的西語裔人口數。在我看來，右邊郡層級的地圖顯示美國有很大部分的地區西語裔人口占了一半以上。

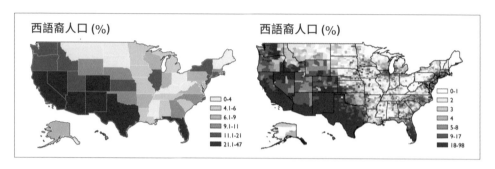

圖 10.21 資料彙總的兩種不同層級：州層級與郡層級。如果你有專心讀我在本章
開頭有關投影方法的討論，可能會發現這些地圖是根據 Web 麥卡托投影
(Web Mercator，編註：麥卡托投影的一種) 繪製而成的。這種投影方法
不太好，但是我沒辦法改變使用軟體的預設投影方法！

　　面量圖中以同一深淺顏色顯示的區段稱為**分級** (class)。要將資料分
級，凸顯出重要的模式而不過度誇大，這是一項充滿挑戰性的工作，不應
該交由愚笨的演算法處理，經常需要手動進行調整。

　　我想用較能區分高分值的色標 (例如 0-8、8.1-17、17.1-50、50.1-
75、75.1-98，如**圖 10.23** 所示) 呈現剛才那張郡層級地圖。請注意，我刻
意將分級的劃分處設在 17%(美國平均) 和 50%(代表西語裔在當地是主要
人口族群)。

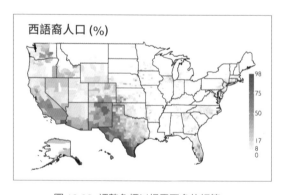

圖 10.23 調整色標以揭露更多的細節。

★ 資料分級

　　製圖師發展出許多為面量圖選擇劃分和分級的方法，接下來，我會介紹如何設計最常見的幾種方法。除此之外，我還會介紹計算過程，即使在絕大多數情況下電腦都可以幫你進行計算。但設計地圖時一定要嘗試各種不同的組距，找到最符合資料的組距為止。

　　我要使用州層級西語裔人口的百分比做為範例。**圖 10.24** 上方的細條圖中每個圓圈代表一個州，下方則是顯示頻率的直方圖。在繪製面量圖之前，一定要檢視資料的分佈，就跟我們在第 6 和第 7 章做過的一樣。

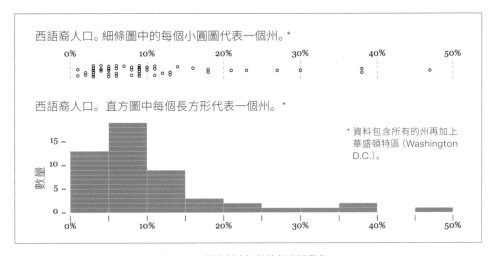

圖 10.24 將資料中記數的頻率視覺化。

　　這個例子的資料分佈非常偏態：將近有三分之二的州都位在比例較低的一端（介於 0 到百分之 17 之間），西語裔人口比例超過百分之 10 的只有 17 州。資料集裡最低的值是百分之 1（**緬因州**（Maine）和**西維吉尼亞州**（West Virginia）），最高的是百分之 47（**新墨西哥州**（New Mexico））。

計算劃分處的第一個方法，是**固定組距大小劃分**。以這個方法計算出的 2 個相鄰邊界距離一樣，例如 1-10、11-20、21-30、31-40，以此類推。這個方法適合使用於頻率相等的情況，但我們還是試著計算一次，算法如下：

找到最大和最小值：**47%** 和 **1%**

相減：**47%-1% = 46%**

將結果除以你想要的分級（組距）數，假設你要 6 個組距：

46/6 = 7.7

7.7 就是你的分級大小。第一個分級的下限應該是最小值 1%，而上限應為 8.7%（1+7.7）。接下來的邊界可以透過持續加上 7.7 陸續得出，如**圖 10.25** 所示。舉例來說，第二個分級的上限可以透過以下公式得出：

最小值＋（2× 分級大小）；換言之，1.0 +（2 × 7.7）= 16.4

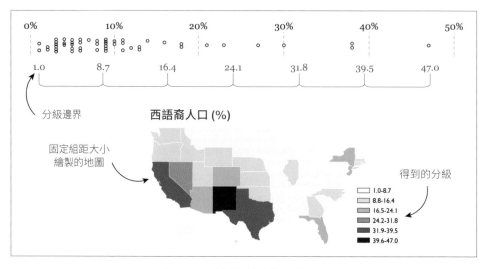

圖 10.25 固定組距大小的面量圖。

　　根據固定組距大小的面量圖結果並不差。新墨西哥州獨佔了一個分級，比例最高的州也很顯眼。但也許我們失去了比例低端的某些重要細節，因為有很多州落在 1.0 到 8.7 的範圍內。要揭露這些細節，我們必須做點不一樣的嘗試。

　　還記得第 7 章學過的百分位數嗎？我們也可以使用百分位數來為資料分級，這就是所謂的百分位數法，作法是將約略相同數量的東西（在我們的例子是州）放在同一個分級中。我們的資料集中有 51 個觀測值（50 州加上華盛頓特區），因此，每個分級中要放大約 51/6 = 8.5 個州。數字必須做一些簡化與調整。請注意，**圖 10.26** 中有些分級中有 10 個州，而有些分級則只有 7 個或 8 個州。

圖 10.26 分級中觀測值數量大約相等（每個分級約有七到十個觀測值）的面量圖。

　　請注意最後一個分級的上下限是 21.0 到 47.0，但前一個分級的上限是 18.0。色標在 18.0 到 21.0 出現空缺，是因為分布的這個範圍內沒有任何觀測值。空缺經常會混淆讀者，因此我會建議寫備註說明空缺存在的原因。

第三種分級方法的根據是平均數和標準差，這種方法可以協助我們設計**差異配色圖**（diverging color scheme），如圖 **10.27** 所示，這是我到目前為止最喜歡的地圖。

圖 10.27 根據平均數和標準差繪製的差異配色圖。

我們知道美國有百分之 17 的人口是西語裔，所以 17 就是我們的平均數，而資料集的標準差接近 10.0，可以當作分級大小。要算出分級範圍，先從平均數開始，然後持續加減標準差，直到涵蓋整個資料集為止，算法如下：

低於平均：

分級 1：17.0 – (2 × 10.0) = -3.0。資料集不存在負值，我們使用最小值 1% 作為這個分級的下限。

分級 2：17.0 – 10.0 = **7.0**

高於平均：

分級 3：17.0 + 10.0 = **27.0**

分級 4：17.0 + (2 × 10.0) = **37.0**

分級 5：17.0 + (3 × 10.0) = **47.0**

資料集中沒有一個州剛好符合 17% 的全國平均，如果有的話，我們可以為 17% 專設一個分級，並用中性的色調 (可能是淺灰色) 來代表它。

GIS 和製圖軟體中計算分級大小的方法還有很多種，有一類的方法稱為**最適法** (optimal)，用來尋找資料組距的自然劃分處。廣受製圖師使用的其中一種最適法是**費雪－詹克斯演算法** (Fisher-Jenks algorithm)，**圖 10.28** 即應用了這種方法，結果與**圖 10.25** 相似。

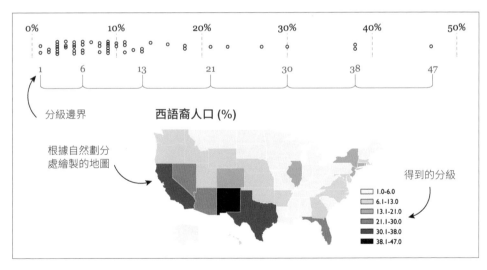

圖 10.28 適分類法。

軟體工具也能幫你設計無分級的面量圖，這種面量圖的色標以**梯度**（gradient）呈現，如圖 10.29 所示。

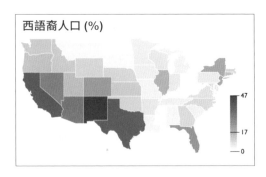

圖 10.29 無分級面量圖。

★ 使用面量圖

單一面量圖能有效揭露潛在的故事，但探索資料最好的方式常常是比對多張地圖。請你比較**圖 10.30**、**圖 10.31** 和**圖 10.32**，看你能不能發現一些值得公共衛生統計專家進行分析的模式。

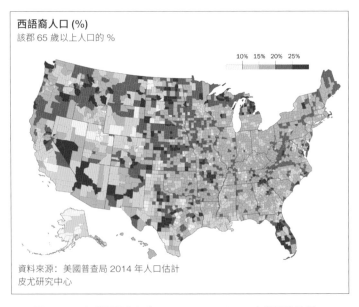

圖 10.30 **皮尤研究中心**（Pew Research Center）繪製的地圖。
注意到佛羅里達州南部和西部有高比例的年長者。

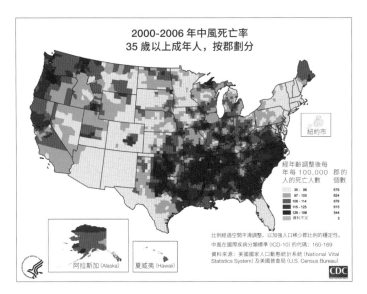

圖 10.31 **席布** (Schieb L.) 繪製的地圖。「2000-2006 年中風死亡率，
35 歲以上成年人，按郡劃分」。2011 年 5 月。**美國疾病管
制與預防中心** (Centers for Disease Control and
Prevention)。請注意中風在南部比較普遍，但不一定是出現
在年長者比例較高的地區。

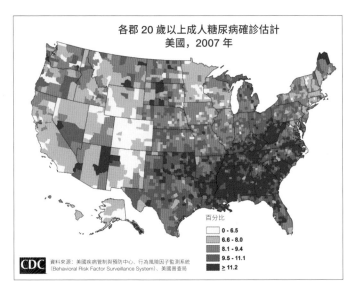

圖 10.32 **凱倫・科特蘭** (Karen Kirtland) 繪製的地圖。「2007 年成人
糖尿病確診百分比估計」，美國疾病管制與預防中心**糖尿病
轉移組** (Division of Diabetes Translation)。糖尿病集中的
地區與中風相似。

地圖最好是與**連結圖**（linked chart）或表格結合，讓讀者有更深入的理解。**圖 10.33** 是《柏林晨報》（Berliner Morgenpost）繪製的互動式視覺圖表，當中包含**柏林**（Berlin）每 1,000 人犯罪率的無分級面量圖、可分類排名表和長條圖。

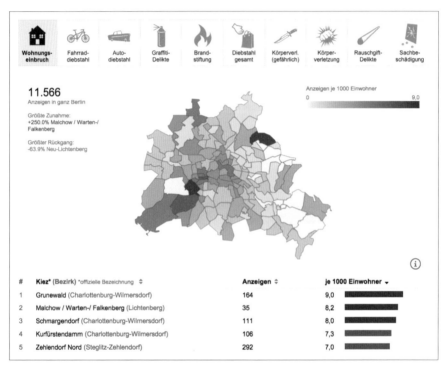

圖 10.33 柏林的犯罪率。《柏林晨報》：http://tinyurl.com/owuf6w6。

《柏林晨報》發表過許多配色優雅的優秀資料地圖。**圖 10.34** 使用藍色和橘色色調區分主要由柏林本地人居住的地區和主要由外地人居住的地區。

同樣的顏色也用在**圖 10.35** 的差異配色圖：藍色代表 2001 年到 2011 年間歐洲人口減少的地區，橘色代表人口成長的地區，灰色代表人口維持不變的地區。

圖 10.34 「柏林本地人與新柏林人」。《柏林晨報》：
https://cityvis.io/project.php?id=60。

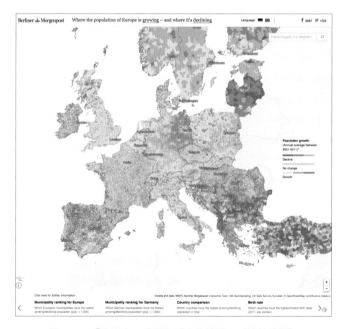

圖 10.35 「歐洲人口成長和減少的地區」。《柏林晨報》：
https://www.geographyrealm.com/map-
of-where-the-population-of-europe-is-
growing-and-where-its-declining/。

有些面量圖的配色非常複雜。以**圖 10.36** 為例，美國疾病管制與預防中心的分析師將各郡根據貧窮率與空間集中度進行分類。很可惜，這張地圖分級的計算方式沒有公佈，但是結果仍然很有說服力。

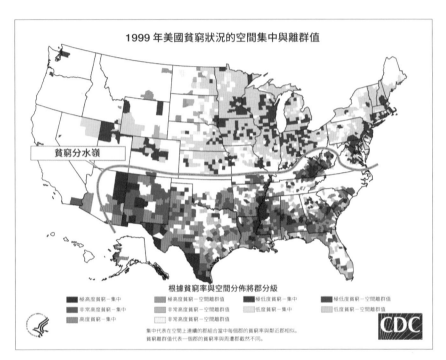

圖 10.36　1999 年美國貧窮狀況的空間集中度與離群值。美國疾病管制與預防中心詹姆斯・霍特 (James B. Holt) 繪製。

面量圖有個眾所周知的缺陷，那就是世界上各地區的大小差異懸殊。假設你要畫一張孩童死亡率的世界地圖，巴西、俄羅斯、美國等較大的國家會很突出，而小國家 (如以色列、瑞士) 則會幾乎看不見，即使這些國家的人口密度很高。在設計大多數國家的面量圖時也會面臨相同的問題，以美國為例，**蒙大拿州** (Montana) 和南北**達科他州** (Dakotas) 面積大，但是人煙稀少，在面量圖上，會比面積小但是人口密集的州，如**麻薩諸塞州** (Massachusetts) 來得顯眼。

要解決這個問題有幾種方法，大部分都是透過捨棄現實中的地理外貌，設計類似**圖 10.37** 這種非常抽象的圖表（由 ProPublica 設計），這張圖將所有州都變成大小相同的圓形。

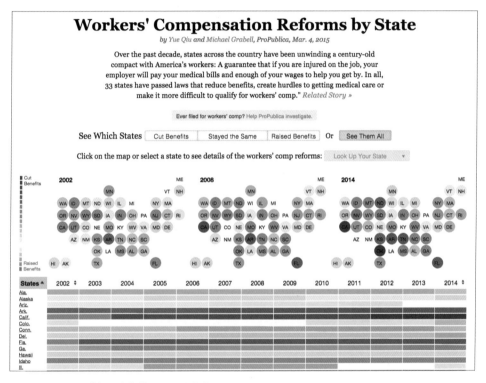

圖 10.37 「各州職業災害補償改革狀況」。ProPublica：http://projects.propublica.org/graphics/workers-comp-reform-by-state。

如果視覺化圖表中的圓形大小與人口數成正比，那就叫做**面積變量圖**（cartogram）。所謂的面積變量圖，就是區域面積能根據程度放大或縮小的地圖。**圖 10.38** 由《時代週報網路版》(Zeit Online) 設計，同時是面積變量圖也是面量圖：每個國家都以長方形表示，根據國內天主教徒總數放大或縮小。藍色色調代表的是天主教徒占人口的百分比。

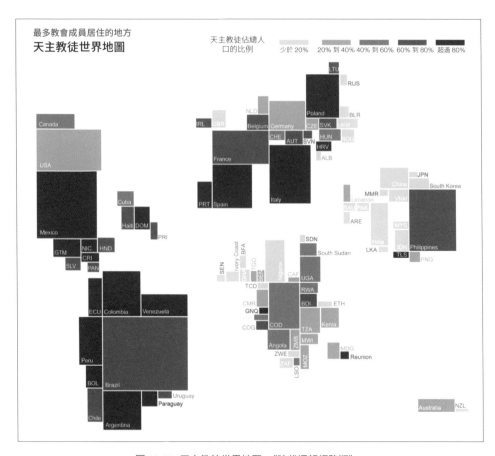

圖 10.38 天主教徒世界地圖,《時代週報網路版》。

★ 其他類型的資料地圖

本章談了有關比例符號地圖和面量圖的基礎知識,但除了這兩種以外,還有其他可以呈現資料的地圖類型。

我們的資料經常沒辦法以定義清楚明瞭的空間單位(如國家、省、郵遞區號)劃分。想想新聞上常看到的天氣圖和氣溫圖,這些都屬於**等值線圖**

（isarithmic maps），又稱**輪廓圖**（contour map）^{註 6}。**圖 10.39** 是一個很好
的例子，圖中每個色塊的邊界是由等值的點連接而形成，等值的點代表心
臟疾病造成的死亡密集度相同。

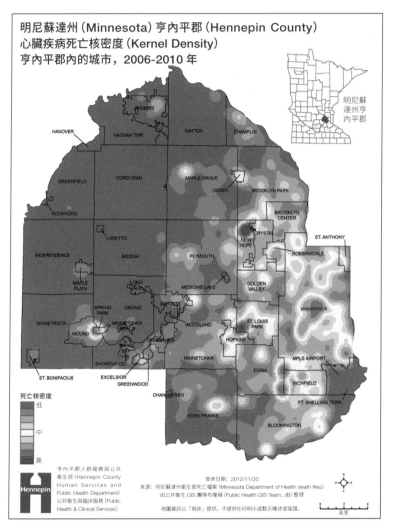

圖 10.39 **布隆頓**（Brondum J）繪製的地圖。「**明尼蘇達州亨內平郡心臟疾病
死亡核密度**」。2012 年 11 月。亨內平郡人群服務與公共衛生部。

註 6 字首「iso」的意思是「相同」，例如「isomorphism」是「形態相同」的意思。

等值線圖中的形狀不需要具有平滑的邊緣。像**圖 10.40** 中的地圖以六角形劃分，並沒有對應任何德國的行政單位。

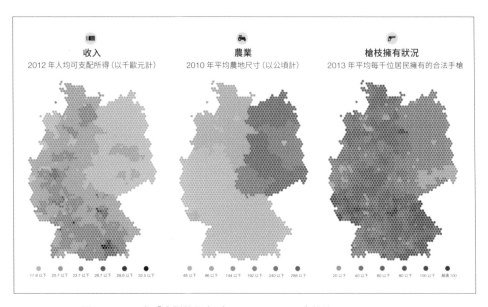

收入
2012 年人均可支配所得 (以千歐元計)

農業
2010 年平均農地尺寸 (以公頃計)

槍枝擁有狀況
2013 年平均每千位居民擁有的合法手槍

圖 10.40　取自「分裂的國家」(A Nation Divided) 的地圖，Zeit Online:
http://zeit.de/feature/german-unification-a-nation-divided。
請注意西德和東德之間的強烈對比。

製圖師、視覺設計師和程式設計師都會不斷地拿少見的地圖類型做實驗。在這一章的結尾，我想介紹**圖 10.41**，這是一張**聖保羅州** (São Paulo) 的互動式地圖。顏色代表的是 2010 年總統大選各區獲勝的政黨，紅色代表**勞工黨** (Partido dos Trabalhadores, PT)，藍色代表**巴西社會民主黨** (Partido da Social Democracia Brasileira, PSDB)。

　　每個尖峰的高度與獲勝政黨與落敗政黨的票數差距成正比。通常我不太喜歡以 3D 圖形呈現資料，但這是例外，因為讀者可以自由轉動地圖，從不同角度觀看。

　　圖 10.42 由**麥克・伯斯塔克**（Mike Bostock）設計，而**圖 10.43** 由**傑森・戴維斯**（Jason Davies）設計，兩者都是**沃羅諾伊地圖**（Voronoi map），顯示到機場的距離。沃羅諾伊地圖將平面劃分成多邊形，每個多邊形中都有一個圓點，多邊形中任何一點與其圓點的距離，一定比與地圖中其他圓點的距離要來得近。和這些地圖互動看看，它們一定會使你目眩神迷。

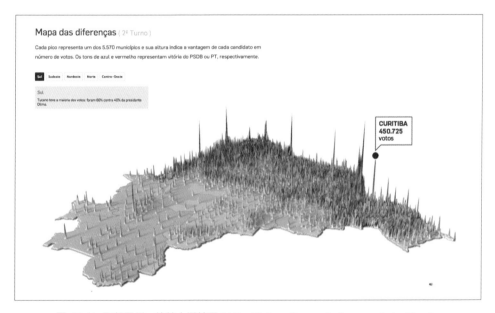

圖 10.41　聖保羅州。總統大選結果：http://infograficos.estadao.com.br/politica/resultado-eleicoes-2014/。

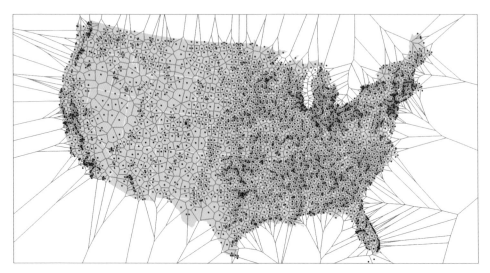

圖 10.42　美國機場的沃羅諾伊地圖，由伯斯塔克設計：
http://bl.ocks.org/mbostock/4360892。

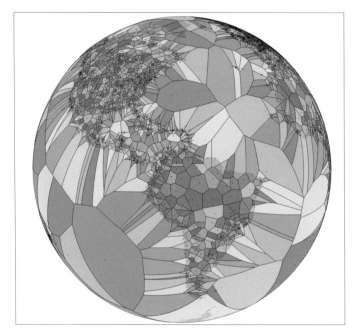

圖 10.43　全世界機場的互動式 3D 沃羅諾伊地圖，由戴維斯設計：
https://www.jasondavies.com/maps/voronoi/
airports/。

瞭解更多

- **羅伯・賽門**（Rob Simmon）六篇文章的系列「顏色的微妙之處（Subtleties of Color）」提供了如何設計地圖配色的良好介紹。文章可在這裡找到：https://earthobservatory.nasa.gov/blogs/elegantfigures/2013/08/05/subtleties-of-color-part-1-of-6/。

- 讀完賽門的文章後可以用用看 ColorBrewer，這項工具不僅提供適合色盲的人的配色，也易於列印，列印不會跑色。請見：http://colorbrewer2.org/.

- Brewer, Cynthia. Designing Better Maps: A Guide for GIS Users. Redlands, CA: ESRI, 2005. ColorBrewer 的創始者之一。這本書精彩地介紹了 ColorBrewer 背後的原則。

- MacEachren, Alan M. How Maps Work: Representation, Visualization, and Design. New York: Guilford, 1995. 書名就說明了一切。

- Monmonier, Mark S. How to Lie with Maps. Chicago: University of Chicago, 1991. 這是我讀過最言簡意賅的地圖設計入門書，書名應該叫做《如何不用地圖說謊》才對。

- Peterson, Gretchen N. Cartographer's Toolkit: Colors, Typography, Patterns. Fort Collins, CO: PetersonGIS, 2012. 選擇地圖的形式時，這會是一本很好的工具書。

- Slocum, Terry A. Thematic Cartography and Geovisualization (3rd edition). Upper Saddle River, NJ: Pearson Prentice Hall, 2009. 繪製資料地圖的聖經。

MEMO

第 11 章
不確定性與顯著性

定量知識建立在定性知識之上……在定量資料分析中，數字會反映現實的各方面。除非資料分析師瞭解這種反映的過程，以及使研究對象概念化的知識網絡，否則數字本身毫無意義。

—— 約翰‧貝倫斯（John T. Behrens）——
「探索式資料分析的原則與程序」
（Principles and Procedures of Exploratory Data Analysis）

西班牙報紙《國家報》(El País) 2014 年 12 月 19 日的頭條寫道:「調查顯示**加泰隆尼亞** (Catalunya) 大眾趨向反對獨立」註 1。加泰隆尼亞地區的民族情緒一直都很高張,但是一直在 2012 年的最後一季前,加獨對在**馬德里** (Madrid) 的西班牙政府而言都不是非常重要的問題。當時,加泰隆尼亞自治區主席**阿圖爾・馬斯** (Artur Mas) 說道,是時候賦予加泰隆尼亞民族自決的權利了。

2012 到 2014 年間,加泰隆尼亞的民意分成贊成獨立和反對獨立兩派,而贊成獨立的人又多於反對獨立的人,特別是在 2012 年和 2013 年,支持加獨的群眾示威非常頻繁。

《國家報》報導的資料來自加泰隆尼亞政府的研究機構「民意研究中心」(Centre d' Estudis d' Opinió, CEO)。如**圖 11.1** 的左圖所示,加泰隆尼亞的民意出現了逆轉:現在反對獨立的人比支持獨立的人還要多。

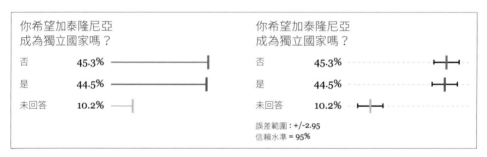

圖 11.1 顯示誤差範圍會影響你對資料的看法。

真的是如此嗎?

報導中有一個重要的資料點被掩蓋了:這個調查的誤差範圍是 2.95 個百分點。《國家報》評論道,「這是重要資訊,因為支持獨立和反對獨立

註 1 這篇報導的英文版 (最終確定版本) 未包含調查的誤差範圍:http://elpais.com/elpais/2014/12/19/inenglish/1419000488_941616.html。

之間的差距非常小」。確實，我們腦中應該要警鈴大作。讓我們為同樣的資料作圖，這次納入誤差範圍（圖 11.1 的右圖）。誤差範圍指的是**信賴區間**（confidence interval, CI）的上下界限，我們很快就會討論信賴區間的概念。如果你去看《國家報》的資料來源[註2]，就會發現研究人員其實揭露了技術性資訊：樣本有 1100 人（我推測是隨機抽樣），誤差範圍是**點估計值**（point estimation）（45.3%、44.5% 等）的 +/-2.95%，信賴水準是 95%。

翻譯成白話文，研究人員的意思是：「如果我們進行相同調查（方法相同、樣本數相同），只是隨機挑出的回覆人不同，如此重複 100 次，我們估計其中 95 次的信賴區間會包含『贊成』和『反對』的真正百分比，但剩下的 5 次就不一定了。」

誤差範圍挑戰了《國家報》報導的正確性：45.3% 和 44.5% 之間的差距，比它們各自到信賴區間上下界的差距要來得小。因此，我認為根據這個結果寫一篇長篇大論的頭條，斷定反對獨立者比贊成獨立者要來得多，是很有疑慮的。如此微小的差距，可能只是調查中的小差錯，或是資料中隨機性的雜訊造成的結果。

當兩個值的信賴區間不重疊時，我們可以推測，這兩個值確實不同。但是我們並不能說，如果圖表中的信賴區間確實有所重疊（如上述的調查），兩個值在實際上就是相同的。那麼我們該如何判斷呢？

我們先從猜測開始，假定兩個值實際上沒有不同，加泰隆尼亞的兩派民意勢均力敵：有百分之 50 的人希望加泰隆尼亞獨立建國，百分之 50 的人不希望獨立。我們的假設就是「贊成」和「反對」之間的差異是 0 個百分點。這種推測差異不存在的假說稱為**虛無假說**（null hypothesis）。

註 2　調查總結的英文版：http://tinyurl.com/qxfnm44。

提出假說後，我們進行規模適當、方法可靠的民調，結果告訴我們兩派的數字相差 0.8 個百分點（45.3% 跟 44.5% 的差距）。這與差異為 0 的結果相距不遠，這樣的結果純粹因為偶然發生的機率有多大呢？

答案是超過 80%[註3]。統計學家會說，這樣的差異在統計上並不具有顯著性[註4]，也就是說差異太小，無法分辨是不是雜訊。如果我是當天負責《國家報》頭版的編輯，就不會寫出那樣的標題。我們無法聲稱「贊成」的人數大於「反對」的人數，反過來也是一樣。我們手上的資料不足以讓我們如此斷言。

假如《國家報》想換一個頭條標題，我認為報導中另一個潛在的數字很具潛力：支持加獨的民眾百分比從 2013 年的將近 50% 掉到現在的44.5%。假設得到這兩個數字的民調的樣本數和方法相同，兩者之間的差異（5.5 個百分點）大幅超越了誤差範圍。支持度下跌，純粹是巧合的機率小於 0.001%。既然不太可能是巧合，就代表這樣的差異具有顯著性。

註 3　跟往常一樣，這是我用軟體算出來的。網路上有很多不錯的免費工具可以進行這類計算，例如**瓦薩學院**（Vassar College）提供的工具：http://vassarstats.net/。只要輸入你想比較的兩個比率和樣本大小即可。這些網站背後的數學原理與本章內容解釋的相關，但不在本書的討論範圍之內。

註 4　我的朋友**耶齊・維佐雷克**（Jerzy Wieczorek）（http://www.civilstat.com）在我寫作本書時是**卡內基美隆大學**（Carnegie Mellon University）的統計學博士候選人，他提醒我，比起「真實」的值是多少，統計顯著性（我們即將討論這個概念）更在乎的是我們衡量事物的準確度。我向他提起《國家報》的報導，他用以下這個比喻回答我：「假設有一場賽馬比賽。裁判使用的便宜碼表在 95% 的情況下，準確度都在正負 1 秒以內。碼表會顯示額外的一位小數，但你不能相信它。比賽結束後，表現最好的兩匹馬的碼表讀數分別為 45.3 秒（賽馬 A）和 44.5 秒（賽馬 B）。表面上賽馬 B 跑得比較快，但考慮到碼表的準確度，賽馬 A 的讀數有可能是 44.8 秒，而賽馬 B 的讀數有可能是 45.1 秒。也許實際上是賽馬 A 跑得比較快。現在你就會希望當初買了比較貴的碼表，讓準確度提升到在 95% 的情況下，準確度都在正負 0.1 秒以內。但你買的是便宜的碼表，靠你手上的資料，只能說兩匹馬的成績太接近，無法判斷誰勝誰負。」

這些數字都是從哪裡來的？要回答這個問題，我必須先帶你認識標準差、信賴區間，以及它們的作圖方法。要理解本章剩下的內容，你必須回想我們先前討論過的內容：

- 第 4 章對科學方法的基礎介紹。

- 第 6 章的平均數。

- 第 7 章：標準差、標準分數（又稱 z 分數），以及常態分佈的特性。

再談分佈

假設你想瞭解鎮上十二歲女孩的身高。你對這個群體的實際樣貌所知甚少，因為你沒有調查上百或上千位女孩身高的預算，這個未知的形狀以**圖 11.2** 最上方的**直方圖**（histogram）呈現[註5]。雖然我設計的曲線看起來是常態分佈，但請記得，實際上的分佈可能並非常態。

要記得，直方圖上的曲線代表的是次數：X 軸代表身高範圍，曲線的高度則與該範圍的值出現的次數成比例。曲線越高，代表有越多女孩是那個身高。你隨機選出包含 40 位女孩的樣本 A，測量她們的身高，並得到類似第二張直方圖的分佈。平均數是 5.3 英尺，標準差為 0.5。

另一名研究人員使用相同的方法選出類似的樣本 B，平均數為 5.25 英尺，標準差相同。樣本 A 和樣本 B 的平均數非常相近，這顯示它們很可能是母體平均數的良好近似值。

註 5 統計學家想出了一些有關分佈形狀的笑話，例如**馬修・弗里曼**（Matthew Freeman）的「常態分佈與異常分佈的視覺比較」（A visual comparison of normal and paranormal distributions）：http://www.ncbi.nlm.nih.gov/pmc/articles/PMC2465539/。

但是，如果我們從**母體**（population）隨機抽樣無數次，也有可能得到一些差距甚遠的**樣本**（sample）平均數，例如**圖 11.3** 中的樣本 C 和樣本 D。

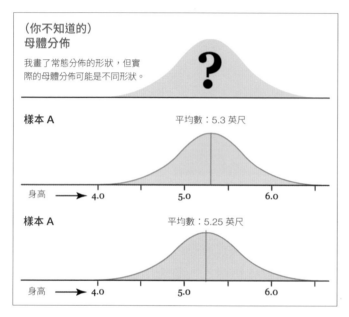

圖 11.2 母體與樣本。

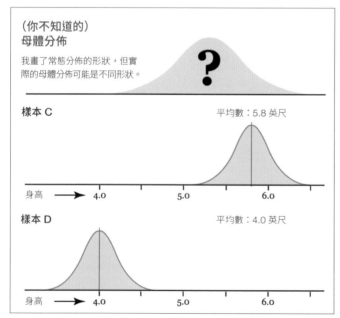

圖 11.3 從母體多次抽樣，可能會得到一些與母體平均數差距甚大的樣本平均數。

這是可能發生的情況，但如果母體真正的平均數是 5.3 英尺（我們其實不知道母體平均數是多少，但在此先假設我們知道），樣本 C 跟樣本 D 出現的機率不如樣本 A 或樣本 B 來得大。為什麼呢？重要觀念來了：不要把直方圖想成各種身高女孩數量的分佈，而是想成代表機率的圖表。

我的意思是：母體直方圖曲線在中間區段的位置非常高，許多值都座落在分佈的那一個部分。相較之下，曲線在兩端的位置很低，代表身高在兩個極端的女孩很少。假設你隨機從母體中挑出一個女孩，並測量她的身高，以下哪個情況比較可能發生：是她的身高介於 4.8 英尺和 5.8 英尺之間（樣本 A 的平均數加減一個標準差 0.5），還是等於或高於 6.8 英尺（樣本 A 的平均數加三個標準差）呢？

如果身高母體的分佈接近常態（再次強調，我們無法得知），你的答案就在一張我們在第 7 章就看過的圖（**圖 11.4**），這張圖顯示有多少百分比的值座落在距離平均數特定數量的標準差之間。可以看到有 68.2% 的值座落在平均值加減一個標準差之間，而只有 0.1% 的值座落在高於平均值加三個標準差的範圍。

（請記得，與平均數相距的標準差數量稱為標準分數，或 z 分數。如果你的樣本裡有一個值距離樣本平均數 1.5 個標準差，其 z 分數就是 1.5。）

我在這張圖表增加了一些內容，將會在下一節中討論：

- 在標準常態分佈中，95% 的 z 分數在 -1.96 和 1.96 之間（也就是距離平均數加減 1.96 個標準差）。

- 在標準常態分佈中，99% 的 z 分數在 -2.58 和 2.58 之間（也就是距離平均數加減 2.58 個標準差）。

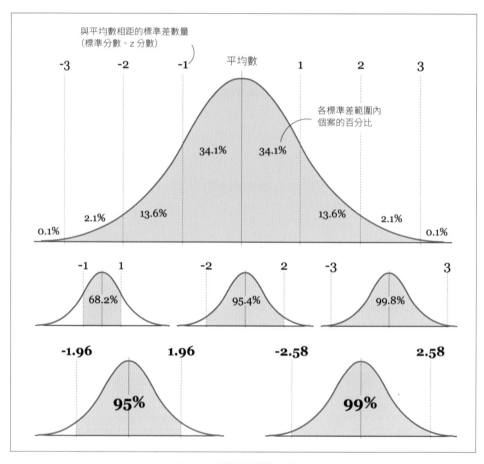

圖 11.4 複習標準常態分佈。

★ 標準誤（Standard Error）

　　到目前為止，我已經要求你的想像力做了很多事，但我還需要你再加把勁，容我繼續嘮叨個幾頁。請用**圖 11.5** 來理解以下幾行文字。

　　想像一下，我們不只從母體中抽取幾個樣本，而是有辦法抽取數十個各自包含 40 位女孩的隨機樣本，並且能計算每個樣本的平均數（編註：總共得到數十個樣本平均數）。沒有必要真的抽樣，只要想像我們有這個能力就好了。

接下來，想像我們捨棄所有樣本中的所有值，只留下平均數。然後繪製這些平均數的直方圖。這個假想的直方圖稱為樣本平均數的分佈。

和所有分佈一樣，樣本平均數的分佈會有自己的平均數（樣本平均數的平均數）和標準差。這個許多樣本平均數的標準差稱為平均數的**標準誤**（standard error）。

我們假想樣本的分佈會具有近似常態分佈的形狀 註6。要瞭解為什麼，請回想我對圖 11.3 中樣本所做的描述：每個樣本的平均數可能等於、大於或小於母體平均數，如果我們抽取成千上萬個樣本，大多數的樣本平均數都會比母體平均數稍微高或稍微低一些，只要少數樣本平均數會大幅偏離母體平均數。換句話說，平均數接近母體平均數的樣本出現的機率，比平均數遠離母體平均數的樣本要來得高。

如果你將所有假想樣本的平均數繪製成圖，然後計算此平均數分佈的標準差，就會得到誤差的估計值。**我們用標準分數來衡量特定大小的樣本（在我們的例子中是 40 位女孩），平均來說，其樣本平均數偏離母體平均數的情形，這就是所謂平均數的標準誤。**

計算平均數的標準誤的方法如下：

$$標準誤 = \frac{樣本標準差}{\sqrt{樣本數}}$$

我們的樣本大小為 40，標準差為 0.5，因此：

$$標準誤 = \frac{樣本標準差}{\sqrt{樣本數}} = \frac{0.5}{\sqrt{40}} \approx 0.08$$

註 6　此為**中央極限定理**（Central Limit Theorem），數學的重要基礎之一：除了少數例外情況（像是非常極端的分佈），無論母體分佈真實的形狀為何，如果計算很多樣本個數相同的平均數，然後繪製成直方圖，將會得到常態分佈。

標準誤的大小與樣本大小的平方根成反比，證據如下：

就 10 位女孩的樣本而言：

$$標準誤 = \frac{樣本標準差}{\sqrt{樣本數}} = \frac{0.5}{\sqrt{10}} \approx 0.16$$

就 640 位女孩的樣本而言：

$$標準誤 = \frac{樣本標準差}{\sqrt{樣本數}} = \frac{0.5}{\sqrt{640}} \approx 0.02$$

所以樣本越大，標準誤就越小。但是要縮小標準誤的成本高昂，因為樣本大小與標準誤之間的關係遵循報酬遞減法則。舉例來說，將樣本大小放大為四倍，只能將標準誤差縮為一半，而不是四分之一。

就 20 位女孩的樣本而言：

$$標準誤 = \frac{樣本標準差}{\sqrt{樣本數}} = \frac{0.5}{\sqrt{20}} \approx 0.11$$

就大小為 80 位女孩的樣本而言：

$$標準誤 = \frac{樣本標準差}{\sqrt{樣本數}} = \frac{0.5}{\sqrt{80}} \approx 0.056$$

除此之外，我們不可能將標準誤差縮減為 0。即使我們抽取大小為 1,000,000 位女孩的樣本，誤差依然會存在。

$$標準誤 = \frac{樣本標準差}{\sqrt{樣本數}} = \frac{0.5}{\sqrt{1000000}} = \frac{0.5}{\sqrt{1000}} = 0.0005$$

最後，你可能已經注意到了，即使我們不知道母體的大小，依然可以計算出標準誤。要減少不確定性，真正重要的並不是母體本身的大小，而是樣本的大小，以及我們是否遵守隨機抽樣的嚴格規則。

★ 建立信賴區間（Confidence Interval）

信賴區間可以用來表達任何你想報導的統計量的不確定性。信賴區間建立在標準差之上，通常用以下的方式傳達：

「在 95% 的信賴水準之下，我們估計 12 歲女孩的平均身高是 5.3 英尺加減某個數值（編註：常用的數值是標準誤，接下來會說明）」。

請記得，這句話也代表：「如果我們抽取 100 個大小相同的樣本，估計有 95 個樣本的信賴區間會涵蓋我們要分析的真正值。剩下的 5 個樣本就不一定了。」

要計算出信賴區間，首先必須決定信賴水準。最常見的信賴水準是 95% 和 99%，但你可以選擇任何數字。我們只需要記得，選擇的信賴水準越高，加減的範圍就越大。

你可以計算任何統計量的信賴區間：平均數、相關係數、比率等等。以下我只舉幾個簡單的例子，如果你讀了之後很感興趣，我會推薦一些資料供你閱讀。

首先，我們來看樣本平均數的信賴區間。在我們的樣本中，女孩的平均身高是 5.3 英尺，標準差是 0.5。5.3 這個數字是點估計值，單獨報導點估計值並不正確，我們必須揭露圍繞點估計值的不確定性。**圖 11.6** 顯示了大型樣本平均數信賴區間的計算公式及其使用方法。

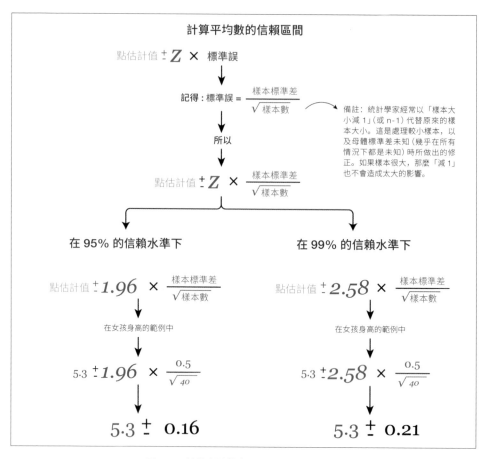

圖 11.6 計算大型樣本平均數的信賴區間。

　　圖中紅色的 z 稱為**臨界值**（critical value），臨界值與信賴水準和 z 分數有緊密的關係。我們在前幾頁看到，95% 的值都會座落在正負 1.96 個標準差之間，而 99% 的值都會座落在正負 2.58 個標準差之間。因此，我們要建立 95% 的信賴區間時，會用 1.96 作為公式中的臨界值，而要建立 99% 的信賴區間時，則會用 2.58 作為公式中的臨界值。

　　如果樣本很小（例如只有 12 或 15 個女孩），情況會更加棘手。統計學家發現這種情況下的樣本平均數分佈不一定呈現常態，因此不能使用 z 分數作為臨界值。

當樣本很小，而且母體標準差未知時，樣本平均數可能呈現 t 分佈，t 分佈的兩端比常態分佈要來得厚。我們先不管 t 分佈的細節，只要先記得這個簡單的原則：小樣本＝非常態。

那麼，不能用 z 分數，要怎麼決定信賴區間公式中該使用的臨界值呢？

首先，要瞭解樣本大小。假設我們只測量 15 位女孩的身高，將樣本大小減去 1，得到 14（要瞭解原因，請到參考書目查詢「自由度」(degrees of freedom)）。然後選擇你要的信賴水準（95% 或 99%）。最後遵照**圖 11.7** 的指示進行。

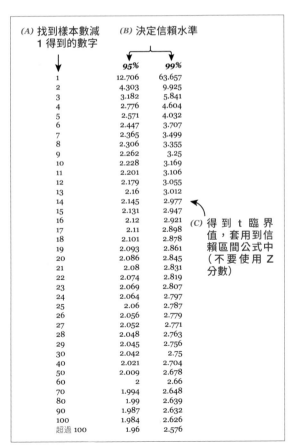

(A) 找到樣本數減 1 得到的數字	(B) 決定信賴水準	
	95%	**99%**
1	12.706	63.657
2	4.303	9.925
3	3.182	5.841
4	2.776	4.604
5	2.571	4.032
6	2.447	3.707
7	2.365	3.499
8	2.306	3.355
9	2.262	3.25
10	2.228	3.169
11	2.201	3.106
12	2.179	3.055
13	2.16	3.012
14	2.145	2.977
15	2.131	2.947
16	2.12	2.921
17	2.11	2.898
18	2.101	2.878
19	2.093	2.861
20	2.086	2.845
21	2.08	2.831
22	2.074	2.819
23	2.069	2.807
24	2.064	2.797
25	2.06	2.787
26	2.056	2.779
27	2.052	2.771
28	2.048	2.763
29	2.045	2.756
30	2.042	2.75
40	2.021	2.704
50	2.009	2.678
60	2	2.66
70	1.994	2.648
80	1.99	2.639
90	1.987	2.632
100	1.984	2.626
超過 100	1.96	2.576

(C) 得到 t 臨界值，套用到信賴區間公式中（不要使用 Z 分數）

圖 11.7 處理小樣本時，如何得到信賴區間公式中的 t 臨界值。

如圖表所示，樣本大小為 15 時，我們必須找到第 14 列（15－1 ＝ 14），然後看一下其他兩欄：95% 的信賴水準之下，臨界值為 2.145，而在 99% 的信賴水準之下，臨界值為 2.977。代入公式如**圖 11.8** 所示。

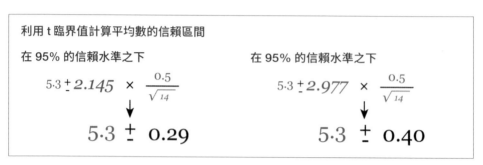

圖 11.8 更新後的信賴區間公式，使用小樣本，並以 t 臨界值取代 z 臨界值。

再讀一次圖 11.7 的表，你會發現當樣本越大，t 臨界值就越接近 1.96（如果你選擇 95% 的信賴水準）和 2.58（如果你選擇 99% 的信賴水準）。原因在於樣本越大，t 分佈的形狀就會越像我們可愛的常態分佈。因此，有些統計學家才會說，如果樣本真的很大，即使不知道母體的標準差，你依然可以使用 z 分數，如我在圖 11.6 的解釋。而**有些統計學家則建議，無論樣本大小一律使用 t 臨界值。**

對較小的樣本而言，t 臨界值大於 z 臨界值。你可以把這想成另一個**模糊因子**（fudge factor）：樣本較小，結果就較不準確，因此 t 臨界值會讓信賴區間變寬，如此一來你就不會高估確定性。

最後，幾點注意事項：

- 許多文獻會用類似以下的格式回報信賴區間（CI）：平均數 ＝ 23.3，95% 的 CI 20.3-26.3（信賴區間的下限是 20.3，上限是 26.3）。經過計算，可以得知在 95% 的信賴水準下，誤差範圍是加減 3。

為了讓你更熟悉信賴區間的計算方式，請看**圖 11.9** 的範例和說明，這個範例要處理的是百分比。

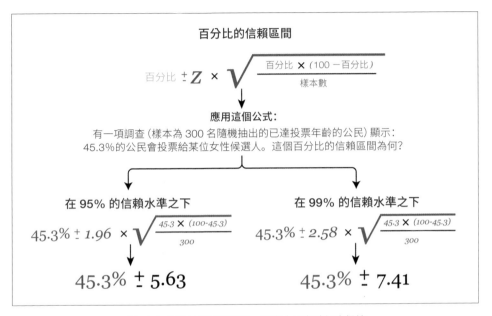

圖 11.9　百分比的信賴區間。研究人員有時候會根據
樣本大小與母體之間的比率修正這個公式。

★　揭露不確定性

信賴區間能幫助我們想像資料中的不確定性。不確定性是很重要的資訊，因為僅只提及點估計值，卻忽略其周遭不確定性的視覺化圖表和報導（包括到目前為止本書當中的圖表，以及在我記者和設計師生涯中製作的許多圖表），傳達出的準確度其實並無根據。

要在視覺化圖表中傳達不確定性，最簡單明瞭的辦法就是在圖表中加註（編註：在圖上用文字說明信賴水準跟標準誤是多少）。但是，**我們也有辦法直接以圖表本身呈現不確定性，不讓圖表因為註解顯得雜亂無章**

^{註7}。**圖 11.10** 中顯示了三種基本的方法，其中兩種利用了**誤差槓**（error bar，編註：左邊跟中間的圖）。這三種方法與其變化型已經使用了數十年，但近年來因為它們的缺陷而遭受批評。

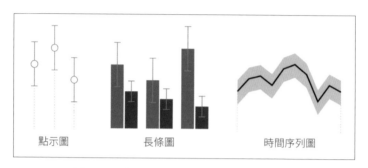

圖 11.10 利用誤差槓將不確定性視覺化的方法。

最明顯的缺陷就是誤差槓具有全有或全無的特性，這可能造成誤導性推論。大致來說，信賴區間的作用就像機率分佈：理論上，接近上下邊界的分數會比接近點估計值的分數更不可能出現。這種特徵就隱藏在誤差槓之中（編註：誤差槓的繪圖方式，有些人可能會誤認為估計值只會出現在誤差槓的範圍內，而且出現的機率是一樣）。

為了解決這個問題，2015 年在**巴黎**（Paris）舉行的**電子電機工程師學會**（Institute of Electrical and Electronics Engineers, IEEE）視覺化會議上^{註8}，**威斯康辛大學麥迪遜分校**（University of Madison-Wisconsin）的電腦

註7　以下兩篇文章對不確定性的視覺化做了良好的介紹：**布羅德利**（Ken Brodlie）、**奧索立歐**（Rodolfo Allendes Osorio）和**羅培斯**（Adriano Lopes）的「回顧資料視覺化中的不確定性」（A Review of Uncertainty in Data Visualization）（https://www.researchgate.net/publication/290000183_A_Review_of_Uncertainty_in_Data_Visualization），以及**科克**（Andy Kirk）的部落格文章（https://www.visualisingdata.com/）。

註8　Michael Correll and Michael Gleicher: "Error Bars Considered Harmful: Exploring Alternate Encodings for Mean and Error," https://graphics.cs.wisc.edu/Papers/2014/CG14/。

科學家**麥可‧科瑞爾**（Michael Correll）與**麥可‧格雷徹**（Michael Gleicher）
討論了顯示不確定性的其他經典方法：**梯度圖**（gradient plot）、**小提琴圖**
（violin plot）、不以中位數或四分位數為基礎的改良版**箱型圖**（box plot，
經典的箱型圖是由**約翰‧圖基**（John W. Tukey）發明的，請見第 7 章）
（**圖 11.11**）。

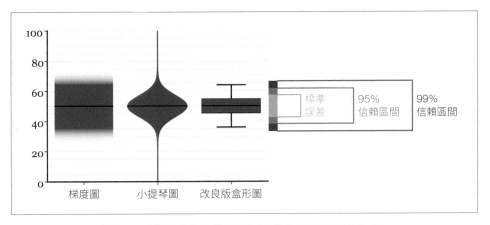

圖 11.11 呈現點估計值（例如平均數）及信賴區間的其他方式。
梯度藍色框是用來做比較的。

　　梯度圖、模糊的誤差槓、模糊的背景是**亞歷克斯‧庫魯茲**（Alex
Krusz）等設計師追求的設計策略，庫魯茲曾研發一個有趣的網路工具來
視覺化具有不同變異數的資料集（**圖 11.12**）註9。**維也納人口學研究所**
（Vienna Institute of Demography）的統計學家**鄭蓋堡**（Guy Abel）甚至建
立了一個 R 程式語言套件，稱為**扇形圖**（fan chart），該套件能模仿**英格蘭
銀行**（Bank of England）自 1997 年起開始使用的預報圖表，製作出類似的
圖表（**圖 11.13**）。

註 9　這套工具在http://krusz.net/uncertainty/；其原始碼在https://github.com/
　　　akrusz/dragon-letters，而庫魯茲完整解釋這套工具的文章在http://tinyurl.
　　　com/q2fj23f。

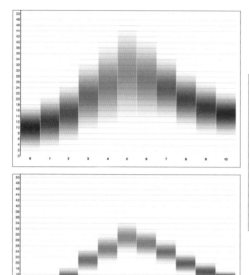

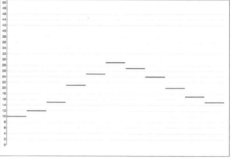

圖 11.12 圖表呈現出變異數減小的資料，
由亞歷克斯．庫魯茲製作。

　　不確定性也能在地圖上顯露出來。住在佛羅里達州的人幾乎每年都會在颶風季期間面臨不確定性。在**圖 11.14**，一張來自**美國國家海洋暨大氣總署**（National Oceanic and Atmospheric Administration, NOAA）的地圖顯示 2004 年**颶風查理**（Hurricane Charley）的可能路徑。因為這張地圖是預報，所以隨著線條離週五下午五點的最新當前位置愈遠，誤差區域就愈大[註 10]。

註 10 「在地圖上把不確定性視覺化」一事已經困擾製圖師許多年了。請閱讀**伊戈爾．德雷基**（Igor Drecki）的「呈現地理資訊不確定性：製圖的解決方法與挑戰」（Representing Geographical Information Uncertainty: Cartographic Solutions and Challenges）以取得技術概論和相關文獻：http://tinyurl.com/pawvyty，也請閱讀**艾倫．馬西阿克倫**（Alan MacEachren）等人的「視覺化地理空間資訊不確定性：我們知道什麼與我們需要知道什麼」（Visualizing Geospatial Information Uncertainty: What We Know and What We Need to Know），http://tinyurl.com/o6tpsuj。還有一篇馬西阿克倫的論文是「視覺化不確定資訊」（Visualizing Uncertain Information），https://cartographicperspectives.org/index.php/journal/article/view/cp13-maceachren。

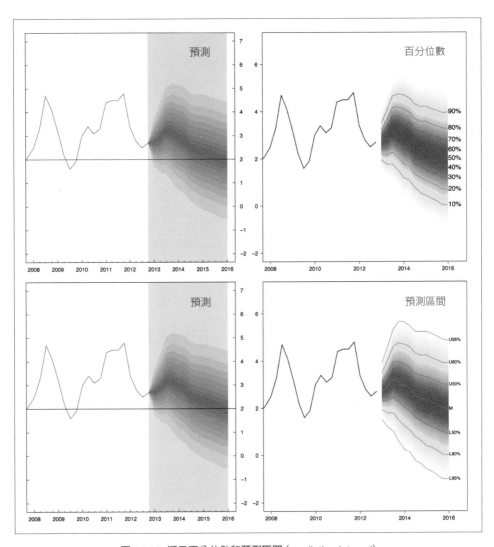

圖 11.13 顯示百分位數和**預測區間** (prediction interval)
(不是信賴區間) 的扇形圖，由鄭蓋堡製作，
資料來源：http://journal.r-project.org/
archive/2015-1/abel.pdf。

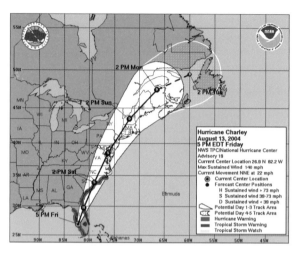

圖 11.14　呈颶風預報地圖（美國國家海洋暨大氣總署）。

你會得到的最佳建議：問就對了

　　記者和設計師通常不會自行產生資料，而是從各種來源取得資料，例如政府機構、非營利組織、企業、科學家等等。這些資料來源有很多都在網路上有強大的影響力，而且在十年前就提供難以想像的豐富資訊。

　　如今，任何能夠使用電腦、網路連線、某些熱門（且免費！）軟體工具的愛好者，都能探索分佈、進行簡單線性迴歸分析、估算不確定性，然後發表報導或視覺化圖表，而且是一個人就能完成這些事情。這種現象容易引發災難，因為他們無法自己做的事情，就是評估這些發現是否真的有意義。因此，他們會需要深度的領域專門知識。

　　所以，不論你是初學者還是專業人士，如果你想製作視覺化圖表及資訊圖表，以下是你會得到的最重要建議（我曾在前幾章暗示過）：**任何一個成功的資料專案背後的秘密，就是詢問非常瞭解現有資料及其缺點的人，以及非常瞭解如何收集、處理與測試資料的人。**

如果你已經從開放來源下載一些資料，並使用本書說明的技巧來探索這些資料，**請先不要發表任何東西：帶著你的直覺去找專家。**三個臭皮匠，勝過一個諸葛亮。以下是 ProPublica 的新聞應用程式部主任**史考特·克萊恩**（Scott Klein）對這方面的看法：

> 新聞界與其他領域的不同之處在於我們總是依賴更聰明的人所擁有的智慧。即使我們認為自己完全瞭解某個資料集或者以資料集進行的計算，我們依然必須跟其他人談談。每當我們在 ProPublica 進行一項專案，我們總是會聯絡那些能指出我們犯了錯的人。我們向他們展示我們已經做的事、我們如何做這些事、我們的假設是什麼、我們產生的符碼。這一切都對我們正確瞭解事情的能力至關重要 註11。

任何記者都會告訴你，他的工作有個要素，就是創造、培養然後擴展一套資料來源網絡，讓他能在適當時機進行諮詢。我要給你一個建議：那些下載到電腦的資料集很誘人，但是請你在使用之前與之後，詢問幾個密切相關且恰當的問題。

★ 事物是如何被測量的？

物理學家**維爾納·海森堡**（Werner Heisenberg）曾說，我們觀察到的不是自然本身，而是暴露在我們的質疑方法下的自然。我們觀察世界的方式會影響我們如何分類及記錄我們的觀察結果。

註 11　出自「What Google's News Lab Means for Reporters, Editors, and Readers」http://contently.net/2015/07/02/resources/googles-news-lab-means-reporters-editors-readers/。

統計學家**安德魯・格爾曼**（Andrew Gelman）認為測量是「統計學中最受忽視的主題」，並補充說這是個令人費解的狀況，因為測量構成了「你收集的資料與你研究的基礎目標之間的連結」註12。

這對於每個人來說都是很大的挑戰，因為我們都會面臨「根據表面來判斷資料」的強烈誘惑，卻沒有意識到那句著名的格言「垃圾進，垃圾出」（garbage in, garbage out）。如果你起初使用糟糕的資料，那你最後也會得出糟糕的結論。針對龐大資料集進行事實查核並不在我的能力範圍內，而我猜你們大多數人也跟我差不多。不過，我們依然有許多事可做，讓我們能開始評估自己使用的資料來源品質。

下次你從**聯合國**（United Nations）或**國際貨幣基金組織**（International Monetary Fund）（這只是其中兩個熱門的國家級資料來源）下載試算表時，請不要只是查看表格的列和欄，要記得閱讀通常伴隨著試算表的文件。那是**詮釋資料**（metadata）的一部分，而詮釋資料就是關於資料的資料註13。如果沒有提供任何文件，或者文件不清楚、品質參差不齊，你就會需要專家的意見。其實呢，你無論如何都會需要專家的意見。

即使資料來自公認可靠的來源，也應該受到嚴格審查及懷疑。**加拿大西門菲沙大學**（Simon Fraser University）的經濟學家**莫頓・捷爾文**（Morten Jerven）研究非洲開發數據的計算方式之後，做出了結論：

註 12　出自「What's the most important thing in statistics that's not in the textbooks?」，
　　　　http://tinyurl.com/ntlkofa。

註 13　同樣地，如果你根據任何類型的資料發表視覺化圖表或報導，你應該公布你使用的方法。這在新聞界逐漸成為普遍做法，而我真心希望這種現象會持續下去。

> 截至 2009 年，超過一半的非洲經濟體排名可能是純粹的猜想，而且全非洲成長統計數字的基礎資料其實有大約一半是找不到的，這些資料由世界銀行透過含糊不清的程序來建立。大家普遍認為，資料是先求有再求好[註14]。

這種令人沮喪的訊息在其他書中也很普遍，例如**扎卡里・卡拉貝爾**（Zachary Karabell）的《當經濟指標統治我們》（Leading Indicators）（2014年）。這一切是否代表我們應該舉手投降，並向雨神**特拉洛克**（Tlaloc）祈禱呢[註15]？不是的。這只是代表我們在處理不是我們自行產生的資料時，需要格外謹慎，即使數據來自最受信賴的來源也同樣如此。

★ 來自資料叢林的報導

海瑟・克勞斯（Heather Krause）是 Datassist 的創辦人，Datassist 是一間統計諮詢事務所，專長是視覺化設計，也會協助記者和非營利組織解讀資料。我在撰寫這章時，海瑟跟我分享了幾個近期經驗，以下這些經驗顯示出如果要確認你想呈現的資訊很完善，大概要花費多少力氣。

海瑟在一項關於孟加拉鄉村地區牛奶生產的專案中發現，她正在分析的資料集裡有個變數稱為「群組性別組成」，可能出現的狀況包括男性、女性、混合。

註 14 出自《糟糕的數據：我們如何被非洲開發統計數字誤導，我們又該怎麼辦》（Poor Numbers: How We Are Misled By African Development Statistics and What to Do About It）（2013年）。

註 15 我從墨西哥回來以後就寫了那行。順帶一提，我帶了一個特拉洛克填充玩偶給我四歲的女兒。儘管特拉洛克是一頭醜陋、具有威嚇力又露出獠牙的野獸，但我女兒很喜歡它。這個玩偶如今就在她的床上，放在她出生起就擁有的泰迪熊旁邊。

有一天，海瑟在實地工作時，她的視線從筆記型電腦上移到一些擠奶的人身上，發現那些人全是男的。這感覺不太合理。根據資料顯示，那個群組是有女性存在的。她的實地協調員解釋，標為「群組性別組成」的變數並不代表該群組所有成員的實際性別組成。它代表資料收集者認為家中進行實際工作的人是誰。

海瑟的結論是：「永遠不要依賴變數名稱或你對資料的假設來告訴你數據真正代表的意義。」接著她又提供了另一個更有啟發性的例子：

> 　要瞭解針對婦女的暴力（**親密伴侶暴力**（intimate partner violence, IPV）），需要分析趨勢、探索態度、檢視暴力增減的因子。這很複雜。針對婦女的暴力是一個很廣泛的詞彙，具有不同的定義，而且往往沒有被人通報。你問的是誰？所有婦女？已婚婦女？還是曾經有過親密關係的婦女？

我常常從各個網站下載親密伴侶暴力的資料集。我在進行一項專案時，發現了喀麥隆的親密伴侶暴力盛行率資料。出自不同來源的數據落在從 9%、11%、14%、20%、29%、33%、39%、42%、45% 到 51% 之間的範圍內。這種現象並不是喀麥隆獨有的，大多數國家也存在類似的大範圍變化模式（**圖 11.15**）。

為什麼會有這樣的差異？所有資料都是在三年內收集的，多數是在同一年內收集的。差別就是資料專門測量的是什麼。我讀了詳細的詮釋資料後，就把不同組織測量親密伴侶暴力的方式（**圖 11.16** 中的摘要）分成三大層面：

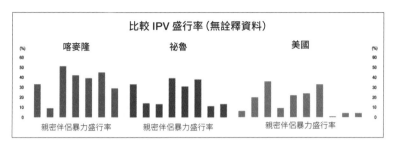

圖 11.15 長條代表這三個國家中數個來源測量的親密伴侶暴力盛行率。
請注意長條之間的極大差異。（海瑟・克勞斯製作的圖表，
http://idatassist.com/。）

你的數據涵蓋什麼？		WHO	UN-HIV	NISVS	EU-VAW	WB	DHS	UN-POW	IVAWS
包含哪些?	身體暴力	■	■	■	■	■	■	■	■
	性暴力	■	■	□	■	■	■	■	■
	情緒暴力	□	□	■	■	□	□	□	□
年紀?	15-49 歲	□	■	□	□	□	□	■	□
	15-69 歲	■	□	□	□	■	□	□	□
	18-69 歲	□	□	□	□	□	□	□	■
	18-74 歲	□	□	□	■	■	□	□	□
誰?	所有女性	□	□	□	■	□	■	□	□
	曾經結婚的女性	■	□	□	■	■	□	■	□
	未指明婚姻狀態	□	■	■	□	□	□	■	□
何時?	一生中	■	□	□	■	■	■	■	□
	過去 12 個月	■	■	■	□	■	■	■	■

IPV 資料來原

圖 11.16 研究親密伴侶暴力盛行率時，被測量的是什麼？
（海瑟・克勞斯製作的圖表，http://idatassist.
com/。）

1. 被測量的是什麼？

資料收集者使用的親密伴侶暴力定義是什麼？親密伴侶暴力可以用許
多方式來測量。如果你提出了一種親密伴侶暴力盛行率，這個盛行率
是否包含只有身體暴力的比率呢？或者它也包含性暴力？它有包含情
緒暴力嗎？它是計算身體及性暴力，還是身體及／或性暴力呢？

你的資料所根據的親密伴侶暴力定義會對你得到的比率有很大的影響。舉例來說，在喀麥隆，親密伴侶身體暴力的盛行率據報導是45%，性暴力是20%，身體及／或性暴力是51%。

2. **被測量的族群是誰？**

你的資料涵蓋的婦女年齡是幾歲？調查範圍的差異極大，從只納入生育年齡的婦女，到納入所有年齡的婦女，中間還有許多不同的納入範圍。如果你想比較隨著時間變化的趨勢，那麼調查範圍就是一種特別重要的詮釋資料。舉例來說，在祕魯，過去十二個月內的身體暴力盛行率範圍是 11% 到 14%，依據納入的年齡而異。

在親密伴侶暴力這樣的情況下，使用資料時一定要瞭解調查納入的婦女所呈現的婚姻狀態。你研究的資料是否估算了所有婦女的伴侶暴力盛行率？還是目前已婚婦女的伴侶暴力盛行率？還是所有曾經有過親密關係的婦女的伴侶暴力盛行率？

3. **被測量的時間段是什麼？**

盛行率資料需要清楚說明它測量的時間段是什麼。有些親密伴侶暴力資料測量的是婦女一生中經歷的暴力；有些資料測量過去十二個月內經歷的暴力；有些則測量過去五年內經歷的暴力。這會使結果有很大的差異。在美國，親密伴侶暴力盛行率範圍是 20% 到 36%，而過去十二個月內的親密伴侶暴力盛行率範圍卻是 1% 到 6%。

請記得這些故事，下一次你想寫一則報導或設計一張視覺化圖表時，務必要進行查核、詢問來源，然後添加註解、前提與說明，這樣讀者才能瞭解資料中的限制和偏誤。

★ 顯著性、大小與檢定力

許多研究都是基於比較不同群組的統計數字，評估數字之間的差異是否可能出於巧合。在許多案例中，科學家會報告 p 值，你或許以前就知道（而且害怕）這個詞了。

統計學家**艾力克斯・萊因哈特**（Alex Reinhart）對 p 值的定義是這樣的：「在假設沒有真正效應或真正差異的條件下，收集的資料所顯示的差異等於或大於你實際觀測到的差異，這種現象的機率就是 p 值。」[註16]

這個定義會讓對於統計學只有淺薄瞭解的人（比如我）非常困惑，所以我們來想像一下，假設一群社會學家想測試一種特定的學習技巧是否對一年級學童的閱讀力有任何影響。我們會把待測試的學習技巧稱為「干預」，而學生表現的可能變化稱為「效應」。

理想上，他們會以下列方式進行：

1. 研究人員先假設新技巧不會對學生的閱讀技能有任何影響。這項假設稱為虛無假說，就跟我們之前學到的一樣。

2. 他們抽出一個大型的學生隨機樣本，假設是 60 人好了。

3. 他們測試那些學生的閱讀力。

4. 學生被隨機分配到兩組，每組 30 人。其中一組稱為實驗組，這些學生會學習如何使用新技巧，我們就假設學習時間為一個月吧。其他 30 名學生會持續接受與之前相同的閱讀課程。他們是控制組。

5. 一個月後，所有學生再次接受檢驗。

註 16 《Statistics Done Wrong》（2015 年），請見本章結尾。

6. 研究人員分析資料，檢視實驗組學生是否有所改善。科學家計算實驗組和控制組的前後表現，然後計算這些差異（當然，前提是他們有偵測到任何差異）是否可能碰巧出現。

7. 如果研究人員估計這些差異不太可能碰巧出現，那麼他們會說自己得到一個統計顯著的結果。他們會「拒絕虛無假說」，因為虛無假說認為，當實驗組有了干預，實驗組與控制組之間不會有任何差異。

8. 研究人員會寫下類似「差異是如何如何，而且具有統計顯著性，$p<0.05$（或 $p<0.01$）」這樣的論述，藉此來表達上述結果。那個 p 就是 p 值。你也可以讀作 5% 或是 1%，如果這樣你比較容易理解的話。

p 值用來表示「假設事實上實驗組跟控制組沒有差異」的情況下，實驗組接受處理後出現與控制組不同，該差異出現的機率。換句話說，p 值只是一種估計，用來表示碰巧測量到這種效應的機率有多高。p 值就是如果虛無假說為真，也就是實驗組與控制組之間的差異為零，要獲得我們已取得的資料的機率（也就是剛才提到 5% 或 1%）。

我們也必須瞭解 p 值不是什麼：p 值不是效應有用的機率，p 值不是科學家找到此效應的機率。p 值也並未暗示研究人員有 95% 的信心說我們的新的學習技巧是有效的。

上述幾點非常重要，我再強調都不為過，因為它們是許多劣質新聞報導的來源。它們也是為什麼即使 p 值在科學界廣泛存在，但過度解讀 p 值依然非常危險的一部分原因[註17]。

註 17 批評研究中草率使用 p 值的文獻非常多，這是有好處的，因為 p 值很容易操縱。如果想看概要，請閱讀「科學界 p 值操縱的程度與後果」(The Extent and Consequences of P-Hacking in Science) (http://tinyurl.com/np8jpef) 與「統計學：p 值只是冰山一角」(Statistics: P values are just the tip of the iceberg) (http://tinyurl.com/nrpnh4a)。有些統計學專家認為，我們應該徹底拋棄 p 值。其他專家則說 p 值只是許多工具中的一個，如果不單獨使用的話，p 值依然是有效的。

另一個原因是：**統計顯著的效應可能在邏輯或實際意義上並不顯著**，而實驗中獲得的不顯著結果可能在口語表達上依然顯著。不論是誰在分析資料，都沒有統計試驗能取代常識及定性知識。

統計學家耶齊‧維佐雷克解釋得很好：「統計學不只是我們在發表論文的過程中，需要穿過的一系列隨機的是非題圈圈；它是一種**應用認識論**（applied epistemology）或是一種系統性推理」[18]。

因此，**單一一篇報告一項統計顯著結果的研究論文並沒有太大意義**。我們需要將這項結果與事先對資料描述的現象的紮實理解進行權衡。**複製是科學的基石之一**[19]：愈多研究顯示統計顯著的效應，我們的不確定性就縮得愈小。正如**卡爾‧薩根**（Carl Sagan）過去一再說的：「非凡的主張需要非凡的證據。」如果你看到媒體報導有實驗或論文宣稱他們找到違反常識的結果，就需要小心了。這些結果可能只是巧合而已。

我們在閱讀科學論文時，另一個需要注意的特徵是**效應量**（effect size）。假設你在測試某種藥物是否能有效對抗普通感冒，對人類進行測試之後即使得到統計顯著的結果也是不夠的，因為 p 值並不會告訴你這種藥物的效應有多大。

測試結果可能是實驗組的一大堆人在使用藥物後，比未接受治療的控制組更快好轉。這可能是統計顯著的結果，但或許不是重要的結果。「更快」可能只是代表「快一小時」，所以這種藥物其實沒有很大的價值。在這個案例中，分鐘數就是效應量，我們其實可以稱之為**實務顯著性**（practical significance）。

註 18　認識論探討能區分「已證實的信念」與「單純意見」的事物。這句引文出自一篇文章，網址是 http://tinyurl.com/obxcn8j。

註 19　請閱讀**傑佛瑞‧利克**（Jeffrey T. Leek）與**羅傑‧彭**（Roger D. Peng）的「可複製的研究可能依然是錯的：採用一種預防方法」（Reproducible research can still be wrong: Adopting a prevention approach），網址是http://www.pnas.org/content/112/6/1645。

效應量跟研究人員進行的試驗**檢定力**（power）有關。試驗的統計檢定力顯示了實驗中有多大機率會偵測到特定量的效應。檢定力與樣本大小有關：小型樣本可能不足以偵測到微小，但或許密切相關的效應，在這種狀況下，我們會說該試驗**檢定力不足**（underpowered）。

另一方面，**檢定力過大**（overpowered）的試驗（選擇的樣本非常大）可能偵測到與實務目標無關的統計顯著效應，這可能是因為效應量非常小。**一般來說，沒有同時報告顯著性、效應量、檢定力的論文應該受到更多的懷疑。**

接下來這個例子出自艾力克斯‧萊因哈特的《Statistics Done Wrong》，描述了這些特質之間的關係。它也顯示了讓民眾瞭解這些特質（至少要有概念性、非數學性的程度）是非常重要的：[註20]

> 1970 年代，美國許多地區開始允許駕駛紅燈右轉。在許多年之前，道路設計師與土木工程師認為，允許紅燈右轉會危害安全，導致許多額外的車禍及行人死亡。然而，1973 年的石油危機與其後續影響促使交通機構考慮允許紅燈右轉，以節省通勤人士等待紅燈所浪費的燃料，最終議會要求州政府允許紅燈右轉，將其視為一種節能措施，就跟建立隔熱標準與節能照明一樣。
>
> 研究人員進行了幾項研究來探討這項改變的安全影響。在一項研究中，維吉尼亞州（Virginia）公路與交通部（Department of Highways and Transportation）的一名顧問進行了事前事後分析，↓

註 20 萊因哈特的例子是受到**埃茲拉‧豪爾**（Ezra Hauer）的「顯著性檢驗造成的傷害」（The harm done by tests of significance）所啟發，該文網址是http://tinyurl.com/pevpye8。

調查 20 個已經開始允許紅燈右轉的交叉路口。在規定改變前，這些交叉路口發生了 308 次車禍；改變後，類似時長內發生了 337 次車禍。不過，這種差異在統計上沒有顯著意義，這名顧問在他的報告中也這麼寫了。當這份報告遞交到州長手上，公路與交通部部長寫道：「我們可以看出，實施（紅燈右轉）不會對駕駛或行人造成任何顯著危害。」換句話說，他把統計不顯著轉換成實務不顯著了。

後續幾項研究也有類似發現：車禍數量有輕微增長，但沒有足夠資料來表示這樣的增長是顯著的。

當然，這些研究的檢定力不足。不過有愈來愈多城市和州開始允許紅燈右轉，然後這項措施在整個美國都變得很普遍。看來沒有人試圖把這些小型研究聚集起來，產生一個更有用的資料集。同時，愈來愈多行人被車輾過，愈來愈多車捲入碰撞事件。直到數年之後才有人收集足夠資料，以令人信服的方式呈現出這種現象。當時的研究終於顯示，在與紅燈右轉有關的事件中，碰撞的發生頻率大約提高 20%，被輾過的行人增加 60%，被撞倒的自行車騎士也增加了一倍。

可惜的是，交通安全界並沒有從這個例子學到多少教訓。舉例來說，2002 年一項研究探討了鋪路肩對於鄉村道路車禍發生率的影響。意料之中的是，鋪路肩降低了車禍風險，但沒有足夠資料顯示這件事具有統計顯著，所以該研究的作者表示，研究結果鋪路肩的成本並非合理。他們並沒有進行成本效益分析（cost-benefit analysis），他們認為不顯著差異就代表完全沒有差異，儘管他們收集的資料顯示鋪路肩能增進安全！但是證據不夠有力，無法達到他們想要的 p 值門檻。比較好的分析應該要承認，鋪路看可能不是很有效益，但是資料卻顯示路肩有些幫助。因此，我們應該要多看信賴區間（編註：而不是單純 p 值沒達標就是沒幫助）。

瞭解更多

- Field, Andy, Jeremy Miles, and Zoe Field. Discovering Statistics Using R (5th edition). Thousand Oaks, CA: SAGE. 如果你看到這本一千頁的磚塊書放在你面前,不用害怕。這本書讀起來很有趣,而且當你需要進修任何關於統計學的主題時,這本書就能派上用場。此外,主要作者**菲爾德** (Field) 是**鐵娘子樂團** (Iron Maiden) 的樂迷,我想這件事會讓該書變得更吸引我和其他老派的重金屬樂迷。

- Karabell, Zachary. The Leading Indicators: A Short History of the Numbers That Rule Our World. New York, NY: Simon & Schuster, 2014. 讀了這本書以後,你就再也不會用之前的方式看待國內生產毛額數據了。

- Reinhard, Alex T. Statistics Done Wrong: The Woefully Complete Guide. San Francisco, CA: No Starch Press, 2015. 當你讀了一些統計學課本的緒論之後,這本好書會告訴你為什麼你的許多直覺都大錯特錯。不過別覺得灰心,你會從中學到很多東西的。

- Ziliak, Stephen T., and Deirdre N. McCloskey. The Cult of Statistical Significance: How the Standard Error Costs Us Jobs, Justice, and Lives. Ann Harbor, MI, The University of Michigan Press. 這本書的火爆標題能讓你大致瞭解其風格,請先對基礎統計學有充分理解後再閱讀它。

第 **4** 篇

實務

第 12 章
創意與創新：
各領域的視覺化可能性

沒有偏差，進步就不可能發生。人們必須意識到其中一些同胞偏離常規的一些創意。在某些狀況下，他們或許會發現這些偏差能啟發靈感，也或許會顯示出更多可能促成進步的偏差。

—— 弗蘭克・扎帕（Frank Zappa）——
http://tinyurl.com/ot37azm

如今一切事物都是「前衛」的：每個人都擁有創意，或者都是革新者，或者都是能跳脫框架思考的革新創作者。

—— 威廉・德雷西維茲（William Deresiewicz）——
《優秀的綿羊》
（Excellent Sheep）

2014 年 12 月，我拜訪了在**邁阿密大學** (University of Miami) 的同事**凡斯・雷蒙** (Vance Lemmon) 博士，他是發展神經科學領域中一位令人敬重的教授。凡斯任職於**治癒癱瘓邁阿密計畫** (The Miami Project to Cure Paralysis) 註1，這是全世界研究脊髓損傷的領域裡最重要的中心之一。凡斯也剛好是一位視覺化愛好者，還是我的朋友。

我們共進午餐時，凡斯給我看了他某次演講的幾張投影片。他停在**圖 12.1**，然後解釋左上方的圖像。這是一隻老鼠的脊髓側面圖，左邊（綠色）部位是連接到腦的那側。

脊髓的主要功能是做為腦與身體其餘部位之間的雙向通訊管道。神經系統由許多不同類型的細胞組成，但主要的細胞是神經元，也就是透過從細胞體突出的分支來互相連通的樹狀細胞。分支有兩種，分別是軸突和樹突。如果你傷害或切斷通過脊髓的軸突，也就是圖 12.1 上的綠色線條，就會導致癱瘓。

凡斯的實驗室利用基因療法來刺激軸突再生。他們把病毒插入老鼠及小老鼠的腦中，這些動物的脊髓事先已經被切斷了。這些病毒經過改造，攜帶了不同種類的遺傳物質，並以神經細胞為目標。

病毒附著在神經元上的時候，會把自己的基因插入細胞的基因組。凡斯實驗室裡的研究人員測試了不同的基因組合，然後發現其中一些組合似乎會引起軸突再生。以這種方式刺激的神經元可能有機會恢復腦與身體其餘部位之間的連結。

圖 12.1 中的 A 圖和 B 圖顯示基因治療之前的連結。C 圖和 D 圖顯示治療之後的連結。我比較它們時大喊：「哇，有好多新連結！」

註 1　該計畫網站是：http://www.themiamiproject.org。

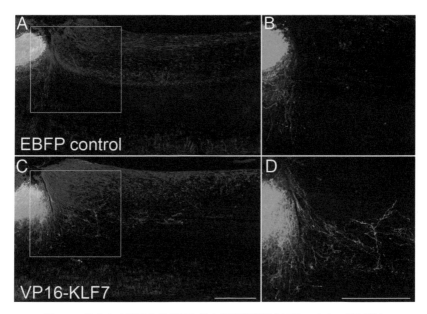

圖 12.1 治癒癱瘓邁阿密計畫製作的大鼠脊髓視覺化圖表，出自一篇刊登在
《美國國家科學院院刊》(Proceedings of the National Academy of
Sciences, PNAS) 的論文：http://tinyurl.com/qa4yj94。

　　凡斯回答 (我沒有逐字引用他的話)：「看起來很驚人，對吧？」問題就
是實際上並沒有很多新軸突。圖中看起來好像有很多新軸突，只不過是因
為軸突和樹突不是筆直的。它們會摺疊和扭曲，所以對於未經訓練的眼睛
而言，治療似乎促成了大幅生長。這些實驗的結果非常有潛力，但不如這
些圖像讓你以為的那樣有潛力。

　　「對於未經訓練的眼睛而言」，請把這句牢記在心。

　　皮尤研究中心 (Pew Research Center) 在 2015 年 9 月 18 日發表了一
項調查結果，主題是美國人具備的科學相關知識。該中心詢問了物理、化
學、地球科學等領域的問題。有個問題包含一張**散佈圖** (scatter plot)，比
較了數個國家的每人糖分攝取量與每人蛀牙數。該圖顯示，人們放進嘴裡
的糖愈多，就愈有可能得蛀牙。

有 63% 的受訪者正確理解了圖表的訊息。擁有大學學歷者的結果比較好（超過八成都正確解讀了該圖表），而擁有高中以下學歷者的結果則差多了（一半的人能夠理解該圖表）。見**圖 12.2**[註2]。

這是壞消息嗎？我不這麼認為。這是很棒的消息。如果同樣的調查在數十年前進行，我猜正確理解這張散佈圖的人數百分比會小得多，那些沒有高等學歷的受訪者尤其如此。為什麼會有這種進步呢？我認為原因是媒體。

我在大學修了一門資料新聞學與統計學的課程。這門課程涵蓋了基礎相關和迴歸分析，讓我在二十幾歲時就接觸到散佈圖。如果不是這樣，我還能在哪裡學到如何解讀散佈圖呢？或許是在報紙上吧。

我從八歲起就開始閱讀報紙。直到 1990 年代晚期，我不記得自己曾在平常閱讀的刊物上見到任何一張散佈圖，線上媒體的情況也差不多。新聞設計師與記者持續使用我們大多數人在小學學到的圖表形式，例如**長條圖**（bar plot）、**時間序列圖**（time series chart）、**圓餅圖**（pie chart）。大概就這些了。

不過，自某個時刻起（我也不是很確定是什麼時候），新聞媒體的設計師就從科學與統計學領域取出散佈圖，並向普羅大眾展示它。第一次展示時，他們或許讓很大一部分的讀者困惑不解。第二次展示時，這個比例應該會變小，有些讀者的眼睛已經經過訓練了。

許多設計師和記者相信，任何視覺化圖表都應該在瞬間就被理解。這是錯誤的。視覺化具有自己的文法和詞彙[註3]。正如我已經在本書指出的，視覺化不只是意味著被看到而已，也要被解讀，就跟書面文字一樣。

註 2　「散佈圖的藝術與科學」（The art and science of the scatterplot）。http://tinyurl.com/ogeaz3k。

註 3　在有關視覺化的書籍中，最好的其中一本是《圖表的文法》（The Grammar of Graphics）（**利蘭・威爾金森**（Leland Wilkinson），1999 年），會是其中一本絕非巧合，而是真的寫很好。

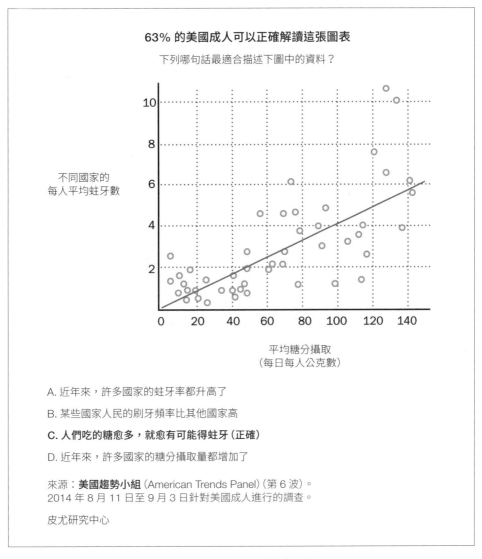

63% 的美國成人可以正確解讀這張圖表

下列哪句話最適合描述下圖中的資料？

不同國家的
每人平均蛀牙數

平均糖分攝取
（每日每人公克數）

A. 近年來，許多國家的蛀牙率都升高了

B. 某些國家人民的刷牙頻率比其他國家高

C. 人們吃的糖愈多，就愈有可能得蛀牙（正確）

D. 近年來，許多國家的糖分攝取量都增加了

來源：**美國趨勢小組**（American Trends Panel）（第 6 波）。
2014 年 8 月 11 日至 9 月 3 日針對美國成人進行的調查。

皮尤研究中心

圖 12.2 皮尤研究中心製作的圖表。

當你第一次向受眾展示一張不尋常的圖表時，確實有可能會讓部分受眾困惑不解。不過，如果這張圖表真的是必要的，你就不該只因為上述原因而避免使用。

設計師和記者往往認為，讀者比我們笨，但情況通常相反。此外，如果我們以為許多讀者不會理解特定圖表，那麼我們不論何時都可以師法一份19世紀的報紙，《紐約論壇報》(New-York Daily Tribune)在1849年所做的那樣（**圖12.3**）：提供說明。當時《紐約論壇報》的編輯需要一張時間序列圖來顯示每週霍亂病例數，但他們猜想許多讀者之前從未見過**折線圖**(line chart)。因此，他們添加了一段說明文字來解釋如何解讀這張圖表。去看看這段說明吧。你之所以會覺得這段說明很幼稚，是因為你從小就見過折線圖了。

圖 12.3 圖片由 ProPublica 的**史考特・克萊恩**(Scott Klein) 提供。

上圖（我們要向**聯合大學**(Union College) 的**吉萊斯彼**(Gillespie) 教授致謝）以一種驚人的方式呈現我們城市在過去四個月內，霍亂與其他疾病疫情的升高、進展與降低情形。底線的每半英寸都代表一週，底下各標有日期。在每半英寸也就是每週末端，都

↓

有垂直點狀線，它們不同的長度代表霍亂與其他因素導致的當週死亡數，這些垂直線上每英寸都代表 500 例死亡。死亡數標在每條垂直線上方。這些垂直線連接起來的折線會依據向上或向下趨勢來顯示，這幾週的死亡數是增加或是減少，變化是迅速還是緩慢。

這張圖中出現了一些奇怪的狀況。我們看到雖然在霍亂疫情的頭兩週，如向上的折線所顯示，霍亂導致的死亡數在增加；但近期如向下的折線所顯示，總死亡數卻在降低。這或許是因為霍亂疫情剛爆發時，人們極注重飲食等方面。在 7 月 7 日那週，雖然每週霍亂死亡數的折線趨勢向上，總死亡數的折線卻莫名下降。接著兩條線都開始升高，相應的死亡數也增加了，直到 7 月 21 日那週，兩條線達到最高點。從那之後，除了 8 月 4 日到 8 月 11 日出現突然降低的狀況之外，兩條線都持續且相當穩定地下降。這可能是因為人口減少，理由是許多人都在該月初離開本市。兩條線持續下降，直到變成我們目前的常態為止。

如果這幾週的平均氣溫、濕度、供電狀態以相同方式呈現，並加入這張圖表中，那麼比較它們就會讓我們更加瞭解它們之間是否有任何關聯。

一張良好的視覺化圖表不只是選擇一種適合展現資料的視覺形式而已，你搭配圖表而寫的文字也很重要。《紐約時報》的圖表部門人員稱其為**註解層**（annotation layer）。當我看到凡斯・雷蒙的軸突與樹突視覺化時，如果有一些註解會對我很有幫助。那些文字會彌補我在這方面缺乏的先備知識。

或許你在想，描述如何解讀一張簡單圖表是自視甚高的行為。並不是這樣的。假設你的讀者永遠不會理解散佈圖是什麼，該怎麼辦？相同情況也發生在新聞媒體未充分利用的其他許多圖表形式，例如**直方圖**（histogram）、**點鬚圖**（dot-and-whisker plot），以及我們將來為了講述具說服力的故事而依然需要發明的那些圖表。

普及功臣

本章的目的是向許多人的努力致敬，我相信他們正在普及、改善圖表的詞彙與文法，並在某些情況下試圖擴展這些層面。我們發明了新的詞彙來指稱新的現象，為什麼我們不發明新的視覺策略來表達我們使用其他策略可能無法理解的想法，或者溫和地教育大眾如何解讀既有的視覺化形式呢？

後者的例子之一是皮尤研究中心本身的成果，特別是該中心的**事實庫**（Fact Tank）。事實庫的設計師既不害怕定期發表散佈圖（**圖 12.4** 與**圖 12.5**），也不害怕要求讀者停下幾秒來理解圖表（**圖 12.6**）。當然，如果你要求你的受眾付出努力，你也應該準備好提供一些有價值的見解。我相信這些圖表在這方面是成功的。

史蒂芬・費夫（Stephen Few）在如何使用視覺化來分析商業資料方面是最權威的作家，他也以想像新的圖表類型而聞名。我最喜歡的是他的**子彈圖**（bullet graph），於 2005 年發明[註4]。你可以在**圖 12.7** 看到這種圖表。

註 4　你可以在費夫的網站 http://perceptualedge.com/ 讀到更多關於子彈圖的介紹。這裡有一篇關於這種圖表的文章：http://tinyurl.com/psacvvw。

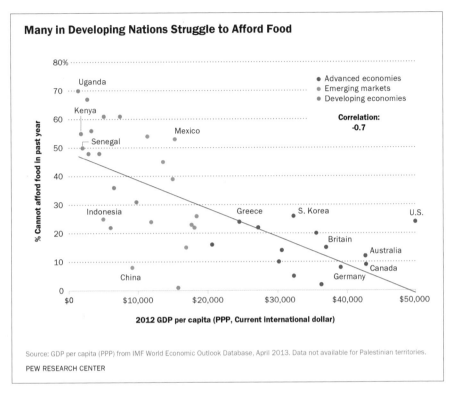

圖 12.4　皮尤研究中心製作的圖表：http://tinyurl.com/pp3bskp。

　　子彈圖會比較一個指標（圖 12.7 的上圖中黑色水平線）與另一個目標或其他度量（圖 12.7 的上圖中黑色垂直線），例如先前的表現。這兩個線都放在有顏色的背景上（圖 12.7 的上圖中深灰、淺灰、白色背景），這些背景顏色代表特定範圍，例如「差勁」、「平均」、「優異」。子彈圖把大量資料濃縮成一個小空間。想像一下，假設我們試著用一張傳統的長條圖來展示這一切資訊，這張圖會變得一團糟（編註：以圖 12.7 的上圖為例，圖中的黑色水平線超過黑色垂直線，代表收入比過去還高，並且過去的收入與現在的收入都是落在優異的區域）。

　　如果你有興趣拓展視野，統計學的世界會是一個無止盡的快樂泉源。正如你在本書中見到的，**威廉・克里夫蘭**（William S. Cleveland）、

娜歐蜜・羅賓斯（Naomi Robbins）、愛德華・塔夫特（Edward Tufte）、約翰・圖基（John W. Tukey）、利蘭・威爾金森等統計學家一直是努力不懈的普及功臣和創新尖兵。在統計學的領域中，我最喜歡的圖表之一是漏斗圖。我們曾在本書第 7 章見過一個例子，當時我們發現，人口稀疏的地區有最高和最低的罹癌率。

漏斗圖（funnel plot）能夠把一個變數和你正在研究的族群或樣本大小之間的關係視覺化。**圖 12.8** 的漏斗圖是由 SAS-JMP 的電腦工程師**山恩・葛雷格**（Xan Gregg）製作的。

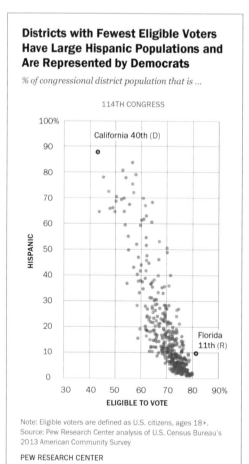

圖 12.5　皮尤研究中心製作的圖表：
http://tinyurl.com/p36laaj。

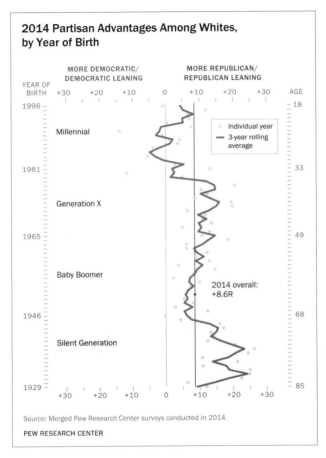

圖 12.6 皮尤研究中心製作的圖表：http://tinyurl.com/nbs8php。

　　在刊登這張圖表的文章裡，山恩討論了《紐約時報》(The New York Times) 製作的一張同性伴侶郡級地圖 註5。這張地圖顯示了每 1000 人中的同性伴侶比率，依據的是**蓋瑞・蓋茲** (Gary Gates) 調整的資料。蓋茲是**加州大學洛杉磯分校** (University of California, Los Angeles) **查爾斯威廉斯性傾向法律與公共政策研究所** (Charles R. Williams Institute on Sexual Orientation Law and Public Policy) 的研究人員。

註5 「圖表改造：美國同性伴侶住哪裡」(Graph Makeover: Where same-sex couples live in the U.S.)：http://tinyurl.com/nb5uzpp。

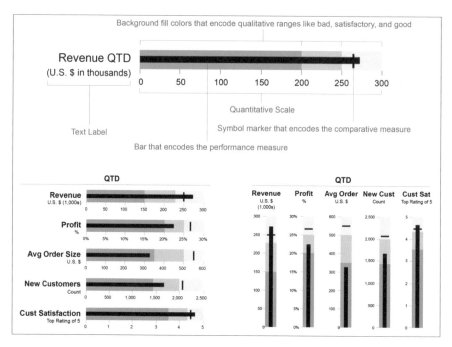

圖 12.7 如何使用子彈圖。史蒂芬 · 費夫製作的圖表：
https://www.perceptualedge.com/articles/
misc/Bullet_Graph_Design_Spec.pdf。

　　山恩意識到，族群大小是一個重要因子，能用來解釋他觀察到的變化。以下是理由：

　　南達科他州（South Dakota）的**道格拉斯郡**（Douglas County）是美國同性伴侶比例高的郡之一，每 1000 人有 17.4 對同性伴侶，而鄰近的**漢森郡**（Hanson County）則是比例最低的 0 對。這兩個郡的家庭數都少於 1500 戶，而且鑑於**美國社區調查**（American Community Survey）對南達科他州的抽樣率，我們可以估計，每個郡只抽樣了不到 30 戶家庭。因此，對於道格拉斯郡而言，儘管經過蓋茲的調整，但 30 個受訪家庭中就有一對同性伴侶，看起來依然是相對較大的比例。另一方面，對於漢森郡而言，30 個受訪家庭中沒有同性伴侶，看起來就像整個郡完全沒有同性伴侶一樣。

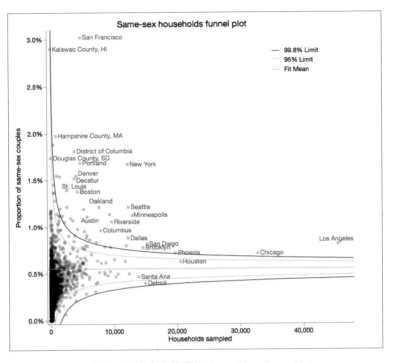

圖 12.8　山恩‧葛雷格製作的圖表。http://tinyurl.com/nb5uzpp。

　　在山恩的圖表中，Y 軸是同性伴侶的百分比，X 軸是被抽樣的家庭數。如你所見，樣本愈小，百分比變化就愈大。這種現象的原因相當明顯：如果你只抽樣十對伴侶，其中只有一對是同性伴侶，那麼你就會得到 10% 的比率。

　　我打賭你現在想要說：「我的讀者永遠不會理解漏斗圖這樣的圖表！」對於這樣的言論，我會回答：你最好晚點再下判斷。在 1849 年，《紐約論壇報》的許多人或許也對時間序列圖抱持同樣看法，但他們依然刊登了一張時間序列圖，並附上一段說明文字。

新聞應用程式

我在 1997 年開始我的職業生涯時，新聞圖表部門主要是由來自新聞學、平面設計、美術的人構成。如今，有些圖表部門甚至不再自稱「圖表」部門了。他們是「新聞應用程式」或「視覺傳播」部門；他們的團隊中有電腦科學家、統計學家、駭客、網頁設計師和開發人員；而且他們不只會產出圖表、地圖及圖解而已，也會產出軟體工具。這個世界已經變得更好。

有個不錯的例子是**美國公共廣播電台**（National Public Radio）的視覺傳播團隊 註6。這個團隊由**布萊恩‧博耶**（Brian Boyer）領導（我們曾在本書第 2 章見過他），成果一直都很令人著迷。美國公共廣播電台也是把**回應式設計**（responsive design）應用到視覺化的先驅：該電台的圖表會自動適應讀者使用的螢幕尺寸（編註：即 RWD 技術，會隨著裝置尺寸自動調整頁面佈局）。這種特色在如今其他許多機構的作品都十分普遍，但在好幾年前，當該電台開始以這種方式建構視覺化圖表時並非如此。

圖 12.9 的圖表是某一則報導的一部分，該報導探討自動化如何改變就業市場，消滅一些職業並帶來新的職業。這些圖表是由**裴國忠**（Quoctrung Bui）製作的，他與布萊恩的團隊密切合作，在美國公共廣播電台的「金錢星球」（Planet Money）節目工作。

這張視覺化圖表的選單使讀者能在百分比和總分之間切換，或者選擇特定工作來觀察對應圖表的 Y 方向比例尺如何改變。圖表的轉變會以動畫呈現：你在不同工作之間切換時，Y 方向比例尺會根據展示的最高及最低分來改變。動畫呈現的轉變比瞬間完成的轉變更合適。

註 6　該團隊的部落格是http://blog.apps.npr.org。

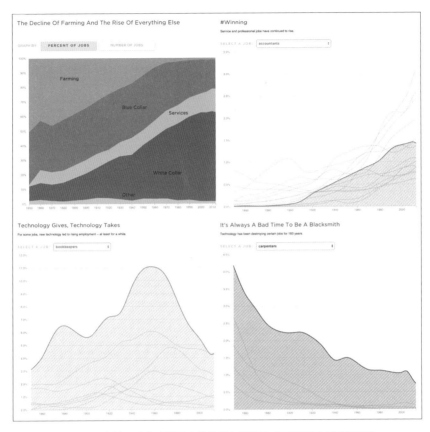

圖 12.9　由美國公共廣播電台的裴國忠製作的「用四張圖表呈現機器
如何摧毀（與創造！）工作」(How Machines Destroy(And
Create!)Jobs, In 4 Graphs)。http://tinyurl.com/l4psdxj。

　　在 2014 年夏季，我花了超過一個月時間跟 ProPublica 的新聞應用程
式團隊合作。我的目標是為一篇我遲早要寫的博士學位論文收集資料（請為
我祈禱）。我在筆記本裡寫道，ProPublica 的新聞應用程式部門「不是一個
對技術感興趣的圖表部門，而是一個對圖表（還有許多東西）感興趣的技術
團隊」。這個團隊不只是製作視覺化圖表而已，他們也不是單純提供圖表的
服務部門。他們產出報導、寫作文章，還建構可搜尋資料庫及互動式視覺
化圖表。

ProPublica 的圖表往往看似簡單，就跟**圖 12.10** 由**艾力克‧薩加拉** (Eric Sagara) 和**查爾斯‧奧恩斯坦** (Charles Ornstein) 製作的圖表一樣。這個小型互動式系列圖表可以從最高到最低 (點擊「去年」) 或按照字母 (點擊「州」) 來分類。就跟之前的美國公共廣播電台圖表一樣，圖表的轉變也是以動畫呈現的。全國平均值的圖表一直在左上角，使讀者更容易進行比較。這一系列視覺化圖表也是自動適應的。根據你的裝置大小，每一列顯示的圖表數量會不一樣。

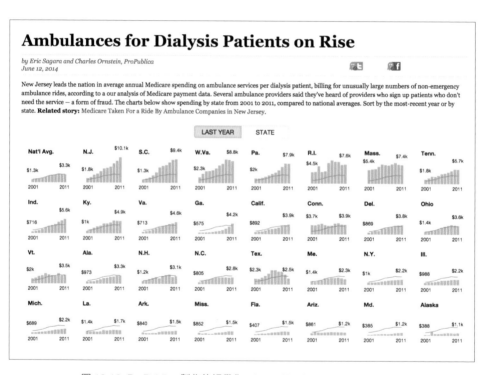

圖 12.10 ProPublica 製作的視覺化。https://projects.propublica.org/graphics/ambulances。

　　圖 12.11 是由**莉娜‧格魯格**（Lena Groeger）與**麥可‧格拉貝爾**（Michael Grabell）製作，是一項關於工傷賠償的調查結果。美國每一州都有各自的規定來決定一名工人受傷時會獲得多少錢。舉例來說，在**奧勒岡州**（Oregon），失去一根小指會讓你得到將近 8 萬美元，但在**麻薩諸塞州**（Massachusetts）只有 2000 美元。我承認，我第一次見到這張視覺化圖表時覺得不太舒服。我首先想到，按照金額比例來縮放肢體的決定是有風險的，因為這使圖示看起來很可怕。不過，這個決定或許是適當的，畢竟這個主題本來就很可怕。

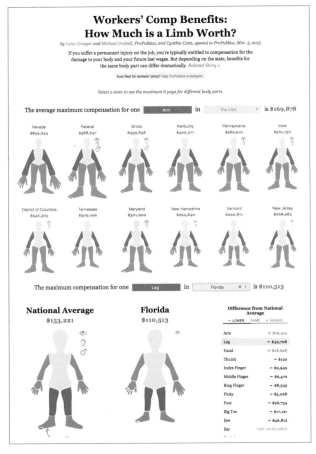

圖 12.11 ProPublica 製作的圖表。https://projects.propublica.org/graphics/workers-compensation-benefits-by-limb。

ProPublica 經常與科學家和設計師合作來發展他們的計畫。**圖12.12**是由**安娜·福拉格**（Anna Flagg）設計的瀕危物種資料庫，她如今是**半島電視台**（Al Jazeera）的資料記者[註7]。請注意簡介中的某些字詞被用來做為按鈕，所有元素都經過優雅地排列，色彩和字型也經過細心地選擇。此外，請看左上方的「如何閱讀這張圖表」問號標誌；當你把滑鼠游標停留在那裡時，就會跳出一個帶有小型說明圖解的視窗。

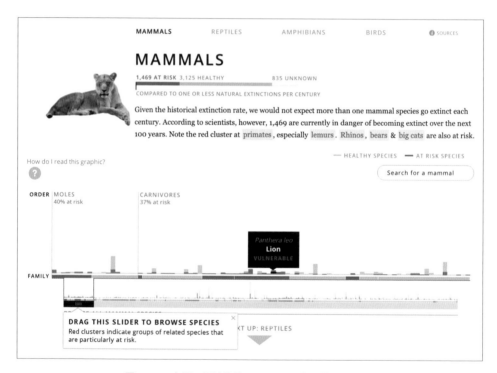

圖 12.12　安娜·福拉格為 ProPublica 製作的視覺化。
http://projects.propublica.org/extinctions/。

註7　她的作品選集可見http://www.annaflagg.com。

ProPublica 也嘗試了我在邁阿密大學的同事兼指導老師**李奇・貝克曼**（Rich Beckman）所謂的**互動式多媒體敘事**（interactive multimedia storytelling）註8。在過去，新聞機構習慣在一頁（或螢幕）的一邊刊登所有文字，在另一邊刊登影片、照片及圖表。但這種做法根本不合理。如果我們把報導的所有元素無縫整合，使它們能互相呼應，這樣不是更好嗎？

這就是**圖 12.13** 的做法。**布萊恩・傑柯布斯**（Brian Jacobs）和**艾爾・肖**（Al Shaw）製作的「失去陸地」（Losing Ground）是一項關於**路易斯安那州**（Louisiana）海岸如何因為海平面上升而逐漸改變的專案。正如這項專案的簡介所說的，「該州現在每 48 分鐘就會失去一個足球場的陸地，等於一年失去 16 平方英里」。

我要問你一個問題。我想請你快速說出腦海中浮現的想法，不要對這個問題進行任何有意識的思考。好，問題來了：製作出全世界最好的視覺化圖表和資訊圖表的新聞機構是哪一家？我打賭你們很多人會選《紐約時報》。

這並不令人意外。《紐約時報》的圖表部門起初是在**查爾斯・布洛**（Charles Blow）的領導之下（直到 2004 年為止），接著由**史蒂夫・杜厄尼斯**（Steve Duenes）領導。該部門在過去數十年間成為全世界視覺化設計師的主要靈感來源，而且不僅限於對新聞工作感興趣的設計師而已。這是一個產出大量優秀專案的超大型部門。

註 8　李奇來到邁阿密之前是**北卡羅來納大學教堂山分校**（University of North Carolina, Chapel Hill）媒體與新聞學院的教授。他在 2005 年於該校聘用我，我在那裡待到 2009 年末為止。李奇建立了美國新聞學院有史以來的第一門編碼與程式設計專門課程。

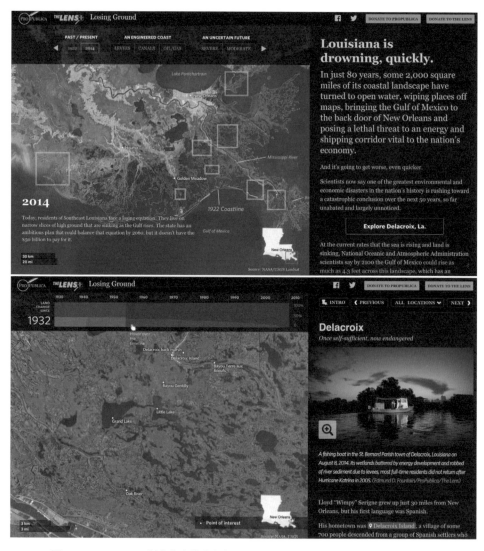

圖 12.13 ProPublica 製作的多媒體專案。http://projects.propublica.org/louisiana/。

　　《紐約時報》的大多數視覺化圖表都在吸引力、可讀性和深入性之間取得平衡。請看**圖 12.14**，這是由**麥克・伯斯塔克**（Mike Bostock）、**麥特・埃利克森**（Matt Ericson）和**羅伯特・格伯洛夫**（Robert Gebeloff）製作的。一系列多重小格被排列成一條線性敘事。圖表標題凸顯出相關的資料點，「⋯⋯儘管所有人的所得稅都上漲了，但對富人來說沒上漲那麼多」，協助讀者理解這則報導的主旨。在新聞刊物中，這類標題比起「1980 年至 2010 年期間的所得稅變化」如此冷冰冰的研究員風格標題更加恰當。

　　由**福特・費森登**（Ford Fessenden）及麥克・波斯塔克製作的**圖 12.15**也是一則資料導向的報導。這則報導的圖表和地圖自然地融入文字段落之間，這些文字對圖表和地圖做出評論，並預測讀者將會見到的現象。這項專案有豐富的層次：如果點擊特定紐約住宅區的地圖，讀者就能見到一張顯示整座城市的詳細、可探索的地圖。

　　《紐約時報》也會產出讓讀者自己躍居主角的視覺化圖表。當你造訪**喬許・卡茲**（Josh Katz）及**威爾森・安德魯斯**（Wilson Andrews）製作的**圖 12.16** 時，首先會見到的就是一系列問題，這些問題是關於你如何發不同字詞的音，或者關於你使用什麼名稱來指稱不同物體。接著，這張視覺化圖表會估測你在哪裡出生。這項專案背後的預測模型依據的是**哈佛方言調查**（Harvard Dialect Survey），由**伯特・沃克斯**（Bert Vaux）和**史考特・戈爾德**（Scott Golder）教授製作。

　　你看這張視覺化圖表時，不需要回答全部 25 個問題才能得到結果。每次你做出選擇，螢幕左邊的小地圖都會更新。如果你想要維持讀者的注意力，這種立即回饋是很重要的（順帶一提，我回答了所有問題，而這張圖表告訴我，我可能來自**德州**（Texas）。雖然我不是在美國出生的，但我猜這個答案已經夠接近了，我來自西班牙的**科魯涅**（A Coruña））。

How the Tax Burden Has Changed

Most Americans paid less in taxes in 2010 than people with the same inflation-adjusted incomes paid in 1980, because of cuts in federal income taxes. At lower income levels, however, much of the savings was offset by increases in federal payroll taxes, state sales taxes and local property taxes. About half of households making less than $25,000 saved nothing at all. About the Data » | Related Article »

Tax rates have fallen for most Americans, especially high earners.
Share of yearly income paid in federal, state and local taxes, by income bracket.

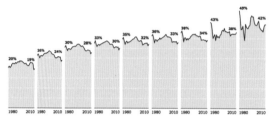

Average tax rates were lower for every income group in 2010 compared with 1980, but rates fluctuated during the intervening decades. Savings from federal income tax cuts in 1981 and 1986, under President Ronald Reagan, eroded as other taxes increased. New federal cuts in 2001 and 2003, under President George W. Bush, again reduced the total tax burden. Tax revenues rose in 2010 as the economy recovered from the recession.

What's driven the changes? Federal income tax rates have declined ...
Share of income paid in federal income taxes.

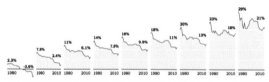

Federal income tax rates fell in the 1980s after decades of relative stability. The cuts were partly reversed in 1993 under President Bill Clinton, before rates fell again in the early 2000s. For households earning less than $25,000, the tax rate in recent years has been negative because the expansion of government payments like the earned income tax credit exceeded the amount of taxes paid.

... while payroll taxes have risen for all — but not as much for the affluent.
Share of income paid in federal payroll taxes.

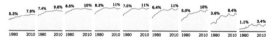

Payroll taxes finance Social Security and provide some financing for Medicare. The Medicare tax applies to all earnings at the same rate. But the Social Security tax applies only to earnings below a threshold, which stood at $106,800 in 2010. And neither tax applies to investment income. As a result, upper-income households pay a smaller share of income in payroll taxes.

State and local taxes have risen, most of all for the lowest income groups.
Share of income paid in property, sales and state income taxes.

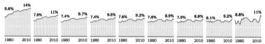

State and local governments impose the same property and sales tax rates on everyone without regard to income. Even after the housing crash, the rise in housing prices since 1980 has outpaced income growth for most households, increasing the burden of property taxes. And lower-income households spend a larger share of income than other households, incurring sales taxes.

And corporate taxes — ultimately paid by people — have declined.
Federal and state corporate tax burden, as a share of income.

圖 12.14 《紐約時報》製作的圖表。
http://tinyurl.com/
cxdgacu。

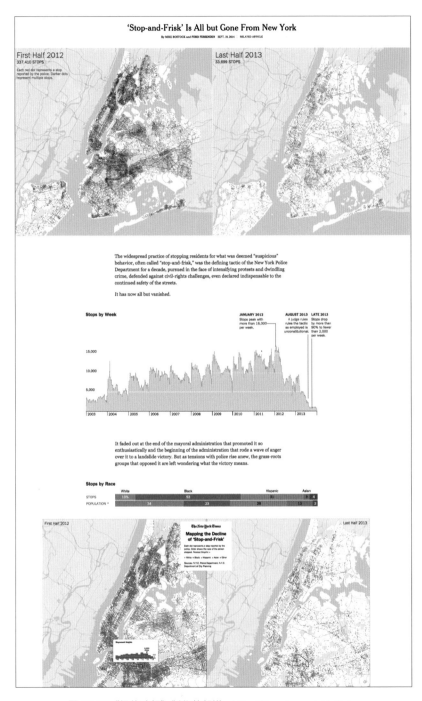

圖 12.15 《紐約時報》製作的報導。http://tinyurl.com/qj4q2ol。

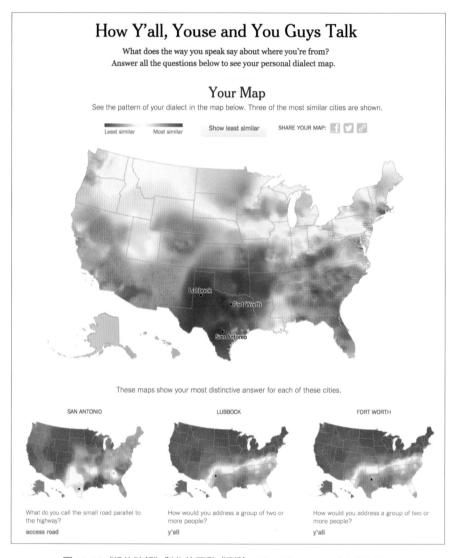

圖 12.16 《紐約時報》製作的互動式測驗。http://tinyurl.com/pke94a2。

　　《紐約時報》熱衷於嘗試各種圖表和地圖。**圖 12.17** 就是個好例子。這張圖表是由**亞曼達・考克斯**（Amanda Cox）、麥克・波斯塔克、**德瑞克・瓦特金斯**（Derek Watkins）、**尚・卡特**（Shan Carter）設計的，它在看起來像水彩畫的地圖上顯示 2014 年美國期中選舉的結果。

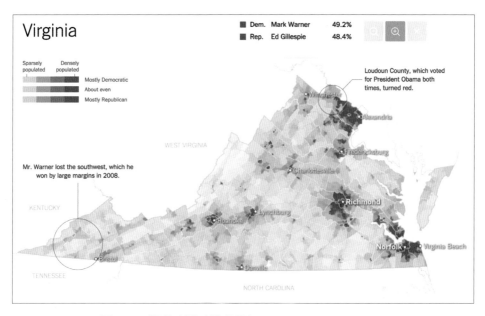

圖 12.17《紐約時報》製作的圖表。http://www.nytimes.com/
interactive/2014/11/04/upshot/senate-maps.html。

　　這項專案之所以跟其他許多的**面量圖**（choropleth map）如此不同，
是因為它的色彩設計並不是代表單一一個變數（政治傾向），而是兩個變數
（政治傾向與人口密度）。雙變數刻度目前在新聞刊物並不常見，但它們在
必要時能派上用場。

　　《紐約時報》的熱門程度有時會蓋過美國其他新聞機構的驚人成果，
例如《華盛頓郵報》（The Washington Post）、《波士頓環球報》（Boston
Globe）、《國家地理》（National Geographic）雜誌或《華爾街日報》（The
Wall Street Journal, WSJ）。這有點可惜，因為像**圖 12.18** 的專案就可
以讓我們學到不少東西，而這是由《華爾街日報》的**安德魯・范・達姆**
（Andrew Van Dam）和**芮妮・萊特納**（Renee Lightner）製作的多重圖表，
展示是一份對美國失業率趨勢的總覽。

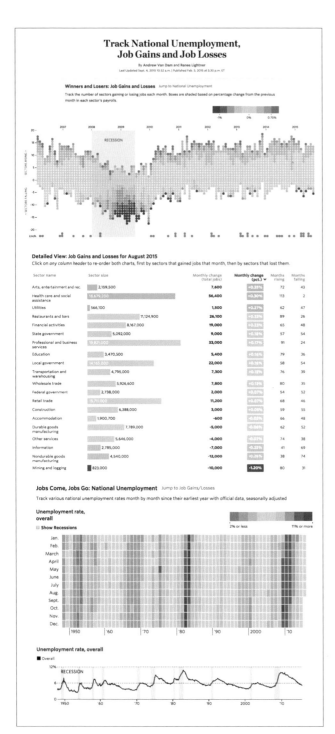

圖 12.18 《華爾街日報》製作的視覺化圖表。 http://graphics. wsj.com/job- market-tracker/。

上方圖表的每個點代表經濟體內的一種行業。請注意，在最近一次的經濟衰退期間（2008 年與 2009 年中之間），大多數行業的工作機會都消失了。消失了多少呢？顏色深淺代表每種行業的從業人員數跟前一個月相比的百分比變化。底下有一張長條圖、一張**熱力圖**（heat map）、一張時間序列圖以及幾個篩選器，為這張圖表展示添加細節。

《華爾街日報》非常喜愛熱力圖。**圖 12.19** 由**泰南・戴伯德**（Tynan DeBold）和**多夫・福里德曼**（Dov Friedman）製作，這張圖表在發表時就獲得應有的讚揚，因為它極具說服力地顯示疫苗是有效的。穿過每張圖表的黑線對應到每種疫苗問世的時刻，就像是一條清晰的界線。在黑線之前，色彩既強烈又不祥，表示每種疾病的高發生率；在黑線之後，疾病就消失了。

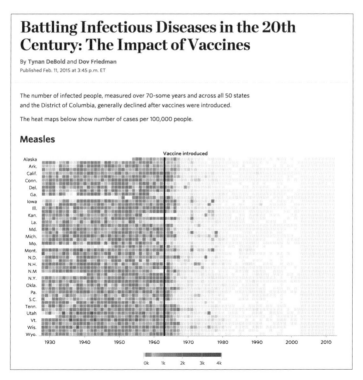

圖 12.19 《華爾街日報》製作的圖表。http://graphics.wsj.com/
infectious-diseases-and-vaccines/。

沒有任何視覺化是完美的，有時認真的讀者會花時間提出可以改善的地方。**歐洲生物資訊研究所**（European Bioinformatics Institute）的數學家**瓦倫丁・史文森**（Valentine Svensson）認為，一張時間序列圖或許更適合呈現圖 12.19 的資料，所以他設計了幾張像**圖 12.20** 的圖表 [註9]。我必須承認，當我比較《華爾街日報》的原始圖表和史文森的圖表時覺得左右為難。兩種圖表我都喜歡，而且我不確定如果是我自己做這項專案，我會選擇哪一種。

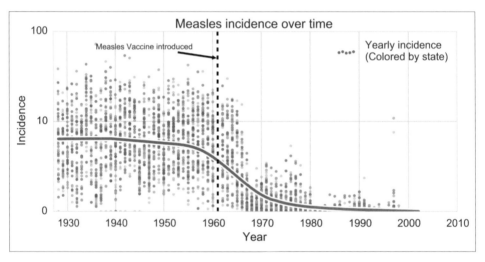

圖 12.20 瓦倫丁・史文森製作的圖表。https://www.nxn.se/valent/modelling-measles-in-20th-century-us。

　　史文森的反應所展現的正是我希望未來能加以強化的趨勢，我們正在見證視覺化領域中一種實驗與創新文化的崛起。這樣很棒，但還不夠。**實驗的文化需要有建設性批評的文化相伴出現**。Google 的視覺化設計師**費爾南達・維加斯**（Fernanda Viégas）和**馬丁・華騰伯格**（Martin Wattenberg）寫了一篇標題是「資料視覺化的設計與重新設計」（Design and Redesign in Data Visualization）的優秀論文，該文就提出了這個觀點，文中寫道：

註 9　史文森寫了一整篇關於這件事的文章：「以模型展示 20 世紀美國的麻疹疫情」（Modeling Measles in 20th Century US）。https://www.nxn.se/valent/modelling-measles-in-20th-century-us。

> 設計並不是一種科學，但「不是一種科學」不等於「完全主觀」。事實上，幾世紀以來，批評的過程已經為設計帶來了紀律。使用共享的開放資料集所呈現的視覺化圖表，是有機會提高到另一個層次的嚴謹性：透過根據相同資料的重新設計來展示批評的價值（……）透過重新設計來進行的批評，或許是我們在推動視覺化領域前進時所擁有的最強力工具之一。同時，這個過程並不容易，而且會有許多知識、實務、及社會方面的陷阱 [註10] 。

　　費爾南達和馬丁剛好是視覺化領域中最創新的兩個人。他們著名的**風圖**（Wind Map）（**圖 12.21**）顯示即時的風向與風力強度。**圖 12.22** 顯露了張貼在 Flickr 上的**波士頓公園**（Boston Common）照片裡不同色彩的量。白色和灰色在秋冬是主要色彩，而鮮亮色彩則在春夏變得普遍。這種現象並不令人驚奇，但你有多常看見你已經猜到的現象是以這麼美麗的方式來表達證據呢？

圖 12.21 費爾南達・維加斯與馬丁・華騰伯格的風圖。
http://hint.fm/wind/。

註 10 這篇論文刊登在好幾份線上刊物，以下是其中一個連結：http://tinyurl.com/ozhpcjm。

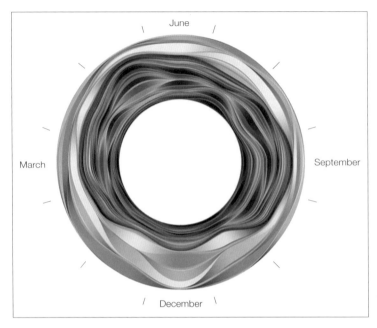

圖 12.22　Flickr Flow，由費爾南達‧維加斯與馬丁‧華騰伯格
製作 (註解由艾爾伯托‧凱洛 (Alberto Cairo) 添加)。
http://hint.fm/projects/flickr/。

　　在過去五年內，已經有好幾種僅限線上且大量使用資訊圖表和資料視
覺化的新聞刊物發行了。其中，我想挑出 FiveThirtyEight.com 來討論。
FiveThirtyEight 由**納特‧西爾弗**（Nate Silver）主導，他在「每日科斯」
（Daily Kos）、《君子雜誌》(Esquire)、《紐約時報》等刊物撰寫關於政治和
體育的文章時聲名大噪[註11]。身為一名統計學家，西爾弗預測了幾次選舉的
結果，他的準確度是之前在新聞媒體上鮮少見到的。

註 11　西爾弗在成為作家之前已經以球員數據比較與優化測算模型 (Player Empirical
　　　　Comparison and Optimization Test Algorithm, PECOTA) 而聞名，這個系統
　　　　能預測棒球員的表現。他也撰寫了一本關於統計學與資料分析的暢銷好書：
　　　　《精準預測：如何從巨量雜訊中，看出重要的訊息？》(The Signal and the
　　　　Noise) (2012 年)。

　　圖 12.23 與**圖 12.24** 能讓你稍微瞭解 FiveThirtyEight 製作的視覺化圖表類型。第一張是**艾莉森・麥肯**（Allison McCann）製作的，這個例子展示出該刊物喜歡的稍微前衛又怪咖的風格。FiveThirtyEight 的優先考量是清晰度，不過這不代表該刊物的設計師不能找點樂子。

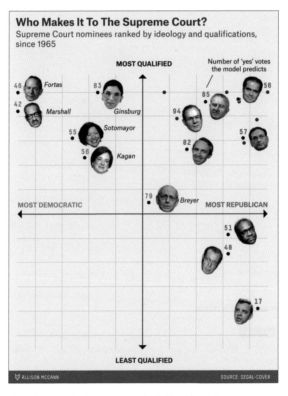

圖 12.23　FiveThirtyEight 製作的圖表。http://tinyurl.
　　　　　com/kryl27c。版權歸 ESPN 所有，經 ESPN
　　　　　許可轉載。

　　圖 12.24 是**亞倫・比科夫**（Aaron Bycoffe）製作的，這張圖表非常詳細地報導自 1980 年起民主黨與共和黨總統提名初選候選人獲得的支持。Y 軸對應於每位候選人從**愛荷華州**（Iowa）黨團會議前一年到黨員大會為止所獲得的累加支持點數。

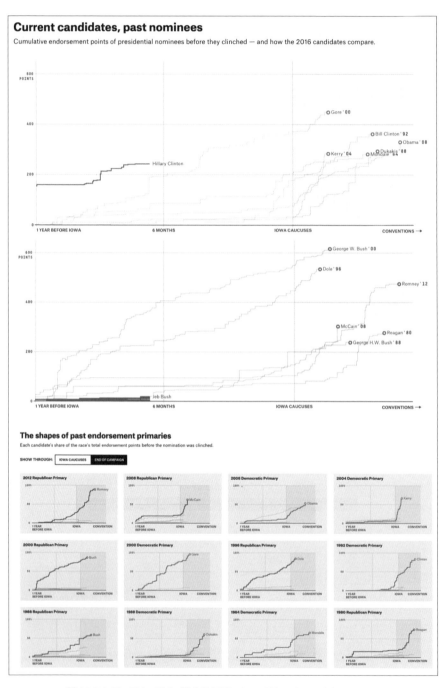

圖 12.24 FiveThirtyEight 製作的圖表。http://tinyurl.com/nbzmqyc。
版權歸 ESPN 所有，經 ESPN 許可轉載。

這些點數是根據每位候選人獲得的支持類型來計算的。該報導提供的說明如下：「不是所有支持都一樣有價值。我們利用一套簡單的加權制度：州長是十分、美國參議員是五分、美國眾議員是一分（眾議員人數大約是參議員的五倍，州長的十倍）」。

希拉蕊·柯林頓（Hillary Clinton）是**民主黨**（Democratic Party）總統候選人，她從一開始就獲得大量支持。在愛荷華州黨團會議的前一年，她已經獲得將近 200 支持點數。而在**共和黨**（Republican Party）那邊，大多數候選人起初幾乎沒有獲得任何支持。

那些迷人的歐洲人

在之前幾章，我嘗試納入盡可能更多的非美國視覺化圖表。這一章也不例外。我們已經見過《時代週報網路版》（Zeit Online）的一些作品。我想給你看他們的另一項專案：**圖 12.25**，這項專案展示了德國國內依然存在的意見分歧，一邊是生活在德國西部的德國人，另一邊是在 1990 年 10 月德國重新統一之前受到蘇聯影響的東部德國人。

這項專案中的多重時間序列圖顯示，德國人的想法比 25 年前更相近了，但文化差異仍然存在，即使根據年齡和性別篩選時也是如此。讀者可以使用上方的選單來選擇篩選的參數。

圖 12.26 是由《柏林晨報》（Berliner Morgenpost）製作的，這個優美的例子再一次凸顯出傳統圖表形式的力量歷久彌新，例如時間序列折線圖。該圖顯示柏林租屋價格的增長。每條線代表一個郵遞區號，價格的單位是每平方公尺多少歐元。我們能用鍵盤上的方向鍵、把滑鼠游標停留在線條上，或者搜尋郵遞區號來探索這張視覺化圖表。不論是以哪種方法探索，只要某一條線被標示出來，就會有一張小型定位地圖顯示該郵遞區號的位置。

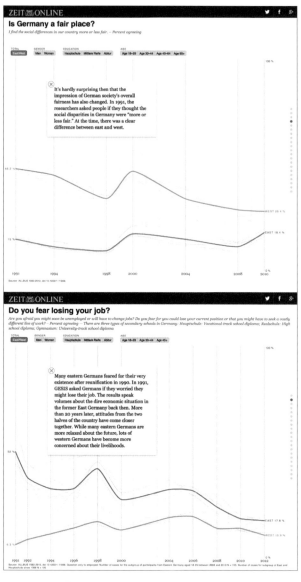

圖 12.25 「以製圖探索德國」(Charting Germany)，作者為克里斯蒂安‧班格爾 (Christian Bangel)、尤利安‧史坦克 (Julian Stahnke)、金姆‧阿爾博希特 (Kim Albrecht)、保羅‧布里克爾 (Paul Blickle)、薩沙‧維努爾 (Sascha Venohr)、艾德里安‧波爾 (Adrian Pohr)。《時代週報網路版》。http://zeit.de/charting-germany。

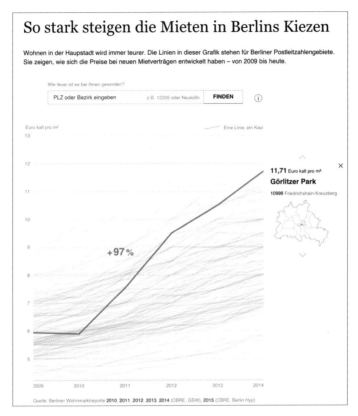

圖 12.26 柏林租屋價格的顯著增長。《柏林晨報》：
http://tinyurl.com/osfbefu。

　　《柏林晨報》喜歡嘗試各種圖表形式的組合。在**圖 12.27** 中，有一張時間序列圖就像是滑桿一樣，用來控制一張顯示柏林各區麻疹病例的大型熱力圖。預防麻疹的疫苗接種在德國不是強制性的，而在過去十年間，有愈來愈多家長忽視所有相關科學，並因此拒絕讓孩子接種疫苗。這些因子已經導致 2015 年有數百個新病例，甚至是一個嬰兒的死亡[註12]。

註 12 《德國之聲》(Deutsche Welle) 針對 2005 年這場流行病寫了一篇很好的總結，
　　　這場流行病是十年來最嚴重的疫情：http://tinyurl.com/pvcm9fn。

圖 12.27 柏林各區的麻疹疫情。《柏林晨報》：
http://tinyurl.com/oejb4q7。

　　馬丁・蘭布雷希茨（Maarten Lambrechts）是來自比利時**第斯特**（Diest）的視覺化設計師兼記者 [註13]，他體現出一種我在過去十年內觀察到的趨勢：有愈來愈多技術與科學領域背景的人（馬丁是一名工程師）終於瞭解，報紙、新聞雜誌或無線電視做的不只是新聞工作而已。馬丁在玻利維亞擔任農業經濟學家時開始對視覺化感興趣。後來，幾乎是出於巧合，他在新聞界找到了幾份工作。

　　馬丁最有趣的專案聚焦在氣候和天氣模式。**圖 12.28** 上的 Y 軸是每月平均氣溫，每條線代表 1833 年至 2014 年之間的一年。這張圖表中有許多可以探索的地方，不過主要的重點是 2005 年至 2014 年期間的所有年份都遠高於歷史平均氣溫。

註 13 http://www.maartenlambrechts.be。

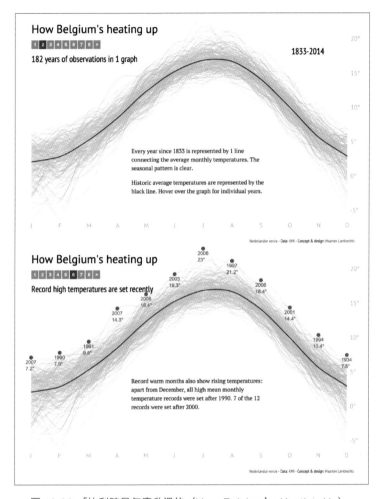

圖 12.28 「比利時是怎麼升溫的」(How Belgium's Heating Up)，
由馬丁‧蘭布雷希茨製作。http://www.maartenlambrechts.
be/vis/warm2014/warm2014.html。

　　圖 12.29 是一張顯示**開羅**（Cairo）與新加坡天氣資料的實驗性視覺化
圖表。你選擇一個日期，這張圖表就會顯示氣溫、降雨、風速和風向、雲
量。環形圖表總是會讓我很緊張，不過我覺得這幾張圖表還不錯。顯示風
向和風力強度的那張圖表非常合理；至於其他圖表，我比較喜歡以直線軸
為基礎的圖表，你可以更有效地估測比例。但我理解這裡的設計選擇，因
為資料是週期性的。

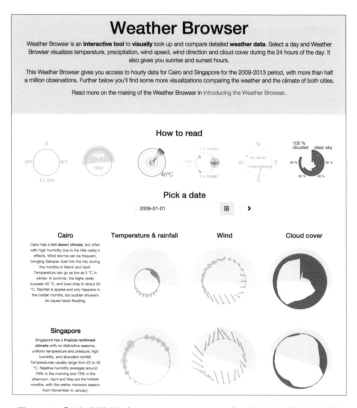

圖 12.29 「天氣瀏覽器」(The Weather Browser)，由馬丁‧蘭布雷希茨製作。http://www.maartenlambrechts.be/vis/weatherbrowser/。請到 http://www.maartenlambrechts.be/introducing-the-weather-browser/ 閱讀這項專案的說明。

使科學視覺化

　　許多科學期刊都會製作精彩的圖表，不論是熱門或專門期刊都不例外。像是《大眾科學》(Popular Science) 的每一期都含有至少一張很大的資料展示與視覺說明，而《科學人》(Scientific American) 也屬於這類科學期刊。最近《科學》(Science) 期刊雇用了**艾爾伯托‧夸德拉** (Alberto Cuadra)，他是來自西班牙的一名經驗豐富的資訊圖表設計師[註 14]。

註 14　https://www.science.org/content/author/alberto-cuadra。

　　《科學人》的圖表部門主任是**珍‧克里斯汀森**（Jen Christiansen）[註 15]。珍是一名自然科學插畫師兼美術指導，已經跟該領域中許多非常著名的資訊圖表與資料視覺化設計師建立了合作關係。**圖 12.30** 是由珍與**揚‧威廉‧圖爾普**（Jan Willem Tulp）合力製作的 [註 16]，繪製出截至 2012 年 9 月為止已經確認的外行星。

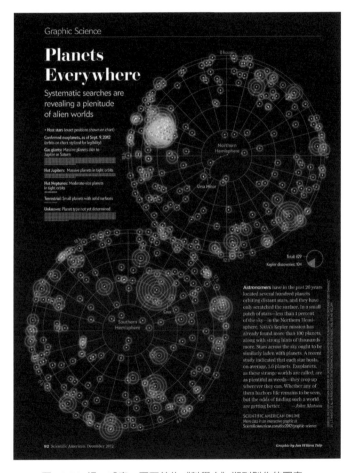

圖 12.30 揚‧威廉‧圖爾普為《科學人》期刊製作的圖表。

註 15 http://jenchristiansen.com。

註 16 http://tulpinteractive.com。

莫里茲・史特凡納（Moritz Stefaner）製作了**圖12.31**的精緻圖解[註17]，
主題是各種蜂與植物之間的交互作用。這種圖表需要讀者花很多精力閱
讀，才能從中獲得大量回報（如果你喜歡蜂的話！）[註18]。

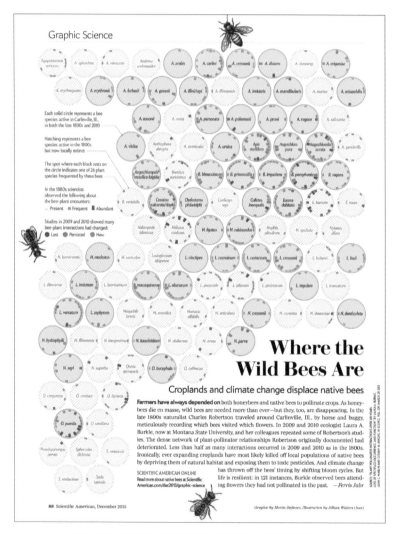

圖 12.31 莫里茲・史特凡納為《科學人》製作的圖表。

註 17 http://truth-and-beauty.net。

註 18 莫里茲在這篇文章中記錄了這項蜂類計畫：http://tinyurl.com/lot5l2e。

　　《科學人》也與 Periscopic 合作 註19，後者是一間總部位於**奧勒岡州**（Oregon）**波特蘭**（Portland）的視覺化公司。**圖 12.32** 刊登在一期關於科學多樣性的特刊裡。這張圖表比較了超過 50 個國家中獲得博士學位的男性與女性百分比。它一開始顯示所有博士的集合；然後你能使用圖表上方及下方的選單和按鈕（編註：圖 12.32 的下圖是科學和工程類博士的比較結果），以多種方式分類資料，並單獨檢視特定的博士類別。舉例來說，你可以自行比較「數學與電腦科學」和「社會與行為」，兩者的差異十分顯眼。

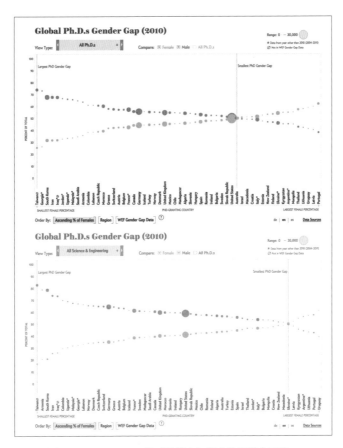

圖 12.32 Periscopic 為《科學人》製作的視覺化圖表。
http://tinyurl.com/qd4qvev。

註 19 http://www.periscopic.com。

文化資料

視覺化也能用於探索那些通常不被認為適合量化的領域，例如文學或電影。以**圖 12.33** 為例，這張圖表屬於一項標題為「文化圖像」（Culturegraphy）的大型互動式專案，是由資訊設計師金姆・阿爾博希特製作的[20]。

這項專案利用**網路電影資料庫**（Internet Movie Database, IMDb）的資料來探索跨電影引用，也就是每部電影在其他電影中被提及的現象。文化圖像並沒有顯示所有的現存電影，只有 3000 部最有關聯的電影。順帶一提，這些引用不需要非常明顯。如果一部電影借用了另一部電影的一句台詞，這就算是一次引用，不需要提到電影名稱也行。比如「星際大戰四部曲：曙光乍現」（Star Wars: A New Hope）（1977 年）的著名台詞「願原力與你同在」（May the force be with you），也出現在「比佛利山超級警探 2：轟天雷」（Beverly Hills Cop II）（1987 年）等電影。

資料視覺化設計師**傑夫・克拉克**（Jeff Clark）經營了一間稱為 Neoformix 的公司[21]，他製作了許多關於文化資料的圖表。我最喜歡的圖表屬於一個稱為「小說觀察」（Novel Views）的系列（**圖 12.34**），這個系列把**維克多・雨果**（Victor Hugo）的《悲慘世界》（Les Miserables）視覺化。

其中一張圖表依據出場順序來呈現角色，然後以不同長度的長條來顯示他們的名字被提及的次數。每章的氣氛會透過顏色來代表：藍色表示該章出現「愛」、「好」等字詞，而紅色則代表負面含義的字詞頻繁出現。這個系列的其他圖表讓維克多・雨果的書迷能看到各章之間的主題連結。

註 20 http://www.kimalbrecht.com。

註 21 https://www.neoformix.com/。

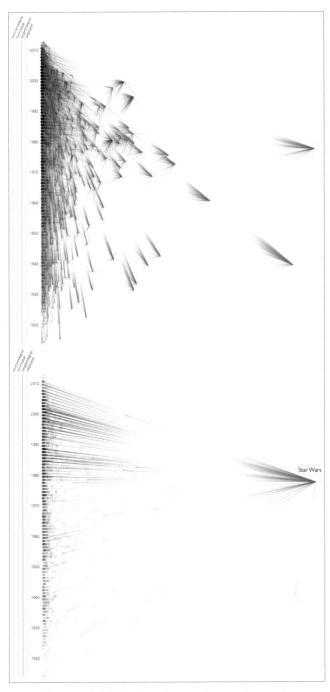

圖 12.33 文化圖像：http://www.culturegraphy.com/。

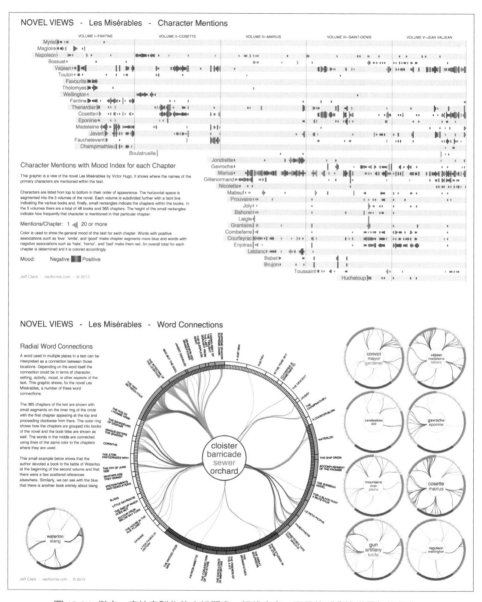

圖 12.34 傑夫・克拉克製作的小說觀察，把維克多・雨果的《悲慘世界》視覺化。
http://neoformix.com/2013/NovelViews.html。

藝術邊界

最後這個部分的設計師是在介於傳統資料視覺化 (由人類視覺和認知的能力與限制所控制) 及藝術表達之間的邊界進行工作。你在本書讀了這麼多關於視覺上呈現資訊時的適當與沒那麼適當的做法之後，或許造訪另一個領域會是令人耳目一新的體驗。在這個領域中，那些規則會被延伸、彎曲，有時還會被打破。

不過鮮少是以隨機的形式來打破。創意與創新在所有領域都是很艱鉅的工作。想想**畢卡索** (Picasso) 或**傑克森・波洛克** (Jackson Pollock) 等畫家吧。他們最著名的作品，也就是粉碎傳統的那些作品，都是在他們花費數十年精進技藝、從前輩獲得靈感、模仿前輩、遵循標準規則之後才出現的。如果你容許我說些老生常談的話，那麼我要說：**如果你不知道框架內到底是什麼樣子，你就不能「跳出框架」思考。**

世界上也是有**喬姬雅・盧比** (Giorgia Lupi) 這樣的人存在。喬姬雅是視覺化公司 Accurat (www.accurat.it) 背後的主要推手，這間公司因為產出了**圖 12.35** 這樣的作品，已經贏得全世界的認可。

這張圖表將每一部世界歷史地圖集介紹各時期的頁數 (每個區塊的上時間線) 與一條以相等間隔標示世紀的現實時間線進行比較。《迪亞哥世界歷史地圖集》(De Agostini Atlas of World History) 有一半的頁數都在介紹現代與當代歷史 (1500 年以降)，而《加爾贊蒂世界歷史地圖集》(Garzanti Atlas of World History) 則用了三分之二的頁數來介紹。垂直的有色長條代表分配給不同主題的篇幅長短。

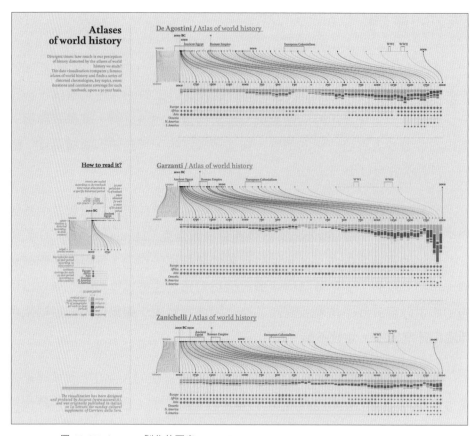

圖 12.35 Accurat 製作的圖表。http://visual.ly/atlases-world-history-english。

　　喬姬雅是一名很有才華的藝術家，她精緻的草圖（**圖 12.36**）可以證明
這點。她最具個人風格的視覺化圖表有很多都屬於藝術、歷史、文學的研
究領域。**圖 12.37** 記錄了 90 位著名畫家的生平。不要被該圖涵蓋的資訊量
嚇到了，請花些時間閱讀說明，然後享受探索這張圖的體驗。請記住：這
些圖表不是為了讓你匆匆看一眼就理解的。

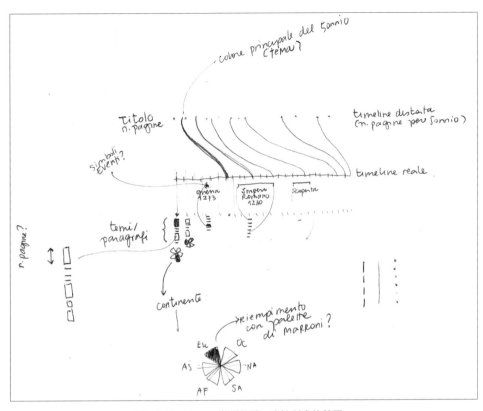

圖 12.36 Accurat 的喬姬雅‧盧比所畫的草圖。

在 2014 年和 2015 年期間，喬姬雅和另一名資料藝術家**史蒂芬妮‧波薩維奇**（Stefanie Posavec）合作[註22]，啟動「親愛的資料」（Dear Data）計畫[註23]，兩名作者把這項計畫描述為「兩個到彼此的原生大陸生活的女人，透過她們繪製並越洋寄送的資料來瞭解彼此」。

註 22　史蒂芬妮的網站是http://www.stefanieposavec.com/。我曾為了我的前一本書
　　　《不只是美：信息圖表設計原理與經典案例》訪問過她。

註 23　該計畫的網站是http://www.dear-data.com/。

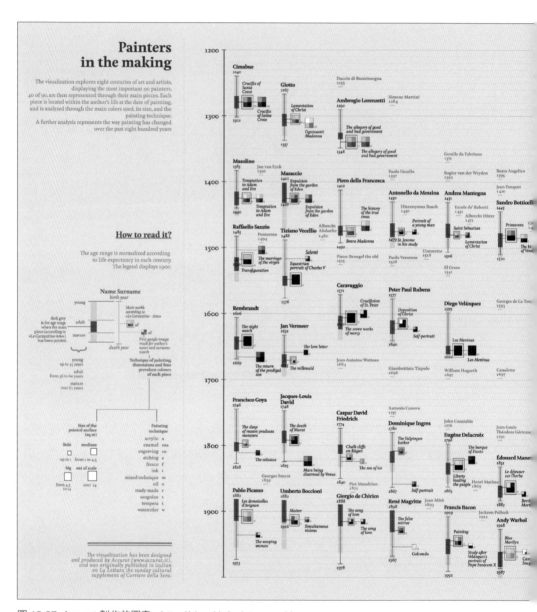

圖 12.37　Accurat 製作的圖表。http://visual.ly/painters-making。

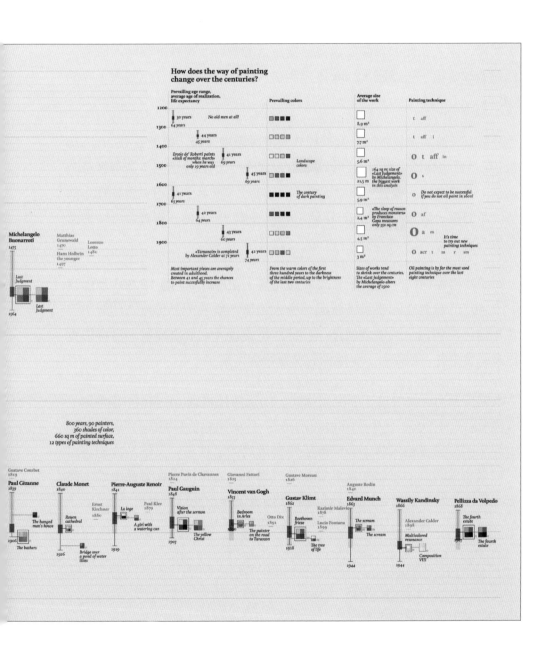

How does the way of painting change over the centuries?

這項美好的計畫是由兩位只當面見過兩次的女士開啟的（喬姬雅住在**紐約**（New York），而史蒂芬妮則住在**倫敦**（London）），她們都喜歡以數字來創作藝術。兩人開始收集關於自己日常生活的資料。根據這種個人研究，她們每週都會畫一張像圖 **12.38** 這種明信片大小的手繪視覺化圖表，為期 52 週。

數學家、資料視覺化設計師兼程式設計師**聖地牙哥·奧提茲**（Santiago Ortiz）是視覺化領域中最具有超前思維的人之一。他作品選集中的專案有時很友善，有時古怪又瘋狂，但總是會引發聯想[24]。我們也可以對住在紐約的藝術家**傑爾·索普**（Jer Thorp）給出類似評價[25]，他一直被視為「把資料變美的男人」[26]。

對於我這種傳統記者與圖表設計師而言，聖地牙哥（圖 **12.39**）及傑爾（圖 **12.40**）的視覺化圖表常常看起來令人困惑、危險，甚至無法理解，但我也相信，它們真正的價值就存在於那些特質裡。它們是實驗。這樣的實驗很多都會失敗，但總有一小部分必然會留存下來。

醜聞變得司空見慣是一種歷史常態，而正如**托爾金**（J. R. R. Tolkien）在《魔戒》（The Lord of the Rings）裡寫的，「並非浪子都迷失方向」。在這個世界，我願意提出主張：我們應該既是定居的居住者，又是游牧的漫遊者。前者會讓我們的集體知識島安全又乾燥。後者會努力擴張海岸線，時刻凝視著在危險的神秘海之外，遙遠的那道充滿希望的地平線。

註 24　http://moebio.com。

註 25　https://www.jerthorp.com/。

註 26　「這個男人把資料變美了」（This Man Makes Data Look Beautiful）。http://tinyurl.com/nmeb4cj。

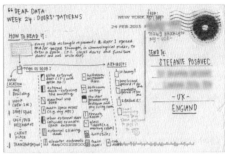

圖 12.38 來自「親愛的資料」(Dear Data) 計畫的明信片，
由史蒂芬妮‧波薩維奇與喬姬雅‧盧比製作。

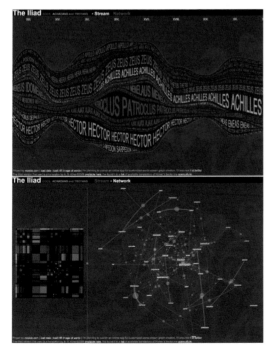

圖 12.39 《伊利亞德》(The Iliad)，由聖地
牙哥‧奧提茲進行視覺化。
http://moebio.com/iliad/。

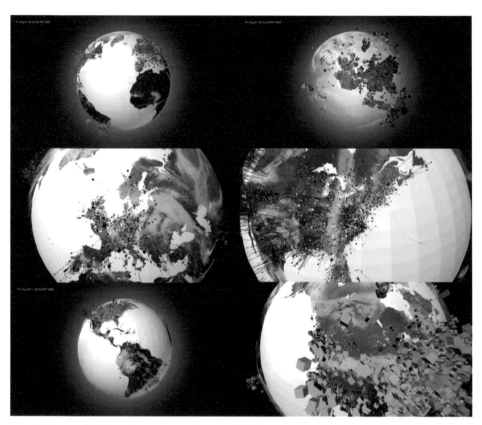

圖 12.40 「早安！」(GoodMorning!) 是一張推特視覺化圖表，顯示 24 小時內的大約 1 萬 1000 則「早安」推特，由傑爾・索普製作。https://freshasylum.wordpress. com/2009/10/20/the-good-morning-art-project-another-creative-use-of- twitter/。

後記
將來會發生什麼

好了，我的頁數用完了！我很抱歉讓《視覺設計大師的數據溝通聖經》留下一個充滿懸念的結尾。如果一本關於溝通、新聞工作、資料和視覺化的書真的能有這種結尾的話。我欠你們一個解釋。

每當我寫作和教學時，我心中想的觀眾就是十年前的我。我喜歡在寫作和教學時使用一種能幫助過去的我避免數年來的錯誤、繞遠路、死胡同、汗水和傷腦筋的方式。我寫的是我希望當時的我能夠讀到的書。遺憾的是，我在三十幾歲時不知道的事情實在太多了，無法塞進單獨一本書裡。因此，我決定分成兩本書。《視覺設計大師的數據溝通聖經》描述了用於探索和呈現的視覺化的一些基礎知識。下一本是《The Insightful Art》，我會馬上開始寫，目標是在 2019 年出版（編註：作者暫定 2023 年出版，書名改為 The Art of Insight），這本書會涵蓋我在第十二章暗示過的主題。舉例來說：

1. 視覺設計：類型、色彩、組成、互動等等。

2. 編寫有效的文字說明。

3. 敘事和講故事。

4. 適合行動平台的視覺化。

5. 動畫視覺化與動態資訊圖表。

我希望你們能耐心等待，我會盡我所能讓你們的等待是值得的。

知識島與未知海岸線
—

我們過去從未擁有過像現在這麼多的學習工具
和溝通工具。然而,於網路電信時代迷失在一
連串的胡言亂語及錯誤資訊中,說話、聆聽、
確定事實的藝術似乎比以往更加難以捉摸。

—— 莫琳・道(Maureen Dowd)——
「衛生紙拒馬」
(Toilet-Paper Barricades)

《紐約時報》
(The New York Times)

(2009 年 8 月 11 日)

有個毋庸置疑的事實是，孩子會用無邊無際又不可預測的好奇心來考驗父母。我有三個小孩，年紀分別是 4 歲、8 歲和 10 歲。以下是我在寫這幾行的時候，他們問我的其中一些問題，以及我的想法和我實際上給他們的答案。

十歲的兒子
「爸爸，我該怎麼在《當個創世神》(Minecraft) 裡建一幢哈比人小屋？」

我的想法
「這真是個好問題。我們有可能在《當個創世神》裡打造**托爾金** (J. R. R. Tolkien) 的中土世界嗎？」(抱歉，我是個怪咖。)

我的答案
「我不知道耶，孩子，我連怎麼玩《當個創世神》都不知道。你要不要再看一遍《魔戒》(The Lord of the Rings) 的電影？我很樂意跟你一起看。」

四歲的女兒
「爸爸，你的肚子裡有小寶寶嗎？」

我的想法
「天哪，小孩有時真是誠實得可怕。」

我的答案
「沒有，親愛的。只有媽媽才能在肚子裡有小寶寶。爸爸只是有大肌肉。」

八歲的女兒
「爸爸，為什麼行星不會停止自轉？」

編註　本篇文章原書是安排於第 1 章之前，中文版調整位置改放在第 12 章之後。

「嗯……」 我的想法

「親愛的，妳要不要用 Google 搜尋看看？」（開玩笑的，但我相信許多家長遇到這種情況時會這麼說。） 我的答案

「妳可以給我幾個小時嗎？然後我就能跟妳解釋了。」 我實際上的答案

　　我女兒的問題強迫我從鍵盤上移開手指，然後思考一分鐘。我對**牛頓物理學**（Newtonian physics）的記憶已經有點模糊，但我確定行星持續自轉的現象跟運動定律有關。我把書櫃裡頭幾本熱門科學書籍上的灰塵擦掉，也在網路上找了一些文章。然後，我畫圖時思考會比較清晰，我拿起一支鉛筆、一支原子筆和一些蠟筆。我最後畫了一系列草圖，把它們稱為**資訊圖表**（infographic），也就是一種用來傳達資訊的圖表。

　　以下是我跟我女兒說的故事。

從一張資訊圖表說起

　　我們從地球開始吧。妳丟一顆球時（**圖 1**），它往往會向前移動，並圍繞自身中心旋轉。我們丟球的速度愈快，或是球愈重，它攜帶的**動量**（momentum）或**衝量**（impetus）也愈大。在這個例子中有兩種動量：線動量（向前移動）與角動量（旋轉）。

顯然這顆球不會永遠都在移動，它最終會停下來。為什麼呢？首先，地面和空氣都有摩擦力（圖2）。空氣跟水一樣都是流體，所以想像一下，假如妳跳進游泳池，當妳進入水中時，速度會減慢，對吧？那就是摩擦力在作用。我們用「摩擦力」這個詞來形容一種有趣的現象：空氣和地面會吸收球攜帶的動量。

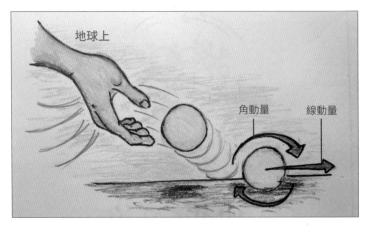

圖1 我為女兒畫的第一張草圖。當妳把一顆球丟向地板，它往往會向前移動（線動量）及圍繞自身的軸旋轉（角動量）。

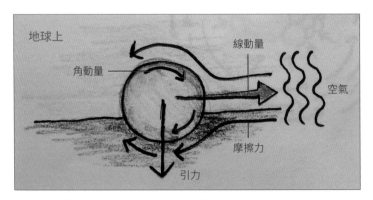

圖2 我引力以及空氣和地面的摩擦力會使球停止移動。

　　現在想像一下，假如妳是一個漂浮在外太空的太空人（圖3）（我女兒指出，這張圖示並不準確；圖中的人應該要穿太空服！我要給她額外加分。）太空中沒有空氣，因此幾乎沒有摩擦力。如果我們丟出我們假想的綠球，

它可能需要幾百萬年才會停止向前移動。在那之前，它也不會停止旋轉。我們把這種現象稱為**動量守恆**（conservation of momentum）：如果沒有任何外力干擾這顆球，它就不會停止移動。

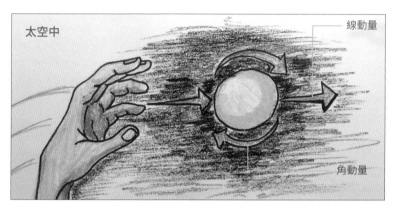

圖 3　沒有任何一張視覺化說明是完美的，這張也不例外。請注意，我畫的圖並不準確，而且不只是因為圖中的人沒穿太空服而已。如果那隻手用那個姿勢丟球，球不會那樣旋轉，或者根本不會旋轉。

　　接下來，讓我們倒退無數年光陰，回到太陽系不存在任何行星的時代。那裡只有太陽，周遭圍繞著大片雲狀的塵粒。這些雲以非常非常緩慢的速度旋轉註1。塵粒被引力聚攏，並與太陽連結在一起（**圖 4**）。

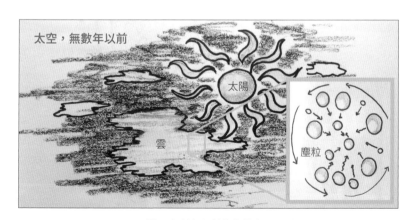

圖 4　無數年以前的太陽系。

註 1　最初的動量從哪來？這是你的功課。

接著，一件有趣的事發生了：引力漸漸使這些小塵粒向彼此靠近。它們愈靠近彼此，旋轉得就愈快。這種現象發生的原因有點難解釋，不過目前這並不重要，我們改天再說。

最後一步是最容易理解：雲中的塵粒與彼此靠得實在太近，結果它們最後聚合在一起。地球與其他行星從塌陷的塵雲中誕生（**圖 5**），它們持續自轉，至少目前是如此，因為太空中幾乎沒有任何外力能阻止它們自轉。

我必須承認，我的女兒一開始並沒有完全理解這些話，畢竟要吸收的資訊有點太多了。因此，我再次跟她說明了這系列的所有圖示。當我這麼做的時候，我發覺這種活動體現了幾個我在所有課堂上提到的重點，也就是：

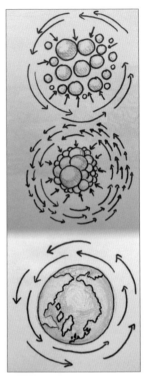

圖 5 塵粒崩塌，形成太陽系的行星。

- **當你設計一張圖表來解釋某件事時，首先要做的是取得正確資訊**。沒有任何良好的資訊圖表或**資料視覺化**（data visualization）能以有缺陷的資料與分析為基礎。你的圖表品質基本上取決於你的報導或研究，而非僅僅取決於你是個多麼優秀的圖表設計師。

- **簡潔明瞭不代表過度簡化**。任何溝通行為都會有所控制以減少複雜性，控制到繼續簡化就會破壞資訊完整性之前。我會去除術語和公式，使訊息適合我的受眾接收，但我也尊重事實的精髓以及我女兒的智力。

- **良好的設計不是關乎裝飾，而是關乎建構能夠讓人理解的資訊**。儘管如此，美感依然是值得努力的目標，因為好的設計能讓我們的訊息更具吸引力，進而更有效果。

- **編碼後的資訊圖表具有輔助認知的功能**。如果我只是用文字來描述這個過程，你可能會被迫在腦中把小球和箭頭視覺化。我畫圖的目標就是要讓你省去大腦的這項工作。

- **如果文字本身有時沒有作用，那麼圖表、地圖、圖解、插圖也是如此**。文字（口頭或書面）與視覺資料的結合往往才會讓理解的魔法生效。

對於如此簡單的活動來說，這樣的收穫很不錯吧？而且還不只這些。

知識島（Island of Knowledge）

我從這個自轉行星的故事領悟了另一件事。我第二次講解完之後，我的女兒沉默了幾秒。然後她說：「好，我懂了，可是地球自轉得很快，為什麼我們不會被拋進太空？」

理解一件事永遠不會終止理解更多事的渴望，對吧？相反地，我們學得愈多，就愈容易意識到我們知識中的缺口。正如物理學家**馬塞洛・格萊澤**（Marcelo Gleiser）所寫的：「我們擁有的知識定義了我們能夠擁有的知識……隨著知識轉變，我們也會問出原本意料不到的新型問題。」[註2]

格萊澤的書名來自一個我認為非常耐人尋味而且跟人類對於理解的索求有關的隱喻：知識島。第一個提到這個隱喻的人似乎是紐約的衛理公會牧師**雷夫・薩克曼**（Ralph W. Sockman），有人表示他曾經說：「**知識島愈大，未知海岸線（shoreline of wonder）就愈長**。」[註3]

註2　馬塞洛・格萊澤的著作《The Island of Knowledge》（2014）。

註3　我還沒找到這段話的來源，因此不要完全相信。

切特‧雷莫（Chet Raymo）（1998 年）以美妙的文字延伸這個隱喻：

> 我們在這個世界所擁有或將會擁有的一切科學知識，就如同神秘海中的一座島嶼。我們生活在自己的局部知識中，就跟荷蘭人生活在海埔新生地一樣。我們建造堤壩，在裡面蓄滿水。我們從神秘海的海床打撈泥土，為自己打造成長的空間。

當然，身為視覺化設計師，我忍不住畫了一張小圖來顯示我女兒的腦中發生了什麼事（**圖 6**）：她的知識島擴大了，新的陸地從神秘海中浮現出來，但未知海岸線也同樣增加了。

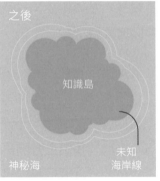

圖 6 知識島與未知海岸線。

找到好問題的正確答案使我們能夠提出更好更深刻的問題。我們每個人都能享受這個過程。如果你容許我稍微離題一下，這就是為什麼我相信我們應該教導孩子熱愛學習，而不是知識本身。我們應該鼓勵他們珍惜自己進行的探索，而不只是探索的產物而已。

良好的資料視覺化與說明式資訊圖表可以**傳遞資訊**，因而能增進我們的理解。那就是資料視覺化和資訊圖表的第一個功能，也是我在為我女兒畫圖時著重的地方。

不過，**圖表也可能引發探索**。它們揭露的知識就跟它們引起的新問題一樣多。一張圖表可能告訴你一個令人信服的故事，但它也可能以圖表作者始料未及的方式邀請你擴張未知海岸線。以下是著名的視覺化設計師**莫里茲・史特凡納**（Moritz Stefaner，http://moritz.stefaner.eu）在一篇標題為「世界，不是故事」（Worlds, not stories）[註4] 的宣言中所寫的：

> 　　資料視覺化能協助我們稍加瞭解複雜的議題，也能提供圖像來讓我們討論、回顧，甚至有時只是讓我們沉思⋯⋯我希望（人們）使用我提供的視覺化圖表，當作他們自己的探索起點⋯⋯因此，任何一張主題足夠複雜的嚴肅視覺化圖表，都應該把目標放在顯示根本現象的複雜性、內在矛盾及多樣性。我喜歡為使用者提供一種結構化的方式，使他們在充滿感官刺激、馬賽克的媒體與事實中，能用自己的語言來探索複雜的現象；而非預先消化過、聳動的結論。對我而言，有趣的主題很少會歸結為單一的一個故事。

史特凡納並沒有完全反對傳統的線性敘事技巧，但他偏好建構能讓人們探索的互動式展示。他的作品就體現出這種概念。2009 年，他與**華盛頓大學生物學系柏格斯騰實驗室**（Bergstrom Lab, Biology Department, University of Washington）合作創造**特徵係數**（Eigenfactor）[註5]，這是一項把科學期刊之間的引用模式視覺化的計畫。

註 4　Moritz Stefaner，http://well-formed-data.net/archives/1027/worlds-not-stories。

註 5　Visualizing information flow in science，https://truth-and-beauty.net/projects/well-formed-eigenfactor。

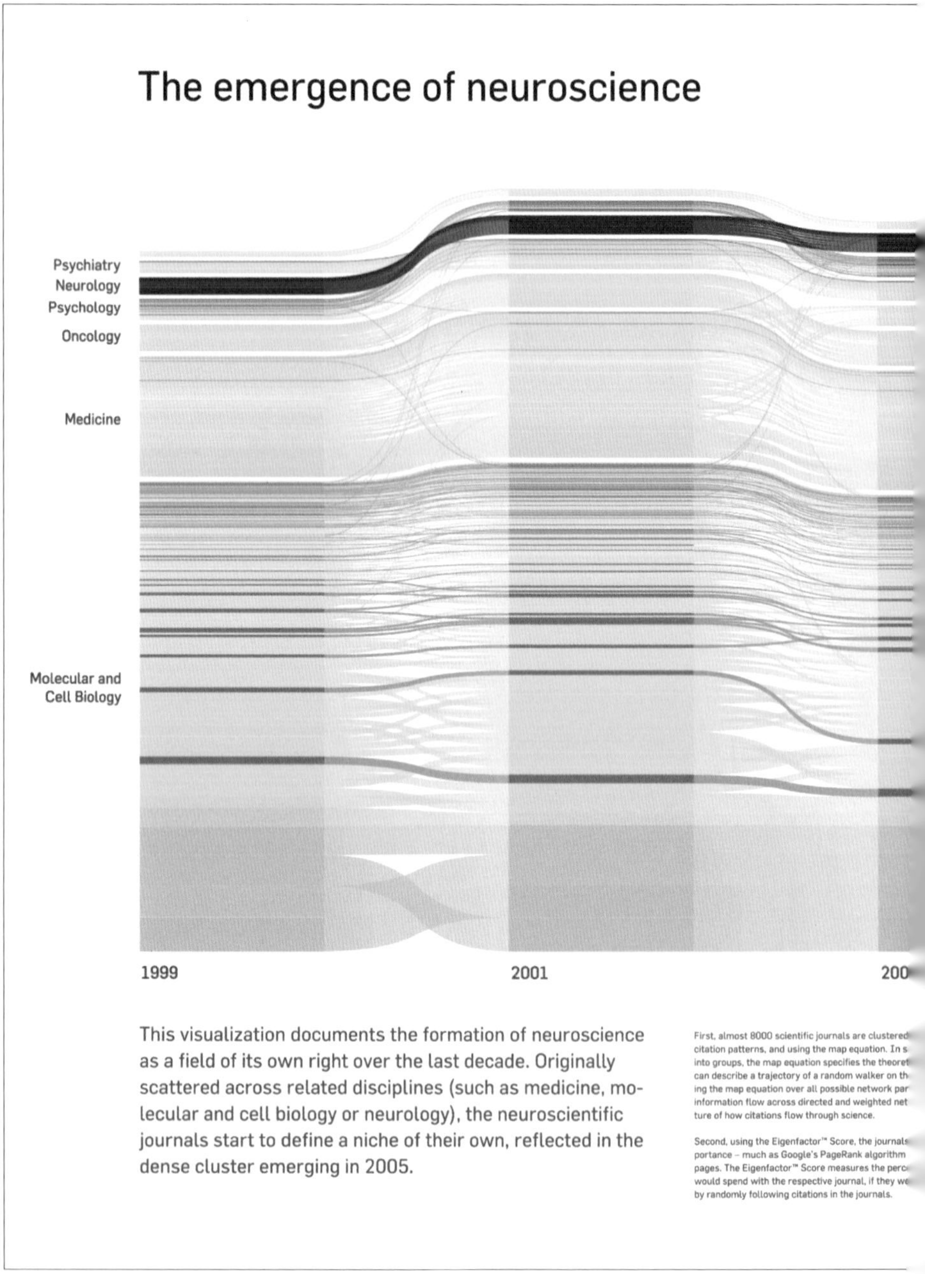

The emergence of neuroscience

Psychiatry
Neurology
Psychology

Oncology

Medicine

Molecular and
Cell Biology

1999   2001   200

This visualization documents the formation of neuroscience
as a field of its own right over the last decade. Originally
scattered across related disciplines (such as medicine, mo-
lecular and cell biology or neurology), the neuroscientific
journals start to define a niche of their own, reflected in the
dense cluster emerging in 2005.

First, almost 8000 scientific journals are clustered
citation patterns, and using the map equation. In s
into groups, the map equation specifies the theoret
can describe a trajectory of a random walker on th
ing the map equation over all possible network par
information flow across directed and weighted net
ture of how citations flow through science.

Second, using the Eigenfactor™ Score, the journals
portance – much as Google's PageRank algorithm
pages. The Eigenfactor™ Score measures the perce
would spend with the respective journal, if they we
by randomly following citations in the journals.

圖 7 莫里茲・史特凡納與華盛頓大學柏格斯騰實驗室的**馬丁・羅斯瓦爾**（Martin
Rosvall）、**傑文・魏斯特**（Jevin West）、**卡爾・柏格斯騰**（Carl Bergstrom）
合力製作的視覺化圖表。

Neuroscience

2005   2007

This process is repeated in two-year chunks from 1999–2007, in order to capture changes in clustering and shifts in importance over the years. For this diagram, we picked only the clusters relevant to the formation of neuroscience.

In the visualization, each cluster occupies a vertical column block in the respective year's column, further subdivided into a block for each journal. Each journal is connected with a horizontal band over the years. The height of each journal reflects the Eigenfactor Score. All journals in the cluster that corresponds to the field of neuroscience in year 2007 are highlighted to tell the story of the formation of this field of science. The coloring is based on the cluster assignments in the first year, 1999.

Visualization: Moritz Stefaner (http://moritz.stefaner.eu)
Data analysis: Eigenfactor team (http://eigenfactor.org)

http://well-formed.eigenfactor.org

其中一些視覺化圖表很有啟發性。請看**圖7**（見前頁），你注意到什麼？對我來說，這張**桑基圖**（Sankey diagram）註6不僅美麗得驚人，它的中心訊息也很清晰：現代神經科學是多種學科匯集的結果。

這是我看到的主要故事，你看到的可能跟我不同。你從這張圖表得到的收穫，取決於你在看到圖表之前所具備的知識。身為記者，我站在未知海岸線上的位置可能會跟一名科學家不一樣。史特凡納的視覺化圖表，可能會為我們每個人往略有不同的方向擴展海岸線（**圖8**），因此它也會引領我們凝視著神秘海上兩處愈來愈遙遠的地平線。

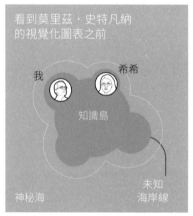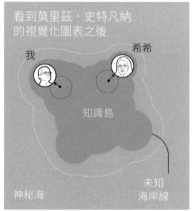

圖8　知識島往不同方向擴張，擴張的方向取決於你的先備知識。這張插圖中的科學家角色由我的朋友**希希・魏**（Sisi Wei）演出，她任職於非營利調查性新聞機構 **ProPublica**。

我在幾週前偶然發現一張由資料科學家**吉拉德・洛坦**（Gilad Lotan）設計的圖表（**圖9**），這張圖表進一步顯示了視覺化設計的溝通層面與探索層面如何互補。在一篇發表於《洛杉磯時報》(Los Angeles Times) 及 Medium.com 網站的文章裡註7，洛坦描述了一個特別古怪的實驗。

註6　我們之前有提過桑基圖。

註7　Gilad Lotan:（Fake）friends with（Real）benefits。https://medium.com/i-data/fake-friends-with-real-benefits-eec8c4693bd3。

圖 9　吉拉德・洛坦製作的視覺化圖表。洛坦寫道：「這張**網路圖**
　　　（network graph）代表了我購買**推特**（Twitter）機器人之後的
　　　推特追蹤者狀態。上方的叢集代表我的「真實」追蹤者，他
　　　們互有關聯：許多人會追蹤彼此，顯然是一個用戶社群。下
　　　方的紫色區域代表假帳號，他們是完全分散的。在結構上，
　　　他們顯然不是一個真正的社群，帳號之間也鮮少有連結。」

　　在過去幾年內，有一種服務正在蓬勃發展，這種服務承諾會增加你在
社群媒體上的聲望。只要花點錢，就能有數以千計的推特假帳號追蹤你。
洛坦想要回答兩個問題：第一，購買虛假追蹤者會吸引更多真實追蹤者
嗎？第二，虛假追蹤者如何與真人建立的帳號產生聯繫？第一個問題的簡
短答案是會。要瞭解原因，你應該閱讀洛坦的文章。

　　第二個問題的答案就在洛坦用他收集的資料來設計的這張視覺化圖表
中。上方的多色斑塊代表他在實驗之前的 2600 名追蹤者。這些節點屬於
一個虛擬社群，彼此之間有強烈的連結，而且緊密靠在一起。下方的紫色
雲則對應到洛坦購買的 4000 名虛假追蹤者。請注意他們有多麼分散，彼
此之間的連結有多麼稀疏，這裡不存在社群。這就是把數千個資料點轉化
成一個視覺形狀時顯示出的主要訊息。

不過，這張精巧的圖可能隱藏著更多訊息。如果要發現這些訊息，我們就需要聚精會神地仔細檢視。我再強調一次，溝通與探索是息息相關的。我們能用圖表來講故事，但我們也能讓人們用圖表來建構自己的故事。

如果稍微把這整個段落重新措辭一下，我們可以說一張良好的視覺化圖表是：

1. 可靠的資訊。

2. 以視覺化的方式編碼，使相關**模式** (pattern) 能顯現出來。

3. 組織的方式能讓讀者在適當時機至少進行一些探索。

4. 以吸引人的方式呈現，但永遠優先考量誠實、清晰和深度。

5. **總而言之，這就是本書一半篇幅在討論的主題。**

　　另一半篇幅則是有關在設計圖表之前的事。我們會遇到阻止知識島擴張的障礙。如果沒有學會如何克服這些障礙，就不可能成為專業的視覺化設計師。

其中一些障礙源於學科的領域性以及學科之間缺乏交流的狀況。比如我依然記得，我第一次讀到一本製圖學課本的緒論時就驚訝地發覺，我在新聞學院學到的許多設計原則幾乎跟資料地圖製作者遵守的原則一模一樣。從學術上來說，我一定會是你見過最沒有領域性的人之一，所以在本書中，我會厚著臉皮借用**平面設計** (graphic design)、**新聞學** (journalism)、**科學哲學** (the philosophy of science)、**統計學** (statistics)、**製圖學** (cartography) 與許多其他領域的知識。

其他阻止知識島擴張的障礙則隱藏得更深⋯⋯

坦誠溝通與策略溝通

本書不只討論如何設計資訊圖表，也討論如何設計坦誠的資訊圖表。本書的核心有一個簡單的觀念：**資訊圖表與資料視覺化的目標是啟發人群，向他們傳遞資訊。而不是娛樂他們，也不是向他們販售產品、服務或想法。**就是這麼簡單，卻也非常複雜。

我所謂的坦誠溝通是由專業人士進行的，他們的主要目標是（或應該是）增加社會的集體知識。他們通常來自各個學科，像是統計學、新聞學、製圖學、**資訊設計**（information design）等。在這個逐漸充斥廢話和宣傳的世界，他們的重要性是重中之重。

這並不是什麼單純的挑戰。請看**圖 10**。圖中比較了美國的**公共關係專家**（public relations specialist）人數與記者人數。這張圖讓我想起我曾經在其他地方寫到的一個問題：在過去幾年內**策略溝通**（strategy communication）、廣告、公關、行銷等領域，已經劫持了「資訊圖表」一詞[8]。這個詞曾經用來定義富含資料的圖表，這些圖表展示的目標是傳播有新聞價值的資訊。「資訊圖表」一詞在新聞產業擁有悠久又高貴的歷史[9]。

如今，「資訊圖表」這個詞通常代表用來當作**誘餌式標題**（clickbait）的愚蠢廣告。如果你上網搜尋這個詞，就會知道我的意思了。一般來說，搜尋結果中不會出現坦誠溝通。你會看到的大多是枯燥乏味、過分簡化又有強烈傾向的視覺圖表，它們依據的是不可靠的資料，設計的目標主要是為了吸引網路流量，而非傳遞資訊。

註 8　Reclaiming the word "infographics"，http://www.thefunctionalart.com/2012/12/claiming-word-infographics-back.html。

註 9　最珍貴的新聞資訊圖表會議是 Malofiej Infographics Summit。

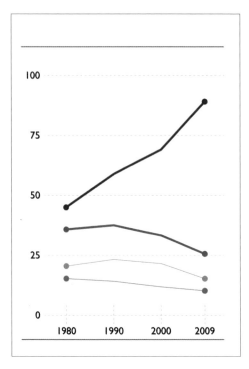

圖 10 公共關係專業人士的數量在過去三十年內
　　　大幅增加，而記者的數量卻下降了（圖表
　　　的資料來源為麥克切斯尼（McChesney）
　　　與尼可斯（Nichols）於 2011 年的著作）。

　　當然，記者能夠對大眾說謊，也確實會對大眾說謊，而大多數的策略
溝通或許是誠實的，但我們也應該承認，「傳達你對真相的最佳理解」是記
者的核心任務，而「永遠不要欺騙大眾，（但是）盡可能以正面解釋（你的
事業或公司）的方式來呈現事實」則是策略溝通專家的主要立場 註 10。後面
這句話的第二個部分非常重要，因為它讓整句話變得自相矛盾。

註 10　Principles of Public Relations。https://smallbusiness.chron.com/10-
　　　principles-public-relations-10661.html。經典的公眾關係定義是「公眾關係是
　　　一種策略溝通的過程，可以建立組織與公眾互相有益的關係」（美國國民議會公
　　　共關係協會，Public Relations Association of America's National Assembly），
　　　最模糊的地方是「互相的」並不是說這關係是「平等的」有益。

我最近讀過最吸引人的書之一是《行銷人是大騙子！》(All Marketers Are Liars)（2005 年）。書名是個玩笑，至少一部分是。這本書的作者**賽斯‧高汀**(Seth Godin) 寫道，行銷是關於創造具說服力的故事。他解釋說：「一個優秀的故事是真實的。不淨然因為基於事實，而是它一致又可信。」

高汀為自己辯解說，行銷人員「只是講故事的人。消費者才是騙子。身為消費者，我們每天都對自己說謊⋯⋯成功的行銷人員只是提供了消費者選擇相信的故事而已。」

身為優秀的行銷人員，高汀喜歡玩弄文字。本書已經討論過許多視覺化圖表的敘事：我感興趣的故事不只是漂亮地模擬事實，不論它們有多「可信」及「一致」。首先，實際上事實很少是一致的，而是混亂又複雜。因此，混亂和複雜應該是任何坦誠的圖表溝通行為的一部分。

第二，說謊和蒙蔽（我們自己或他人）之間有很大的差別。說謊永遠是一種有意識的行為，你知道現實是什麼，但你選擇以對你的動機有利的方式來捏造現實。不過，蒙蔽不一定是有意識的，你可能只是沒有察覺到現實，因而誤導自己或他人。

第三，人類確實無法完全根據事實或完全客觀。我們的大腦是由演化雕琢且具有缺陷的肉質機器，而不是電腦。我們都有認知、文化、意識型態的**偏誤**(bias)，但那不代表我們無法努力以事實為根據。真相是難以企及的，但**努力說實話是一種實際又值得的目標**，而且我們也有一些技巧能幫助我們追求這個目標。

屈服於自身偏誤或願意接納偏誤的人，跟努力辨認和抑制偏誤的人（即使他們從未完全成功也依然努力）之間有很深的差異，本書是對第二種人的致敬。

我們繼續談高汀吧。他在那本暢銷書的另一個段落裡寫道：「到頭來，或許誰對誰說謊並不是那麼重要，只要我們建立了連結，也成功講述了故事就好。」換句話說，真正重要的是消費者是否購買你的產品、服務或想法，而非產品、服務或想法是否有任何重要性。

高汀指出，行銷技巧可以用來推展好的事業。我不懷疑這點，但我想要立即補充：**在策略溝通中，你可能會從一則訊息開始，然後尋找能支持這則訊息的資訊。在坦誠溝通中，你會從資訊開始，然後仔細分析這些資訊來找出值得傳播的訊息。**或者你會從一則訊息開始，但接著你會收集資訊來讓你能夠駁斥起初的那則訊息。

如果我們對真實的索求使我們斷定，我們想要講述的故事或我們渴望設計的圖表，是不準確或完全不真實，那我們就得準備好把它們徹底拋棄了。我們一定不能為了使資料符合我們預想的敘事，就扭曲我們的資料，即便我們有多喜愛那些敘事。

你可能認為這只是陳腔濫調罷了，稍微扭曲現實來讓你的故事能有效傳播，並沒有那麼不恰當吧？畢竟我們每天都會做這件事，而且沒人受到傷害。沒人嗎？這只是程度輕重的問題罷了。

我們思考一個極端案例吧。**探索研究所**（Discovery Institute）是總部位於**西雅圖**（Seattle）的非營利組織，他們致力於向大眾提供關於錯誤的科學訊息。當然，這不是在那裡工作的人對自己工作的描述，不過這確實是他們在做的事。許多由科學家撰寫的書都有很長的段落詳細描述探索研究所的錯誤行為，例如**唐納‧波瑟羅**（Donald R. Prothero）的《演化：化石怎麼說？為什麼有所謂？》(Evolution: What the Fossils Say and Why it Matters)（2007 年）。

探索研究所的主要活動是推廣**神創論**（creationism），儘管該組織比較喜歡稱之為「智慧設計論」（intelligent design）。這是一種謬論，宣稱**達爾文演化論**（Darwinian evolution）無法解釋我們的星球上為何會出現新物種。

探索研究所擁有數百萬美元的預算。大部分的預算似乎被投入宣傳活動，因為該組織並沒有進行任何恰當的研究。它的網站、圖表、書籍和演講都充滿花言巧語，而且製作得很精美。探索研究所的行銷和公關非常出色，這是根據高汀的定義來評價的，但它的行銷和公關會扭曲資料及散布胡言亂語，進而傷害社會。

探索研究所擅長優異的策略溝通，但優異的策略溝通不一定有優異的資訊來支持。如果你認為這不會導致有害的後果，請三思。根據**皮尤研究中心**（Pew Research Center）的資料，有 33% 的美國成人誤以為「人類自天地初開以來就以目前的形態存在」[註 11]。

我們很少能找到像這樣明顯的案例，因為事實與虛假並不是絕對值，而是位於一個模糊連續譜的兩端。儘管如此，有個警告依然值得提出來：**有些人並不會透過往未知海岸線之外航行來擴張知識島。他們會把那條海岸線轉變成一片黑暗、無法通行的沼澤。**

在我感興趣的視覺化圖表中，資訊的品質比圖表本身的品質及視覺吸引力還要重要。你不可能因為其中一個要素就拋棄另一個要素，許多專家、行銷人員和所有意識形態主張的倡議人士都蓄意忽略這條準則。這會攪亂我們的公眾討論，使我們所有人都面臨危險。

這就是為什麼圖 10 讓我如此擔憂，我對於它展現的世界感到不安。

註 11　https://www.pewforum.org/2013/12/30/publics-views-on-human-evolution/。

美好的舊日時光……

在 1990 年代初期全球資訊網出現之前，我們主要是從報紙、廣播電台及電視取得資訊。如果你跟我的年紀差不多，你大概記得在全球資訊網出現之前的日子，我們會等待早報或晚間新聞來瞭解社區、國家或全世界發生了什麼事。

新聞機構與為其工作的記者就像是守門員：他們決定什麼資訊是值得發表的。他們會選擇資訊的來源，有時是不明智的選擇，他們也會過濾資訊，形塑我們的對現實的看法。

我並不是浪漫主義者，這離理想世界相去甚遠。記者就跟其他人一樣容易犯錯，也容易有偏見。我們可能被**政治化妝師**（spin doctor）哄騙，而且我們常常會遺漏我們這個時代最具重大意義的故事。

更別提新聞機構曾草率地協助推廣糟糕的想法，例如氣候變遷否認論及未經證實的替代醫學療法，族繁不及備載[註12]。

如今新聞媒體與專業記者的信用低落，並不是令人意外的事。不過，蓬勃發展的新聞業也對我們有好處。以下是著名調查新聞記者**查爾斯‧路易斯**（Charles Lewis）提出的問題：

註 12　這些話的支持者是傳統上非常喜歡專業行銷。題外話，如果有你 3 到 4 個小時的空閒，請務必閱讀**班‧戈達克雷**（Ben Goldacre）的《壞科學：庸醫、駭客、大型藥商廣告》（Bad Science: quacks, Hacks, and Big Pharma Flacks）（2010）。

> 　　在一個日益受到公共關係、廣告與其他由訊息顧問和溝通發言人製造的人工香料所干擾的社會中，普通公民該如何辨認出真相……？ 註13

　　幫助大眾分辨胡言亂語及事實應該是所有記者和資訊設計師的職責。每當我們從任何人那裡取得消息，我們都需要盡可能利用我們的知識和分析技巧來確定消息是可靠的。我們需要問消息來源：**你怎麼知道？**也要問：**你怎麼知道你知道？**因為這會迫使他們公開自己用來做出結論的方法與資料。

　　記者也會針對與公眾息息相關的事務進行原創報導。現在我手邊有2014 年 8 月 24 日的《邁阿密先鋒報》(Miami Herald)。這期有一則長篇報導解釋了在**克里奧爾**(Creole) 語電台廣告的**龐氏騙局**(Ponzi scheme)，詐騙犯如何坑害**佛羅里達州**(Florida) 的**海地裔美國人**(Haitian American)。另一則長篇報導則是一篇結構平衡的研究，主題是邁阿密一處充斥暴力的自由城街區。

　　《邁阿密先鋒報》擁有重磅調查性報導的悠久傳統。1992 年 8 月，五級颶風**安德魯**(Andrew) 把邁阿密**戴德郡**(Dade) 南部大部分區域都夷為平地。《邁阿密先鋒報》在該年 12 月發表了一篇標題為「哪裡出錯了」(What Went Wrong) 的 16 頁特別副刊，揭露了 1980 年代至 1990 年代期間建造的房屋比年代更早的房屋還要容易受到嚴重破壞，原因是在颶風安德魯來臨之前的那十年，建築品質監管及分區規劃變得鬆懈。這篇副刊有大量圖表支持 (**圖 11**)，並於 1993 年獲得**普立茲公眾服務**(Pulitzer Prize for public service)。

註 13　詳情請看本章最後的了解更多。

我看到這樣的報導時會想：既然現在有這麼多傳統新聞機構瀕臨崩潰，我們難道沒有面臨失去民主社會一大核心支柱的危機嗎？如果《邁阿密先鋒報》與其他類似刊物消失了，誰會以系統性的方式曝光違法行為，讓公眾能夠知曉呢？

你可以反駁說，目前的媒體界出現了許多新創公司：Vox.com、Mic.com、FiveThirtyEight、The Huffington Post、Gawker、Quartz、Buzzfeed 等等。難道他們不會保護讀者，對抗雜訊與輿論導向的洶湧浪潮嗎？即使他們試圖這麼做，目前也不是所有公司都取得非常顯著的成效。根據萊恩・霍利得（Ryan Holiday）在他充滿嚴厲批評的哀嘆《被新聞出賣的世界：「相信我，我在說謊」，一個媒體操縱者的告白》（Trust Me, I'm Lying: Confessions of a Media Manipulator）（2012 年）中所說的，許多線上新聞機構不會對他們的消息來源進行事實查核、不會做適當的編輯，也不會產出大部分為原創的報導。

當然，還是有些例外的。舉例來說，Vice 新聞（Vice News）就以優秀又前衛的紀錄片而聞名。此外，平心而論，我之前提到的那些公司每年也在改善新聞部門方面投資了愈來愈多資源。

同時，**普通公民還能做些什麼？**既然現在每個人都能透過個人網站、部落格、社群媒體觸及到數百、數千，甚至數百萬人，那麼誰來確保在**推特**（Twitter）、**臉書**（Facebook）或任何其他平台上的熱門消息是準確的呢？又是誰來製作原創視覺化圖表，幫助民眾持續接收關於重要事務的資訊，並過著更好的生活呢？

或許答案是我，還有你，以及我們所有人。

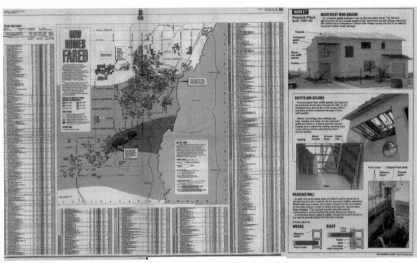

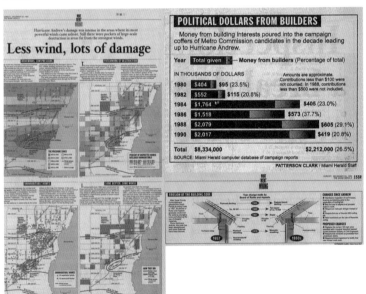

圖 11 《邁阿密先鋒報》於 1992 年 12 月 20 日刊登的一部分圖表。以下是《邁阿密先鋒報》對這項專案的描述:「今日《邁阿密先鋒報》刊登了一篇 16 頁的報導,標題為「哪裡出錯了」。調查新聞記者與工程師和其他專家合作,檢視為何這麼多原本不該在颶風安德魯侵襲時遭受嚴重破壞的房屋卻毀壞了(⋯⋯)本文是第一篇完整分析安德魯浩劫的報導,結論是劣質建築使一次毀滅性的風暴變成美國史上代價最慘重的災難。在為期四個月的調查中,《邁阿密先鋒報》分析了六萬間房屋的毀損報告,並以電腦把這些報告與數以百萬計的財產和建築紀錄進行匹配。」(報導、圖表、地圖與插圖由**史蒂芬・多伊格**(Stephen K. Doig)、**賈姬・佩切爾**(Jacquee Petchel)、**丹・克里福德**(Dan Clifford)、**麗莎・格特**(Lisa Getter)、**派特森・克拉克**(Patterson Clark)、**傑夫・李恩**(Jeff Leen)、**路易斯・索托**(Luis Soto)、**唐・芬弗洛克**(Don Finefrock) 製作。)

你的內在懷疑論者，你的內在記者

有個小秘密是這樣的：我在本書稱讚的大多數地圖、圖表、圖解都是「新聞性的」，從這種意義上來說，創造它們的設計師首先會盡力確保自己得到的消息具有重要意義、基於事實而且準確，然後才會用容易理解又吸引人的方式來呈現。

然而，這些設計師不一定都會自稱記者。

★ 記者到底是什麼呢？

我記得我上大學時，我的一位教授說，記者是負責產出新聞的人。那「新聞」又是什麼呢？我們在這裡可以借用《芝加哥論壇報》(Chicago Tribune) 前任總裁與發行人**傑克‧福勒** (Jack Fuller) 的觀點：「新聞是新聞機構針對最近得知的事務所做的報告，而這些事務對於新聞機構服務的特定群體具有一定程度的重要意義或相關利益。」

這樣明白了！不過這裡我要說一個故事：在 2010 年，我還是《**巴西時代週刊**》(Época) 的資訊圖表與多媒體總監，當時我聽說了一名叫做**毛里西奧‧馬亞** (Maurício Maia) 的年輕計算機科學家。毛里西奧住在**聖保羅** (São Paulo)，這座都市到了夏季就會下傾盆大雨，許多街道都會不時淹水，所以他決定建立一套顯示過去洪水的互動式地圖與資料庫，以便找到狀況最好及最糟的區域。他從政府網站下載了公開資料集，並把它們轉換成一個免費工具[14]。你會怎麼稱呼毛里西奧的行為？我稱之為新聞工作。

註 14　當我撥電話給毛里西奧‧馬亞並邀請他加入我的團隊，他很疑惑地說：我不是記者。結果我沒成功，他當一個自由工作者賺很多錢了。他的網站，包含討論他這項成就的細節：https://mmaia.tumblr.com/。

　　這麼做的不只是我而已。紐約市立大學教授**傑夫・賈維斯**（Jeff Jarvis）曾寫道：「沒有新聞工作者，只有新聞服務。」[註15] 或許這麼說有點太極端了，不過似乎也很有道理。如果你是設計師，可能已經想起**拉斯洛・莫侯利－納吉**（Laszlo Moholy-Nagy）的名言：「**設計不是一種職業，而是一種態度。**」我們都是設計師，從某種意義上來說，我們都是喜歡把事務及想法組織成物件和模式的生物。或許我們也都是，或者能夠成為記者，至少偶爾是如此。

　　《**新聞的基本原則**》（The Elements of Journalism）是一部簡介新聞工作的經典，書中寫道：「新聞工作的目的是為人們提供自由與自治所需的資訊。」該書接著列出了達成這項任務所需的原則：

1. 新聞工作首先必須做到對真相負責。

2. 新聞工作首先必須忠於公民。

3. 新聞工作的本質是用驗證加以約束。

4. 新聞從業人員必須獨立於被報導對象。

5. 新聞必須成為權力的獨立監督者。

6. 新聞必須成為公眾批評和妥協的論壇。

7. 新聞必須努力使重要的資訊有趣並且和公眾息息相關。

8. 新聞必須做到全面均衡。

9. 新聞從業人員有義務根據個人良心行事。

註 15　Jeff Jarvis，「There are not journalists」，https://buzzmachine.com/2013/06/30/there-are-no-journalists-there-is-only-journalism/。

我認為，這些原則不應該只是特定職業群體獨有的價值觀。如果這些原則成為全體人民都接納的公民價值觀，整個社會就會變得更好。如果有更多人瞭解資料和證據是什麼，並因此變得更有批判能力，那麼這個世界會成為一個更美好的地方。如果我們還學會如何透過資料視覺化、資訊圖表或者互動式且可搜尋的表格，以清晰、具說服力又有效果的方式來呈現證據，那麼這個世界又會變得再更美好。

毛里西奧·馬亞做了一次產出新聞的動作，他花時間設計出聖保羅市民能夠利用的一種視覺工具。我認為，坦誠、實證的溝通行為以及像馬亞的工具那樣有用的設計行為不夠多，而行銷、公關、倡議卻隨處可見。我並不是要反對後者，它們在市場經濟上有其作用，但前者是我珍視且會在本書呈現的行為。

那麼，這本書是為誰而寫的呢？這本書首先是為希望能用資料視覺化和資訊圖表進行有效溝通的設計師和記者而寫的。如果你屬於這個族群，那麼本書或許能讓你一窺科學、統計學、資訊設計的世界。它不會傳授你需要知道的一切，但它可能打開許多扇門。

我也想要寫給所有不是專業設計師或記者，卻希望能理解及使用視覺化的人。因此，本書也是為了科學家、資料分析師、商業智慧型人才等而寫的。

如果你屬於這個族群，請看引用自查爾斯·路易斯的另一段話：

假如在一個世界裡，各個研究人員（和其他許多類型的專家）與記者有時會在所有相同地方尋找真相、利用相同且令人興奮的新型資料技術和分析學、交流想法與資訊，有時也會一起工作及寫作，無論是並肩坐在一起或跨越國界及領域。這些互相合作的尋找事實、查核事實、索求真相、講述真相的人全都來自不同觀點……卻都擁有強烈的好奇心、耐心、決心與勇氣，這些一直以來都是調查新聞記者具備的特質。[註16]

我也要提出類似的觀點：在我們生活的世界裡，特殊利益團體花費數百萬美元來推行理念、宣傳意識形態，在幾乎無人干擾的情況下宣揚未經證實的主張。歸功於網際網路和社群媒體，他們能比過去任何時代都更有效地觸及我們。他們喜歡使用資料、資訊圖表、視覺化，因為他們相信，人們相信這些東西甚過純文字。

現在該是時候回到正軌了。或許你讀了這本書之後，你會考慮加入想要藉由探索未知海岸線之外的謎題來擴張知識島的虛擬聯盟。這個過程會比你想像的更加簡單。你決定你有一些與公眾密切相關的事務需要交流；你收集資料，然後仔細審查這些資料來確保一切正確；然後你設計圖表。

如果最後我能讓你相信這是一種值得追求的志業，那麼我會很高興的。

註 16 LEWIS (2014)，page 224。

瞭解更多

- Gleiser, Marcelo. The Island of Knowledge: The Limits of Science and the Search for Meaning. New York: Basic Books, 2014.

- Goldacre, Ben. Bad Science: Quacks, Hacks, and Big Pharma Flacks. New York: Faber and Faber, 2010.

- Lewis, Charles. 935 Lies: The Future of Truth and the Decline of America's Moral Integrity. New York: PublicAffairs, 2014.

- McChesney, Robert Waterman, and John Nichols. The Death and Life of American Journalism: The Media Revolution that Will Begin the World Again. Philadelphia, PA: Nation, 2010.

- Raymo, Chet. Skeptics and True Believers: The Exhilarating Connection between Science and Religion. New York: Walker, 1998.

- Starkman, Dean. The Watchdog That Didn't Bark: The Financial Crisis and the Disappearance of Investigative Journalism. New York: Columbia University Press, 2014.